广东省水利厅水利白蚁防治中心站
廉江市广鹤水利白蚁防治工程公司

陈振耀　姚达长　主编

水利白蚁防治

Termite Control on Water Resources

中山大学出版社
·广州·

图书在版编目（CIP）数据

水利白蚁防治/陈振耀，姚达长主编．—广州：中山大学出版社，2011.10
ISBN 978－7－306－03981－1

Ⅰ．①水…　Ⅱ．①陈…　②姚…　Ⅲ．①水工建筑物—白蚁防治　Ⅳ．①TV698.2

中国版本图书馆CIP数据核字（2011）第190989号

出 版 人：**祁　军**
责任编辑：徐镜昌
封面设计：林绵华
责任校对：曾育林
责任技编：何雅涛
出版发行：中山大学出版社
电　　话：编辑部 020－84111996，84113349，84111997，84110779
　　　　　发行部 020－84111998，84111981，84111160
地　　址：广州市新港西路135号
邮　　编：510275　　　　　传　真：020－84036565
网　　址：http://www.zsup.com.cn　　E-mail:zdcbs@mail.sysu.edu.cn
印 刷 者：广州中大印刷有限公司
规　　格：787mm×1092mm　1/16　14.75印张　341千字
版次印次：2011年10月第1版　2011年10月第1次印刷
印　　数：1～4050册
定　　价：38.00元

内 容 简 介

全书分十章，包括绪论、水工建筑物的基础知识、白蚁的种类、白蚁的生物学习性、白蚁的生态学特征、水利堤坝白蚁防治的药物学基础、水利堤坝白蚁的防治技术、水利堤坝蚁患的灌浆技术、房屋白蚁的治理技术、新建房屋白蚁的预防技术。本书注重理论与实践、经验与新技术的密切结合。为了更明确地阐述理论和技术问题，附有近百幅插图，其中彩图17版，图文并茂；书中重点介绍了广东省水利（电）厅经历几十年研究探索出的行之有效、便于推广应用的水利堤坝白蚁防治技术成果。

本书为水利堤坝白蚁防治的专业性用书和教材，也可作为白蚁防治从业人员和高等院校有关专业师生的参考书。

前　言

白蚁的部分种类属世界性重要害虫，不仅为害房屋、地下电缆、交通设施、山林树木、园林绿化、旱地农作物，还严重为害水利工程的水工建筑物，成为影响水利工程安全的重要因素。白蚁分布于热带、亚热带地区，我国长江以南各省（市、区）的水利堤坝普遍受土栖白蚁为害。广东地处中国内陆的最南端，终年高温多湿，很适宜白蚁的生存、繁衍，因此，南粤的水利堤坝受白蚁为害不仅普遍而且严重。

新中国成立以来，广东省水利（水电）部门对堤坝白蚁的防治一贯都比较重视，自20世纪50年代初便开展了有计划、有组织的水利白蚁灭治工作。1959年，省水电厅曾派工程师到湖北长江荆江大堤向白蚁防治专家学习堤坝白蚁防治技术。1962年，省水电厅在北江大堤清远堤段设点开展研究堤坝白蚁防治技术。1964年，在清远举办了有50人参加的水利白蚁防治学习班，邀请白蚁防治专家李始美研究员讲课。1966年以后，广东开始对一些重点堤防实施白蚁防治工作。至今，广东水利堤坝白蚁防治工作已历经半个多世纪，在不断探索中前进，既走过弯路，也有过惨痛教训，历程艰辛。其间多次举办堤坝白蚁防治培训班，培养了一批又一批技术人才，经过两三代水利工程技术人员和白蚁科技工作者的努力，终于在20世纪80年代探索出一套行之有效而便于推广的防治方法，并于1992年由水利部向南方各省（区）推广应用。本书简要介绍了广东水利堤坝白蚁防治所走过的路，具有显著的广东地方特色。

广东省水利（水电）厅主持研究的“三环节8程序”水利堤坝白蚁防治技术，已于1988年定为“广东省堤坝白蚁防治工作准则”，向全省推广应用。20多年来，广东各市为推广这一技术成果，曾先后共举办了30多期各种类型的水利白蚁防治培训班，为加快重点工程实现“无蚁害堤坝”培养技术人才。自1996年9月北江大堤、东深供水工程的深圳水库及雁田水库等一批按照“三环节8程序”技术程序，实现“无蚁害堤坝”、通过达标验收以来，全省有一大批大中型水库和江河堤围已实现了“无白蚁为害堤坝”的目标。

几十年来，广东水利（水电）部门所推行的堤坝白蚁防治工作卓有成效，使水利工程更充分地发挥了社会效益、生态效益和经济效益。水利堤坝白蚁防治是一项长期的工作，要把此项工作做得更好，就必须不断地培养技术人才，但以前每次举办培训班都缺少教材，影响教学效果，经过多年的准备、收集资料，编者拟编写一本既具有广东地方特色，又对我国南方诸省水利堤坝白蚁防治有参考价值的专业性用书。

本书由中山大学昆虫学研究所陈振耀教授和广东省水利厅姚达长高级工程师主编，广东省水利厅水利白蚁防治中心站梁光旺、黄顺明、庞立强及陆丰分站方平和佛山分站苏忠辉负责编写部分章节。各章编撰分工如下：

第一章　绪论：陈振耀　姚达长　梁光旺　庞立强　方平　苏忠辉；

第二章　水工建筑物的基础知识：梁光旺　黄顺明　姚达长　庞立强　方平　苏忠辉；

第三章　白蚁的种类：陈振耀；

第四章　白蚁的生物学习性：陈振耀　姚达长；

第五章　白蚁的生态学特性：陈振耀　姚达长；

第六章　水利堤坝白蚁防治的药物学基础：陈振耀　梁光旺　庞立强；

第七章　水利堤坝白蚁的防治技术：姚达长　梁光旺　庞立强　方平　苏忠辉　陈振耀；

第八章　水利堤坝蚁患的灌浆技术：方平　梁光旺　姚达长　庞立强　苏忠辉；

第九章　房屋白蚁的治理技术：陈振耀　梁光旺　庞立强　方平；

第十章　新建房屋白蚁的预防技术：陈振耀　姚达长　苏忠辉；

本书编写出版过程中得到各方面的支持和帮助，特别是广东省水利厅水利白蚁防治中心站及其所辖的佛山分站、陆丰分站、廉江市广鹤水利白蚁防治工程公司，以及中山大学昆虫学研究所等的鼎力相助。中山大学生命科学学院的林碧欣老师为本书的书稿打印付出大量劳动，在此一并致谢。

2010 年 11 月 24 ~ 26 日，本书的全体编著者在佛山市高明区广东省水利厅水利白蚁防治中心站佛山分站对各章节进行了审定。

由于编著者学识所限，错误和不妥之处在所难免，恳切希望专家和读者批评指正。

编 著 者

2011 年 6 月 23 日

目　录

第一章　绪　　论

第一节　水与国计民生

水是“地球生命之液”。水约占人体重量的75%，没有水，人体内的一切生理活动即将停止，“没有水便没有生命”。在地球上，水是人与生物圈生存的必备条件；在人类社会中，社会活动的各个领域和国民经济建设的各行各业都需要水才能运转，水是国民经济的命脉。可见，水是人类生活和生产中不可缺少的资源。至今，从某种意义上讲，人还不能胜天，人类社会受到许多自然因素的制约，往往自然条件影响人类的生存和社会发展，在诸多自然条件中，“水因子”便是一要素。“风调雨顺”将会为人类社会发展创造良好的条件；相反，旱涝灾害给人类带来的灾难是极其沉重的。全球而言，淡水资源分布极不均匀，约占世界人口总数40%的国家和地区严重缺水；全世界有11亿人喝不到干净的水，每天约有6 000名儿童死于不卫生的水和不卫生条件引起的疾病；发展中国家居民80%的疾病来源于不卫生的水和环境。水将是石油危机之后的又一个危机。水资源之争已成为地区或全球性冲突潜在的根源和爆发战争的导火线。为此，1993年第47届联合国大会将每年3月22日定为“世界水日”，2003年为联合国“国际淡水年”。

在我国，河流总年径流量约27 800亿m^3，流域面积达1 000 km^2以上的河流有1 598条，水能资源蕴藏量达6.8亿kW，其中可开发利用的有3.8亿kW，居世界第一位。我国人口众多，人均水资源量远低于世界平均水平；另外，天然状态下的水流地区与季节分布极不均匀，尤其在我国北方，年降雨量的70%集中在汛期，甚至是汛期的几场大雨，不仅不能充分利用水资源，还会造成严重的洪旱灾害。每年都因洪涝及旱灾造成巨大的经济损失和为数众多的人员伤亡。洪涝和旱灾往往同时发生在我国不同地区，严重影响国民经济发展和人民生命财产安全。据报道，1975年7503号台风给河南省驻马店地区带来特大暴雨。8月4～8日暴雨中心最大过程雨量达1 631 mL，相当于该地区年平均降雨量的1.8倍，4～8日降雨量超过400 mL、面积达19 410 km^2。降雨量大于1 000 mL的降水区集中在板桥水库、石漫滩水库一带，暴雨中心位于板桥水库的林庄，最大降雨量6小时达830 mL，超过了当时的世界纪录782 mL；最大降雨量24小时达1 060 mL，创造了我国同类指标的最高纪录。8月8日凌晨有排山倒海之势的凶猛洪流冲出板桥水库缺口，道文城公社首当其冲，死绝227户、9 600人遇难。仅1小时，板桥水库洪水冲进45 km以外的遂平县城，不到6小时板桥水库下泻洪水7.01亿m^3，遂平县830 km^2的土地一片汪洋，洪流所到之处大小村庄荡然无存。大型的石漫滩水库及中型的竹沟、田岗水库及58座小型水库在短短的几个小时内相继垮坝溃决。河南省有 30 个县市、1 780 万亩农田被淹没、1 015 万人受灾、超过 2.6 万人死难、倒塌房屋524 万间、冲走耕畜 30 万头，纵贯南北的京广线被冲毁 102 km，中断行车 16 天，影响营运 46 天，直接经济损失百亿元，成为世界最大的水库垮坝惨剧，在河南的水灾史实上记下了惨痛的一页。近几年，国家防汛抗旱总指挥部统计，2005 年，全国 31 个省（区、市）和新疆生产建设兵团因洪涝灾害，农作物受灾面积 1 543 万公顷（23 145 万亩）、受灾人口 20 134 万人，死亡 1 247 人、失踪 33 人、倒塌房屋 117 万间，直接经济损失1 360 亿元。1996 年 9 月 9 日，在广东吴川县登陆的 9615 号台风“莎莉”，登陆时中心附近最大风力 17 级，持续 4 个小时，台风登陆后，粤西南部普降暴雨到大暴雨，局部特大暴雨，从珠江口到湛江沿海的潮位比正常天文潮位升高 100 cm 以上，山洪暴发，为 1949 年以来造成损失最大的一次台风，造成 216 人死亡，全省直接经济损失 175.7 亿元。2006 年，第 4 号台风“碧利斯”自 7 月 14 日起使韶关、梅州、惠州等地区出现了有气象记录以来最大的一次降水，并遭受最严重的洪涝灾害。台风带来的降雨强度强、总量大、范围广、时间长，造成洪水泛滥、江河横溢，灾情非常严重。广东省共有 16 个市 75 个县（市、区）、727 个乡镇、779 万人受灾。7 月 26 日，这次台风造成全省死亡 114 人、失踪 76 人，公路中断 806 条次，倒塌房屋 12.12 万间，受损中型水库 6 座、小型水库 125 座，农作物受灾面积 30.9 万公顷，总计经济损失 151.8 亿元。2008 年 9 月 24 日 6 时 45 分，在电白县陈村镇登陆的第 14 号台风“黑格比”，登陆时中心附近最大风力为 17 级，粤西、珠江三角洲、粤东沿海普降大雨到暴雨，局部特大暴雨，强降雨集中在江门、茂名、阳江、云浮、揭阳等市。珠江口部分潮位站的潮位超过或接近历史最高潮位，由于预报及时，防风措施得力，只有 4 人死亡，但直接经济损失超百亿元。

同时，我国水资源短缺，人均水资源占有量约 2 200 m^3，仅为世界人均水资源的 1/4。目前，我国 660 多座城市中有 400 多座城市缺水，其中 110 座城市严重缺水。工业缺水 60 亿 m^3，工业产值损失 2 300 多亿元。例如，自 1997 年以来，天津连年遭受严重干旱，影响民众生活，牵制着国民经济发展。根据我国国情，各级政府高度重视水利工程建设，早在 20 世纪 50 ~60 年代，全国各地掀起了兴建水利工程的高潮，目前我国储水工程亿立方米以上的大型水库 308 座、千万立方米以上的中型水库有 2 333 座、小型水库 8 400 座、百万立方米以下的山塘 631 000 座。广东蓄水工程有 6 万多项。这些水利设施为储存雨水、解决人民生活用水、农业灌溉和工业用水发挥了巨大作用。

目前，我国水利建设仍跟不上社会发展需求。减灾防灾、化害为益，将凶如猛兽的洪水截流储存，既保障防洪安全，又将洪水资源化；入库储存，细水长流，服务于人民生活和经济建设，实现人与水的和谐，这是水资源开发利用的目标和艰巨任务，任重而道远。

第二节　水与水利建设

自古以来，人类在长期的生活和生产实践过程中，对水资源的认识逐步深入、对水资源的利用率不断提高。在自然条件下，水流在时空概念上是极不均匀的，往往与人类之需要相悖，需要水的时候地区没有足够的水，造成旱灾；在有些时间或地区水量过多，造成洪灾。因此，水已成为影响人类生存的重要因素。人类逐步掌握了水流运行规律，并运用其规律进行治理江河、农业灌溉、水力发电、水上航运、供水等治水用水工程，化害为利。勤劳的中国人民在长期的生产实践中，在治理水患、利用水资源方面积累了丰富的经验，为世界水利建设做出了典范。早在公元前我国便有几项为炎黄子孙感到骄傲的水利建设工程：

（1）南北运河。公元前485年开始兴建，贯通我国南北，全长1 700 km的大运河。

（2）都江堰分洪灌溉工程。公元前250年在四川灌县岷江上兴建，2 000多年来一直是成都平原农业稳产高产的水利命脉，堪称中国古代水利建设的典范。

（3）灵渠。公元前221年兴建，为沟通湘江和桂江的水利工程。

新中国成立以来，我国的水利建设经历了很大的发展，兴建了许多举世瞩目的大型水利工程。近百年来，我国整修和兴建堤防达24万km，开辟了海河和淮河的排洪出路，兴建水库8.6万座，建成万亩以上的灌区5 500处，机井340万眼。机电排灌动力近5 800万kW。这些水利水电工程带来了显著的社会、经济和生态效益。黄河下游已有40多年伏秋大汛未决口，长江、淮河、海河、辽河和珠江等江河多次战胜洪水。水利事业的发展为农业稳产增产创造了必要条件，为城市居民和工业提供了数百亿立方米的用水，为国家经济的繁荣创造了条件。显然，如果没有前人水利建设打下的良好基础，就不可能有今天高速的经济建设。随着社会的进步、经济建设的发展，水利建设面临着许多要解决的问题，如我国城市防洪问题还没有解决，城市人口密集，为政治、文化，经济的集中点，至1993年底，全国570座设防城市中有472座存在外洪内涝问题，而且防洪标准不高；全国广大农村洪涝与旱灾时常发生；全国的水资源利用率很低，不到10%。目前，鉴于我国水利建设明显滞后，中共中央和国务院于2010年12月31日作出“关于加快水利改革发展的决定”（2011年中央一号文件），决定指出，“水是生命之源、生产之要、生态之基。兴水利、除水害，事关人类生存、经济发展、社会进步，历来是治国安邦的大事”，“力争通过5年到10年努力，从根本上扭转水利建设明显滞后的局面。到2020年，基本建成防洪抗旱减灾体系……”。

在我国南方，土质的堤坝普遍受白蚁为害，白蚁隐患成为影响堤坝安全的主要因素之一，因此，土质堤坝白蚁隐患的治理为水利工程管理的内容之一，新建、续建、扩建或除险加固堤坝工程时，必须将其基础及周边的白蚁防治列入工程设计、施工及验收内容。

广东省现有蓄水工程6万多项，江河堤围3 000多条、1万多公里，还有大量的灌区灌渠。

我国以古老的坝型土坝为多，由于土坝是采用当地土石材料填筑而成，具有对地基适应性强、可就地取材、构造简单、运用管理方便、工作安全可靠、扩建容易等优点。自古以来，在国内外广泛应用，就在20世纪80年代世界上兴建的200 m以上的高坝有10座，其中土坝有7座。我国坝高15 m以上的大坝有18 000多座，土坝占85%。可见土坝的实用性。

第三节　白蚁对水利工程的为害

一、白蚁为害堤坝的历史记载

在我国，尤其南方各省，自从有江河土质堤坝，便有白蚁为害，有蚁害必然要治理。最早的白蚁为害堤围及治理蚁患记载见于约2 300年前有名的白圭治水史实。白圭（公元前424—前387年）是魏文侯时代人，其治水记录见于《孟子·告子篇》："白圭曰，丹之治也，愈于禹。孟子曰，子过矣，禹之治水，水之道也。是故禹以四海为壑，水逆行谓为之泽水，泽水者洪水也，仁人之所恶也。吾子过矣。"白圭的治水工作包括"在漫长的大堤中找到白蚁巢穴，挖出白蚁，填补漏洞，以杜绝其害"。

《吕氏春秋·慎小篇》、《韩非子·喻老篇》和《淮南子·人间训》三种文献，是记载白蚁为害堤围的经典著作。公元前241年，《吕氏春秋·慎小篇》记述："巨防容蝼而漂邑杀人"，即是河堤因为白蚁蛀空而溃决后冲毁了整座城市并淹死了许多人。差不多同一时期，《韩非子·喻老篇》"有千丈之堤蝼蚁之穴溃"，描述白蚁为害堤围的情况。公元前156—前140年的《淮南子·人间训》也有"千里之堤以蝼蚁之穴漏"的记载。后人广为引述的"千里之堤，溃于蚁穴"的名句就出于上述经典文献。

自汉代以来，史籍记载江河决堤，不下几千次，由于文字记载简单，没有说明决堤原因，由白蚁为害料当不少。葛洪（公元284—363年）《抱朴子·百里篇》："夫百寻之室焚于分寸之飚，千丈之堤溃于一蚁之穴，何可不深防乎，何可不改张乎。"引述经典名句，深知白蚁为害堤围。

唐代诗人元稹（公元779—831年）《长庆集·蚁子诗》："时术功虽细，年深祸也成。攻穿漏江海，嚼食困蛟鲸。"记述了当时白蚁为害江河堤围的严重性。

明代潘季驯《河防一览》（公元1590年）："江河一决，澎湃难支。始而蚁穴，继而滥觞，终必至于滔天而莫可收拾。崔镇黄浦之覆辙可鉴也。崔镇黄浦当初决堤时，特数十人捧土之力耳。"据记载，崔镇决于隆庆年间（公元1567—1572年），直至万历六年（公元1578年）仍然"黄浦崔镇等决口久塞无功，何以筑之使固"。将近十年不能堵塞溃决之口，可见白蚁为害之重。

到了清代，胡在恪《松滋隄防考》（荆州府志顺江隄卷十九）："按县地势平衍，三峡之水，迸流至此，始得展荡，最难防御……明洪武二十八年决后，时或间决，自嘉靖三十九年以后，决无虚岁……凡十九处中多獾窝蚁穴，水易侵隄。"记载了白蚁为害江河堤围。《荆州万城隄续志》（公元1894年）舒惠自序："如近年陪厚增高，砖石并用，挖蚁捕獾，重用石灰，日甚一日，非复原书之旧也。"记述了白蚁为害堤坝及治蚁固堤之技术措施。

二、白蚁入侵堤坝的途径

1. 清基不彻底

土质堤坝在建坝时清基不彻底，没有把作为坝体的山体上孳生的白蚁清除干净，甚至将原来的白蚁巢埋在其中，留下隐患，土坝建好后不久，有的还没有竣工就出现白蚁活动，这样的例子不胜枚举。

东莞雁田水库，在新建水库时，利用原来的一些小山包作为坝基或坝体的一部分，不仅没有彻底治理栖息在原山包的土栖白蚁，又在扩建水库工程时土坝加高培厚，将原来的白蚁巢深埋在坝内，留下隐患。

广州龙洞水库，1975 年在坝体 7.8 m 深处有一黑翅土白蚁巢，蚁路纵横交错，内外穿通，最大的 1 条蚁道 3 cm×5 cm，直通迎水坡正常水位处，建坝时没有清除地下蚁巢，培上新土 6.9 m，深藏白蚁巢，留下隐患。

河源七寨水库由于清基不彻底，1974 年水库尚未竣工，坝体背水坡中部便有黑翅土白蚁活动，铲除表土可见 1 条 4 cm×3 cm 的蚁道伸向迎水坡。

清远迎咀水库在小山包与坝体连接处的地下白蚁隐患没有清除，建坝时培土 8 m 多成坝，1973 年在此处离地面 9 m 多深处挖出黑翅土白蚁巢。

福建大田县元沙水库大坝于 1976 年建成，由于大坝两端山坡上原有白蚁未采取任何灭治措施就上土填筑，1973 年 10 月在土坝的两端各发现 1 个黑翅土白蚁的大巢，蚁路已贯通大坝内外坡。

在此仅列几个典型例子，其实，据 20 世纪 70 年代调查，广东省已有 100 多座水库因清基不彻底埋下的隐患已逐渐暴露出来。由此可见，建水库前清基是十分必要的，若清基不彻底，留下蚁巢再培土，埋在深层的土中，为以后灭蚁灌浆的蚁患治理带来许多困难，往往会造成难以挽回的损失。

2. 蚁源区飞入

每年白蚁分飞季节，蚁源区有翅成虫飞临工程体，配对入土营巢为害，如得不到治理，幼龄巢发育为成年巢，其有翅成虫再度扩散，使坝体上的巢群逐年增加，堤坝的白蚁为害日益严重。这也是白蚁入侵堤坝的常见途径，然而，堤坝竣工后，每年既要治理堤坝上的幼龄巢，又要灭杀离工程体 50 m 范围内蚁源区的蚁源，防治其有翅成虫在分飞季节飞临堤坝营巢为害。

3. 蚁源区蔓延而来

在兴建水库时，没有把土坝接头岸坡的白蚁清除，成为蚁源区，土坝建成后，白蚁寻找食料，向坝体蔓延，多依山坡地形自上而下延伸，常在背水坡坝面中部平台的排水沟连接山坡边缘位置和反滤层上方。有些水库对这一区域没有进行清基，蔓延来的白蚁给水库带来严重威胁，因此，在建水库时要注意土坝接头岸坡的清基及蚁源区的灭杀蚁源。

三、为害特点

水利堤坝白蚁为害具以下特点：

1. 隐蔽性

隐蔽性是白蚁主要生物学特性之一。堤坝白蚁在堤坝内筑巢和蚁道都在地下进行，在地表往往不留痕迹，许多白蚁为害严重的水库土坝和江河堤围，外观并无异样。白蚁的巢外特征，分群孔的表露有季节性而且经风雨淋日晒，典型特征很容易消失，泥被泥线与巢群的位置相隔甚远，尤其缺乏堤坝白蚁生物学知识时，往往对小小的白蚁为害大型土坝会造成危及人民生命财产的认识不足。1977 年夏季，李始美、陈钩贺、黄觉民、姚达长等到海南举办堤坝白蚁防治学习班后，对海口市及徐闻、海康、湛江市郊区等几十座水库进行白蚁为害情况调查，所到之处，问及水库领导所管辖的堤坝是否有白蚁，几乎所有的人都异口同声说没有或不知道。但事实上，当他们上坝时，到处都是分飞孔和泥被泥线。在许多水库大坝、江河堤围坍塌垮坝冲出白蚁以后，方知白蚁厉害。列举几宗白蚁为害隐蔽性的典型案例：1975 年，在广东陆丰县螺河大堤挖出一个大型的黑翅土白蚁巢，巢体取出后，空洞可容纳 7 人（图 1 -1）。1972 年 5 月，在福建九龙江防洪坝漳州堤段挖到一个黑翅土白蚁的大巢，直径 1.5 m，其周围还有 67 个菌圃腔。20 世纪 80 年代，也在漳州堤段，在堤上行走的一头大水牛突然陷入白蚁巢穴中。1972 年 9 月，在福建省福清县江阳里下底水库大坝处理白蚁隐患时，追挖到一个长 6.5 m、宽 3 m、高 1 m 的白蚁洞大跌窝，可装 9 副棺材。8607 号台风使梅州 4 条主要江堤蚁害严重，军分区副司令员在抢险堤围时，在堤上行走，踩中白蚁巢穴，地面突然坍塌使他陷入白蚁巢穴中。

图 1-1　挖出黑翅土白蚁巢后可容纳 7 人的空洞（广东省水利厅，1975 年摄于广东陆丰螺河大堤）

由蚁巢、菌圃和蚁道组成的黑翅土白蚁巢穴系统，潜藏于水利工程堤围土中。蚁道纵横交错，可使堤围内外坡贯通。巢体多在1~3 m深的土层中，菌圃众多，在蚁巢周围造成许多菌圃腔，为堤围安全埋下隐患（表1-1）。

表1-1 黑翅土白蚁巢穴系统开挖解剖记录（钟登庆等，1997）

工程名称	时间（年.月.日）	巢体大小（cm×cm×cm）	巢深*（m）	菌圃数（个）	蚁路大小（cm×cm）
台山塘田水库（坝）	1979.12.25	40×29×17	7.0	16	3×3
清远鱼仔氹堤	1980.04.28	90×74×47	2.5	36	2×3
清远鱼仔氹堤	1980.04.28	85×99×44	2.4	12	3×4
清远鱼仔氹堤	1980.05.01	85×75×70	2.45	10	2×3
清远三大叉堤	1980.08.26	101×80×55	1.80	15	4×3
清远三大叉堤	1980.08.26	64×45×28	2.10	26	3×3
梅县铁坑水库（坝）	1981.04.19	90×85×42	2.90	25	2×2
梅县拐子渡堤	1981.04.14	45×42×43	1.40	3	2×2.5
梅县拐子渡堤	1981.04.24	57×57×45	1.70	17	3×3.5
梅县拐子渡堤	1981.04.25	83×78×46	1035	15	3.5×3
梅县拐子渡堤	1981.04.26	36×30×30	1.25	5	2×3
清远神石堤	1981.11.12	80×80×80	2.70	33	2×3
清远神石堤	1981.11.12	75×75×51	3.40	22	2×2.5
清远神石堤	1981.11.12	72×70×65	3.40	22	2×2.5
清远神石堤	1981.11.13	65×60×35	2.60	5	2×2.5

*巢深是指巢底部到坝顶的垂直距离。

2. 普遍性

我国南方各省（区）、市水库土坝和江河堤围普遍受白蚁为害，现将部分省市调查材料列如下：

20世纪70年代，广东水利部门曾多次组织堤坝白蚁为害情况普查，水利土建工程80%以上有蚁害，除了咸质海堤和工程体周围山地无土覆盖不适宜白蚁生存个别工程外，其余的土质堤坝、土石混合坝和填方渠堤几乎都有蚁害。据1974—1987年调查，广东省（含海南）41县176座水库坝体，有蚁害的158座，约占90%，其中管涌漏水和灌浆漏浆带出白蚁33座，占18.75%。21座灌溉为主的大型水库，除高州水库的良德大坝外，所有土坝均有蚁害。据2000年调查，深圳市196座中小型水库，80%以上受到不同程度的白蚁为害。

1983年4月9日，潮阳县暴雨，水库水位猛涨后，有30座小型水库坝身漏水，其中27座为蚁患造成。8607号台风于7月11日在陆丰登陆，11~14日梅州市梅县、五华、兴宁等县暴雨成灾，据李国亮等调查梅江、程江、芹黄和丙村4条堤围62处决口断面中，发现有巢腔、蚁道、候飞室等蚁患残迹55处，占89%。程江堤在洪水退后对53处管涌和跌窝开挖处理时，发现蚁道、菌圃等蚁患46处，占87%。

1987年“6.5”鉴江洪水，据茂名水电局等单位调查，高州县境内的80 km江堤，184处险段中查出蚁患156处，占85%；146处决口中查出蚁患122处，占84%。

电白县罗坑水库1960年建成，1985年普查主坝及3座副坝，找到白蚁成年巢47巢、泥被泥线100处，渠道因白蚁造成渗漏、管涌、牛皮胀时有发生。

据1990年报道，浙江省所调查的1 000多座水库中，有白蚁为害的占60%以上，其中庐县调查了37座水库，有26座遭受白蚁为害，占70%。浙江省因白蚁为害严重造成病库、险坝共921座。

据1984年报道，荆江大堤位于荆江北岸，上起江陵县枣林岗，下至临利县城南，全长182.35 km，新中国成立后30多年来，共查出和处理白蚁隐患77 500多处。

20世纪80年代，江苏统计淮河以南776座水库，发现白蚁为害317座，占41%。据1986年报道，江苏南京市辖5县4郊于20世纪50—70年代中期先后兴建了中小型水库254座，自70年代中期起，一些水库堤坝发生白蚁为害，经普查发现有白蚁为害活动的水库145座，占40.96%。仅六合县境内483.61 km堤防普查，受害堤防454 km，占93%。地处长江下游北岸的靖江市，长江堤防总长121.3 km，1982年春季首次在太和乡发现白蚁活动，到1993年，遭受黑翅土白蚁为害的江堤达33 km。在靖江上游的泰兴、邗江、仪征等4县的长江大堤，估计蚁害堤段约占这些县江堤40%。白蚁为害已是江苏境内江堤出现翻沙、鼓水险情的主要原因。

广西：在1986—1987年水利工程安全检查中，抽查了134座水库，发现有白蚁为害的有119座，占89%；1995年，区水利厅调查所辖115座大中型水库，90%以上有白蚁为害。

安徽：据姚力群1988年报道，安徽省大中型水库约有40%以上有白蚁巢形成结构隐患，全省95座大中型水库中达到白蚁严重为害程度的有34座。江河堤坝防在淮河干堤未发现白蚁为害，而长江干堤白蚁为害较普遍。

福建：在20世纪70年代调查蓄水百万方以上水库受白蚁为害的占90%，其中为害很严重，甚至穿越堤坝的占10%。1986年统计51座大中型土坝和土石混合坝都有不同程度的白蚁为害。仙游县水电局1989年普查有91座土坝受白蚁为害，占95%。据姚书冠报道（1986），调查167座小（一）型以上水库大坝，发现存在不同程度白蚁为害的有152座，占90%；还重点调查了小（二）型水库40座，发现存在不同程度白蚁隐患的有38座，占95%。因为小（二）型水库数量多，大坝标准较低、质量较差，管理机构不完善，管理力量很薄弱，往往垮坝多发生在这类水库。

江西省据24县（市）调查91座水库，受白蚁为害的有85座，占93%。

湖北省1989年普查了1 038座水库，受白蚁为害的有822座，占80%。黄冈地区调查了166座水库，其中受白蚁为害有66座。

四川（含重庆市），据四川省电力厅和重庆市白蚁防治所1993—1999年调查，全省6 200座水库堤坝有3 546座受白蚁为害，占57.2%；74座中型水库有53座有白蚁为害，占71.6%。从区域看，四川北部白蚁为害低于南部，而在南部区域中，尤以攀枝花市所辖的区、县白蚁为害最严重，为害率达94.03%，其次是乐山、眉山地区白蚁为害率为78.85%～80.83%。四川省中部丘陵地带，白蚁为害率约为50%。

从上述我国南方部分省（区）所报道的不完全资料也可看出水利白蚁为害的普遍性。

在我国，黑翅土白蚁是为害土质堤坝最普遍和最严重的种类，20世纪70～80年代各省（区）均有较系统的调查资料（表1－2）。

表1－2　我国各省（区）水库土坝受黑翅土白蚁为害状况* （钟登庆等，1997）

省（区）	普查工程（项）	有蚁害工程（项）	为害率（%）
广东（含海南）	235	216	91.5
广西	156	143	91.7
福建	228	211	92.5
安徽	421	275	65.3
江苏	1 006	394	39.2
浙江	272	175	61.3
江西	100	94	94.0
湖南	77	56	72.7
湖北	1 038	822	79.2
云南	9	9	100.0
四川	27	18	66.7
河南	25	6	24.0

3. 严重性

湖北省荆江大堤长182.35 km，有白蚁为害堤段曾达92.4 km，历史上曾溃堤97次，其中37次较重的灾害都与白蚁为害有关；1954年遭受新中国成立以来最大的洪水，荆江大堤因白蚁为害发生漏水险情5 493处，跌窝162处，最大直径3 m，下陷深度2.5 m，占当年全堤发生险情的96.8%。1983年，长江发生了新中国成立以来的第二次大洪水，江苏邗江县六圩乡下港东侧江堤60多米大堤严重漏水带出白蚁，后经开挖证明堤身已被蚁道贯穿。1996年7月，长江干堤洪湖周家嘴段数处因白蚁隐患出现险情，抢险成功，幸免于难。1998年7月，长江又遭洪灾，中下游堤防发生险情6 000多处，其中因白蚁隐患酿成者约占30%。

广东几十年来因白蚁为害堤坝发生险情不胜枚举，现将各地的典型案例列举如下。

广东自1959年东莞潢新围蚁害决堤至1988年“9.6”洪水佛冈县凤洲联围白蚁为害决堤成灾止，30年间达数十宗之多。据清远统计，13条溃决堤围中有11条，9座垮坝塘库中有5座属白蚁为害造成。8607号台风和1987年“6.5”洪水两次因白蚁造成的水灾损失均数以亿元计，其中在8607号台风灾害中，梅县死亡57人（省水利厅工管处资料，1998）。

北江大堤，在历史上是白蚁为害严重的堤围，1968 年和 1982 年虽仅发生 20 年一遇的洪穴，但由于白蚁隐患严重，进行了大抢险。1968 年，仅黄圹堤段就发生 57 处蚁害漏水，其中 42 处危及堤身；芦苞沙墩段也因蚁患出现大险情。

东莞潢新围 1959 年及 1966 年先后两次因白蚁为害决堤，1966 年挂影洲围白蚁巢漏水，抢险时在进水口填塞沙包，整个沙包被水吸进后通过堤身从背水坡出水口冲出，经部队奋力抢救才保住大堤。

1976 年“9. 22”鉴江洪水决堤、1981 年阳江捷西堤、1982 年“5. 12”洪水佛岗的良塘、凤洲围和清远的黄洞、禾仓围等，都因白蚁患决堤。

8607 号台风在梅县、兴宁、五华、揭西、普宁五县崩堤垮坝和 1987 年“6. 5”洪水鉴江高州堤段决堤，普遍反映属蚁害为祸。梅县梅江、程江、芹黄和丙村 4 条主要河堤 62 处缺口，蚁患达 55 处。汕头榕江南河缺堤 55 处中 47 处有蚁患。高州堤内 80 km 江堤 184 处险段中有蚁患 156 处。1994 年 6 月洪水，清远市清城区清东围横河镇管的堤段发生险情 86 处，其中 84 处为白蚁为害所致。

1969 年廉江鹤地水库（图 1－2）、1972 年高要杨梅水库、1973 年博罗角洞水库、1975 年徐闻合溪水库、深圳铁岗水库等土坝都出现漏水，并冲出白蚁及菌圃物。

广西：合浦周江围 1967 年滨秋、1976 年大地、1981 年吴屋坡、1985 年大地等先后 4 次决堤，均是白蚁为害所致，南宁老虎岭水库于 1979—1981 年连续三年漏水，1982 年 2 月 2 日在坝外坡顺着出水孔追挖，距坝面 4. 1 m 深挖出 1 个黑翅土白蚁巢，取出巢后空洞宽 1. 6 m、长 2 m、高 0. 8 m，另有菌圃 71 个分 3 层排列。桂平大洋河水库二副坝于 1983 年大年初一晴天垮坝，亦与白蚁有关，在修复时对白蚁防治仍未引起重视，1986 年和 1987 年两次竣工验收时，又发现白蚁严重为害。合浦清水江水库 1985 年 9 号台风暴雨，水位升高，土坝多处管涌流出白蚁，紧急抢修。20 世纪 80 年代初，在武鸣定标水库坝上挖到白蚁巢 17 个，其中最大的巢穴 1. 2 m^3，蚁路直径 3 ~ 5 cm，纵横交错，有的从迎水坡通外坡坝脚，有的通往反滤坝底，造成坝身漏水。

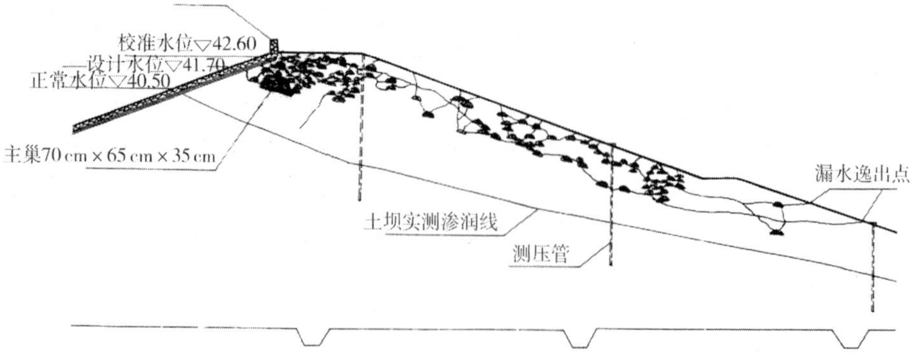

图 1－2　廉江鹤地水库 22 号副坝黑翅土白蚁的巢穴系统（仿广东省水电厅工管处等）

1970 年从背水坡脚白蚁道漏水逸出点追挖 36 m，至防浪墙底发现 70 cm × 65 cm × 35 cm 的巢体，巢深 2. 2 m，共挖到菌圃腔 150 个。

福建：福清县江阳里下底水库，1972 年 9 月，蓄水满库时，发现大坝漏水，带出大量泥沙，在处理大坝蚁害时，挖到一处由于白蚁路漏水带走泥沙，而造成一个长 6.5 m、宽 3 m、高 1 m 的蚁穴空洞大跌窝。1972 年 5 月在九龙江防洪大堤漳州堤段挖到一个黑翅土白蚁大巢，直径 1.5 m，周围菌圃腔 67 个，蚁路纵横交错；1984 年 8 月 31 日因 4 号台风暴雨，水位离堤顶 1.7 m 时缺堤，缺口 120 m，经济损失 1 000 万元，经分析与白蚁为害密切相关。晋江县的新安水库 1960 年 4 月建成，1976 年汛期水位升高时，大坝漏水，成群白蚁随水冲出，同时带走大量泥沙，造成险情，紧急抢修幸免于难；1980 年 4 号台风时，水位上涨，大坝又发生漏水，流水中也带有白蚁，又一次造成险情。

浙江：据 1990 年陈树盛报道，1971 年 6 月，宁海县洞口庙水库曾因为白蚁为害倒库，冲垮了一个大队（村），188 人伤亡，村民的生命财产损失惨重；安吉县老石砍水库因白蚁为害漏水严重，被迫拆坝重新翻建；诸暨县道仕湖堤长 3 800 m，由于白蚁为害，每逢汛期出现“三多”，即跌窝多、滑坡多、漏洞多，每年要花费大量的人力、物力进行修补。

四川：2001 年 10 月 3 日，会里县大路沟水库因白蚁巢穴漏水引起垮坝，造成 12 人死亡、13 人失踪、12 人受伤的事故，水利部已通报全国。

4. 长期性

白蚁是生物圈中形态学、生物学高度特化的古老类群，据古生物研究，在中生代白垩纪地球上已出现了白蚁，至今已有 1.3 亿年历史。为了适应在地球上生活，白蚁却表现出独特的形态特点、生物学特性和栖息习性，在地球上与其他生物共存，并在地球生物圈中发挥着其他生物不能替代的作用，为生物圈中不可缺少的一员。如果这一成员缺失，无疑会对生物圈带来灾难。人类也不愿意看到白蚁在地球上消失。白蚁的大多数种类栖息在森林、草原，其生存的条件存在，它们是不会在地球上消失的。我省蓄水工程 6 万多宗，江河堤围 3 000 多条，总长达 1 万多公里，还有大量的灌区渠堤，多适宜土栖白蚁生存，因此，治理水利白蚁任务相当繁重，要长期努力方能有成效。

在我国南方，土质的水利堤坝长期存在，而绝大多数水库建在山地林间，与白蚁孳生地紧密相连，白蚁入侵水库堤坝的途径畅通无阻，即使兴建时坝基已彻底清理，土坝建后，坝头山坡地的白蚁仍可蔓延到坝体；每年白蚁分飞季节，其有翅成虫也可飞临坝体，因此，大坝建成后，白蚁在坝体营巢为害的危险性时刻存在，尤其是星罗棋布的小型水库，数量多，分布广，疏于管理，白蚁隐患严重的状况非短期内能改变的。至今，广东实现无蚁害堤坝毕竟是少数，还有大量的水利工程仍未实现无蚁堤坝。实践证明，实现了无蚁害水利工程每年仍需投一定的人力物力灭杀蚁源区的蚁和工程体幼龄巢（表 1－3a、表 1－3b）。因此，对于水利工程，治理堤坝白蚁是一项长期的任务。

表1－3a　堤坝白蚁繁殖预测（姚达长，2002）

繁殖周期	年序	蚁源分群蚁巢数	当年入土成活蚁巢		累计堤坝内有巢数		说　明
			0.1%	0.2%	0.1%时	0.2%时	
第一周期	1	1	1	2	1	2	假设堤坝建成时是没有白蚁的，但只要蚁源区有一成年巢体能分飞临堤坝，按每年飞出1 000对有翅成虫计，如果其入土成活率为0.1%～0.2%，到第十年堤坝内便有10～20巢，其中成年巢为1～2巢
	2	1	1	2	2	4	
	3	1	1	2	3	6	
	4	1	1	2	4	8	
	5	1	1	2	5	10	
	6	1	1	2	6	12	
	7	1	1	2	7	14	
	8	1	1	2	8	16	
	9	1	1	2	9	18	
	10	1	1	2	10	20	

表1－3b　堤坝白蚁繁殖预测（姚达长，2002）

繁殖周期	年序	蚁源加堤坝内分群数		当年入土成活蚁巢		累计堤坝内有巢数		说　明
		0.1%时	0.2%时	0.1%	0.2%	0.1%时	0.2%时	
第二周期	11	2	3	2	6	12	26	假如幼龄巢期为10年，从进入第二繁殖周期的第十一年起，此时第一年入堤坝的幼龄巢也加入分群，堤坝内蚁巢增加的速度就不同第一个繁殖期了，到第二十年堤坝内蚁巢为75～260巢，其中成年巢为12～26巢
	12	3	5	3	10	15	36	
	13	4	7	4	14	19	50	
	14	5	9	5	18	24	68	
	15	6	11	6	22	30	90	
	16	7	13	7	26	37	116	
	17	8	15	8	30	45	146	
	18	9	17	9	34	54	180	
	19	10	19	10	38	64	218	
	20	11	21	11	42	75	260	
第三周期	21	13	27	13	54	88	314	堤坝建成20年飞上堤坝内的白蚁进入第三个繁殖周期，仍不开展防治时，到第三十年堤坝内累计蚁巢为460～2 660巢，其中成年巢为88～314巢
	22	16	37	16	74	104	388	
	23	20	51	20	102	124	490	
	24	25	69	25	138	149	628	
	25	31	91	31	182	180	810	
	26	38	117	38	234	218	1 044	
	27	46	147	46	294	264	1 338	
	28	55	181	55	362	319	1 700	
	29	65	219	65	438	384	2 138	
	30	76	261	76	522	460	2 660	

5. 区域性

白蚁在地球上的分布有以下特点：

（1）广布于世界欧洲、亚洲、非洲、大洋洲和南北美洲（图1－3），但其主要分布在南、北纬45°之间，尤其是热带、亚热带区域。白蚁的地理分布主要受温度与湿度气象条件的制约。

（2）按世界动物地理区划，在动物地理的六大区中，东洋区种类最多，近达800种，非洲区600多种，新热带区400种，澳洲区约200种，而古北区和新北区各40多种。我国南方属东洋区，适于白蚁栖息繁衍。

在我国，白蚁分布的北界呈东北向西南方向倾斜，由北纬40°的辽宁丹东、北京经约北纬37°的山西介休，再经约35°的陕西韩城，北纬33°的甘肃文县，至北纬29.5°的西藏墨脱（图1－4）。中国白蚁地理区划分六区（黄复生等，2000）。

Ⅰ 暖温带落叶阔叶林区，位于北纬33°～43°之间。

Ⅱ 北亚热带落叶阔叶与常绿阔叶混交林区，位于北纬30°～35°之间。

Ⅲ 中亚热带常绿阔叶林区，位于北纬24°～30°之间。

Ⅳ 南亚热带常绿阔叶林区，位于北回归线两侧，可北伸至北纬25°。

Ⅴ 西南亚热带常绿阔叶林区，位于北纬23°～29°之间。

Ⅵ 热带季雨林区，位于北纬3.5°～24°之间。

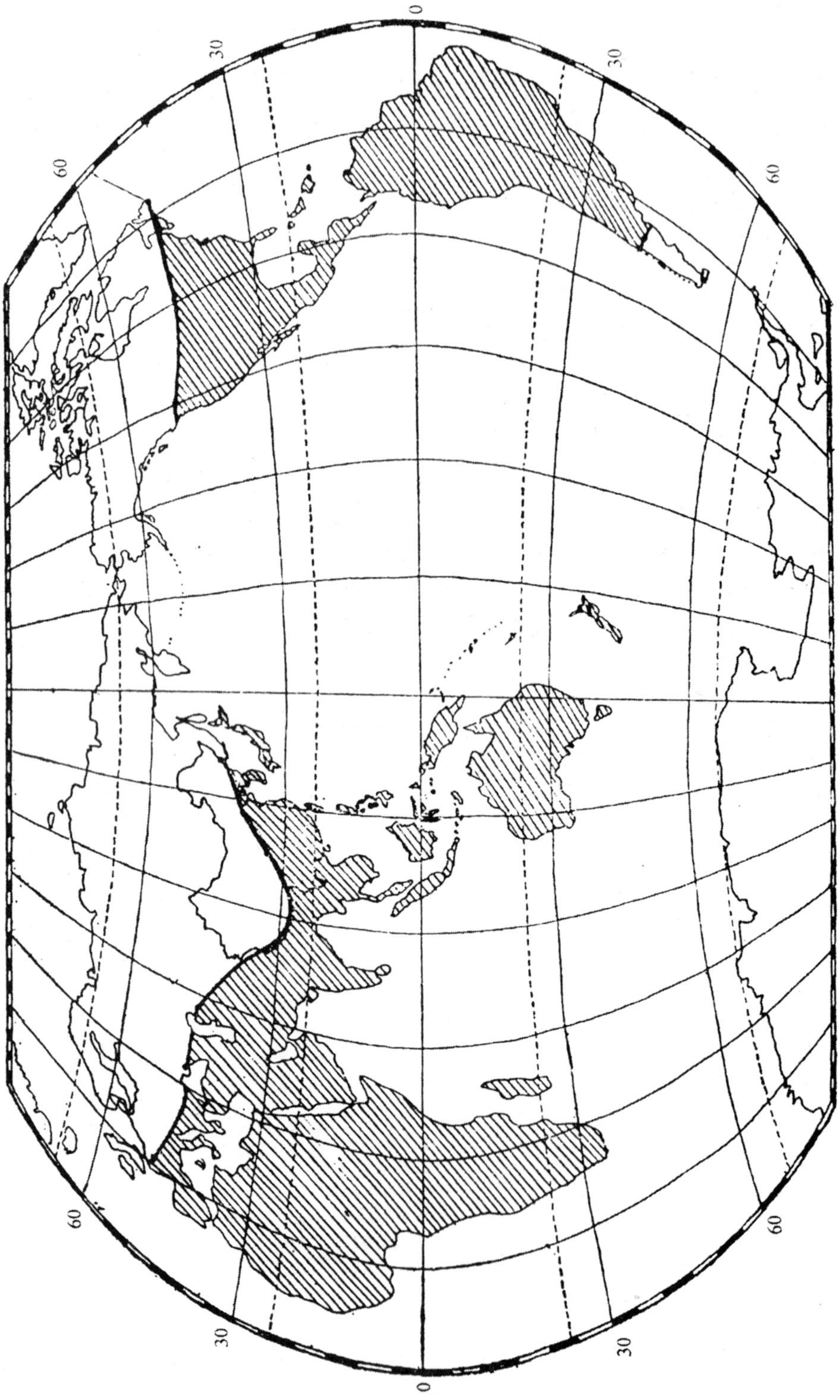

图 1-3　世界白蚁分布（仿李桂祥）

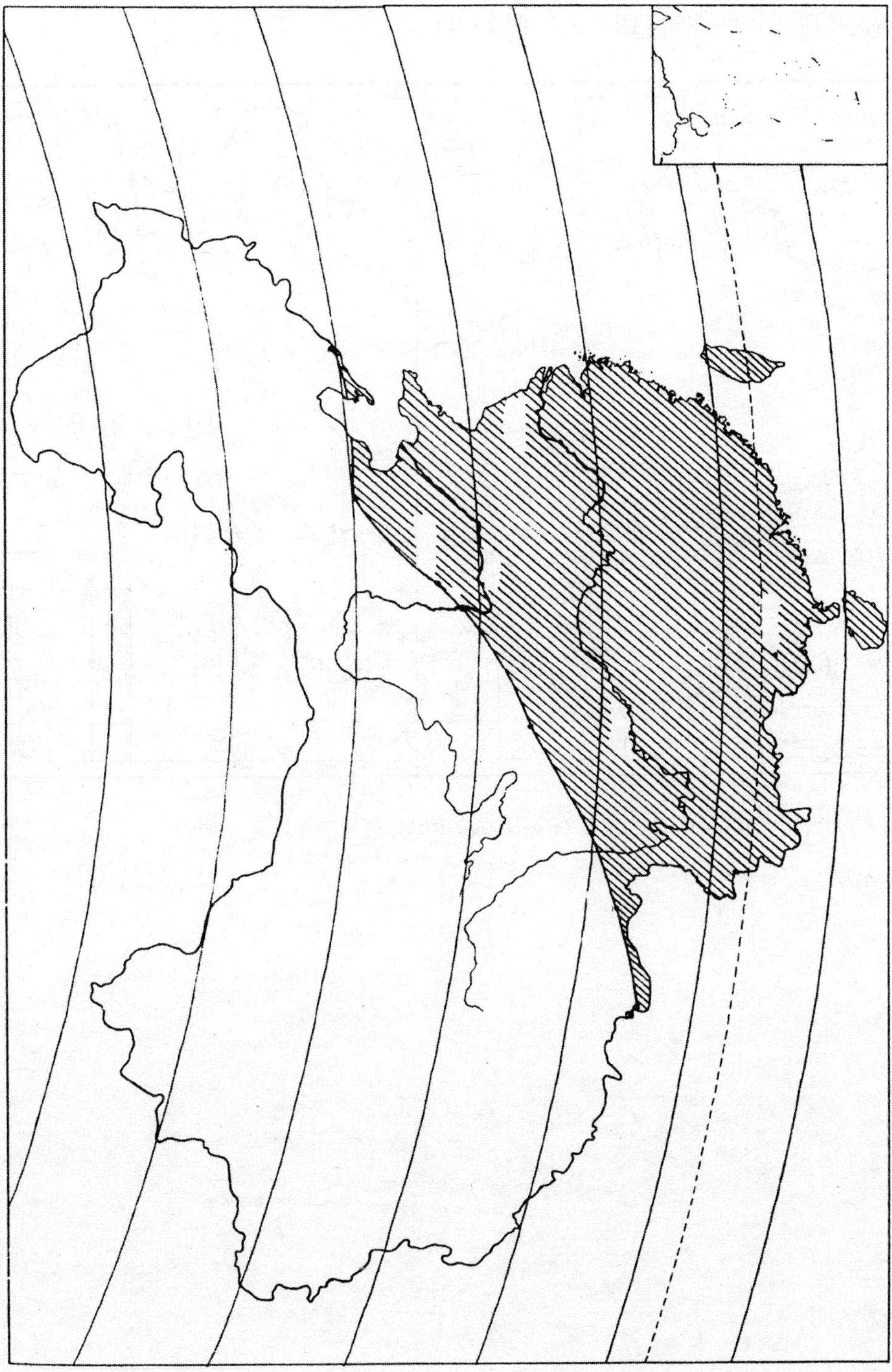

图 1-4　中国白蚁分布（仿李桂祥等）

在我国，水利白蚁的主要种类都在白蚁科的土白蚁属 *Odontotermes* 和大白蚁属 *Macrotermes*，其地理分布如图（图 1－5、图 1－6）。

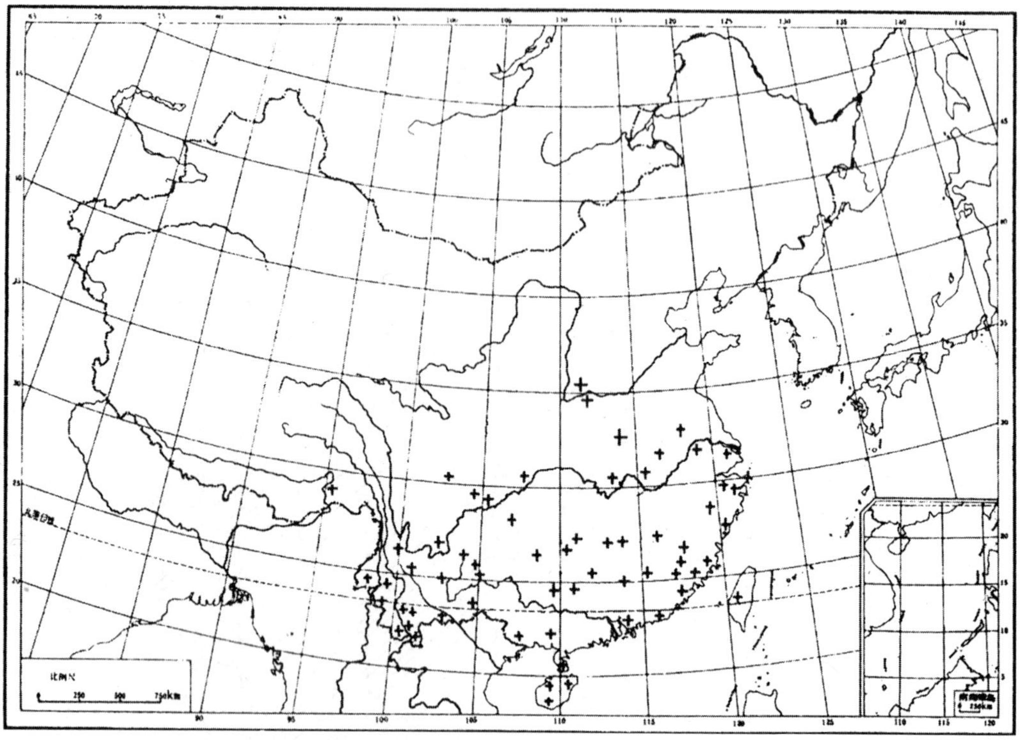

图 1－5　土白蚁属 *Odontotermes* 中国分布（仿黄复生，1996）

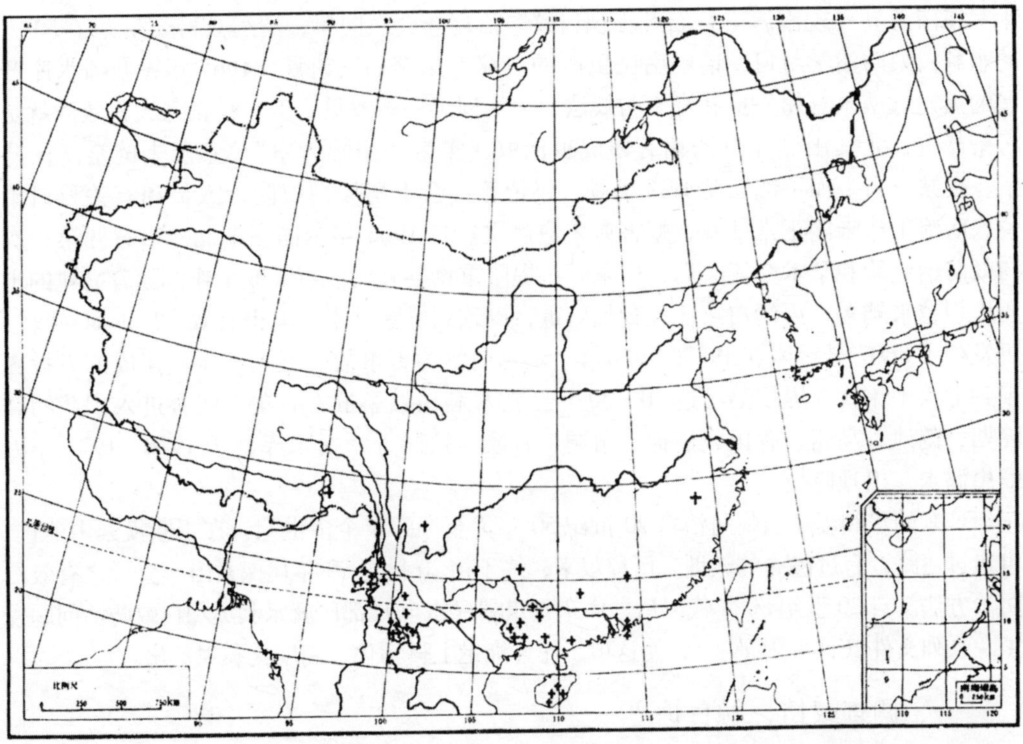

图 1－6 大白蚁属 *Macrotermes* 中国分布（仿朱世模，1997）

在我国，黑翅土白蚁和黄翅大白蚁是许多省（市、区）为害水利堤坝的主要种类，但不同地区，种类也有差异。在海南和广西南部，除了黑翅土白蚁和黄翅大白蚁外，还有土垅大白蚁。在安徽，黑翅土白蚁和囟土白蚁是为害堤坝的主要种类。

第四节 广东水利堤坝白蚁防治史略

在我国，对白蚁为害堤坝及其治理的记载已有 2 000 多年的历史。自古以来，白蚁为害江河堤围的记载多出自长江、黄河、淮河流域。广东各江河因白蚁为害造成决堤的史料稀疏零碎，至于堤围白蚁防治的记载更是寥寥无几。新中国成立后，堤坝白蚁防治才日渐受重视，因为除了江河堤围外，新中国成立后大量兴建的各类水库受白蚁为害也逐渐暴露出来，水利（水电）部门及从事白蚁防治研究单位纷纷组织力量进行堤坝白蚁防治研究，国家给长江流域的湖北荆江大堤配备了庞大的白蚁防治队伍。中国科学院北京动物研究所的白蚁专家蔡邦华等和中南昆虫研究所（现广东省昆虫研究所）的白蚁专家李始美等亲临现场调查研究堤围白蚁防治技术问题。解放初，广东省水利（水电）厅（局）领导便注意到江河堤围的白蚁防治问题。广东省有组织有计划的水利白蚁治理工作始于 50 年代初，北江大堤等大中型堤围在 1954 年联围前后就开始了。1959 年广东水电厅派李其燊工程师到湖北荆江大堤向李始美等白蚁防治专家学习、研究堤坝白蚁防治问题。1962 年，省水电厅倡议和支持在广东北江大堤清远段设点研究。1964

年又在南海县（现南海市）召开堤坝白蚁防治现场会。同年，清远县科委举办了50人的水利白蚁防治学习班，请中南昆虫所的白蚁专家李始美讲课。1965年，迎嘴水库开展的黑光灯诱杀有翅成虫和毒土防蚁法，虽治理了一些蚁巢，但不是投入大收效微就是污染严重，尤其用黑光灯诱集有翅成虫治蚁，实为“引狼入室”。基层未健全防治队伍，更缺乏自上而下的防治管理机制，仅依赖社会上房屋白蚁防治人员和有关科研单位，防治工作未能正常铺开，蚁害愈来愈严重。自1966年全国在湖北沙市召开第一次白蚁防治经验和学术交流会后，广东一些堤防重点县开始注意灭蚁工作。随着兴建的土质堤坝越来越多，灭治白蚁任务日趋繁重，以致到了新技术已取得有效应用的80年代，仍发生了8607号台风和1987年“6.5”洪水白蚁为害事故。五六十年代建成的大批堤坝到七八十年代，堤坝龄已达10～30年，按水利白蚁巢群发育史，蚁害进入猖獗的高峰期，鹤地、高州、雁田、杨梅、角洞、合溪、铁岗等一批水库曾于1970—1975年因蚁患漏水，出现险情。

广东的水利堤坝白蚁防治自20世纪50年代至今的半个多世纪，在不断摸索中前进，也走过弯路，有过惨痛的教训，历程艰辛，终于在20世纪80年代探索出一套行之有效的防治方法。自20世纪80年代以后，广东省水利（水电）部门就水利堤坝白蚁防治问题发了一系列文件（详见附录一），使这项工作逐渐走上科学化、制度化和规范化。

一、调查蚁情，触目惊心

随着时间的推进，20世纪五六十年代兴建的水库堤坝白蚁为害已逐渐暴露出来。据李始美、姚达长、黄觉民等1970—1977年在广东（含海南）41个县市大型水库6座、中型水库78座、小型水库92座，共176座，遭受白蚁不同程度为害的有158座，占89.77%；已证实白蚁破坏导致内外坡穿通而管涌者33座，占18.75%。以下列举几个典型例子以证实白蚁对水库土坝的为害造成的险情。①博罗角洞水库，1956年建成，校核库容2 400万 m^3，正常库容1 570万 m^3。1973年大暴雨，导致库容猛增，6月4日，当库容急升到2 201万 m^3 时主坝背水坡发现管漏3处，一处在坝之中部，管涌口径6 cm×4.3 cm，其余2处在坝右边，管涌口径分别为5 cm×4 cm、5 cm×3.8 cm，每处都有随水冲出的白蚁，情况非常危急，出动了几千人和几十辆汽车进行抢险，最后只好采取应急措施，炸掉部分副坝放水，并截断引水渠，打开涵闸门，迅速降低水库水位，方解除险情。②深圳铁岗水库，校核库容6 841万 m^3，正常库容4 866万 m^3。1975年秋，蓄水超过正常水位18 cm时，背水坡出现3处管涌，最大的6 cm×5 cm。每处管涌都冲出白蚁，只好加快放水，导致下游淹没了200亩即将收割的晚稻。当水位下降了7 cm（约500万 m^3）时，方停止漏水。③高要杨梅水库，校核库容1 440万 m^3，正常库容950万 m^3。1972年因暴雨库容涨至1 130万 m^3 时，背水坡中部突然暴开表土显露4处管涌，最大的一处为7 cm×5 cm，白蚁随水冲出，结果1 000多人上堤抢险，方把管涌堵住。④徐闻合溪水库，校核库容1 085万 m^3，正常库容926万 m^3，主坝长700 m，因白蚁为害，有29处发生管涌，为安全起见，降低水位，减少蓄水，可是白蚁在坝内活动的蚁路也随水位下降而向下移动，水库只好降级运行。⑤兴宁合水水库主坝长700 m，在背水坡灌浆充填白蚁巢穴时，浆液沿蚁路穿过坝体在迎水坡喷出。在坝顶灌浆，则在背水坡的坝脚和迎水坡的水面下约 30 cm 处同时喷出泥浆。⑥东莞雁田水库，建于 1959 年，1964 年加高加厚，库容 963 万 m^3，1969 年在主坝背水坡发生管涌漏水，冲出白蚁，经及时抢险才脱险。不久，又发现 2 处渗漏，以致减少蓄水。据 1975 年调查，主坝发现蚁害 46 处，副坝发现蚁害 36 处，挖到蚁巢 10 个，最大的巢体直径 105 cm，最宽的蚁路为 9 cm×7 cm，蚁路从背水坡向坝中伸进，穿越坝体。

当时，李始美、姚达长、黄觉民等还调查了广东省内（含海南）9 条大堤、3 条堤围和 1 条排灌渠，总长 131.5 km。白蚁对于各江河堤围也造成不同程度的为害。如北江大堤清远段的洲心、山塘、石角等堤段的北江干堤和北江支堤龙塘围等堤段曾做了多年的调查和防治研究，为北江大堤白蚁为害较严重的堤段。西江大堤调查了广利围、丰乐围和大兴围，从鼎湖罗隐上游靠近峡口起，经广利至永安沿支线转入四会大沙，各段也有不同程度的为害。东江的增博联围，自三江起，经圆洲曾多处发现白蚁为害。增城的增江大堤有一段长 4.3 km 的堤段，在洪汛期达到警戒水位时，有 67 处发生管涌，其中 38 处冲出白蚁。海南松涛水库排灌渠的儋县地段沿线白蚁为害更为严重，沿渠渗漏，管漏严重，漏掉的水足够沿线耕地用水。1975 年 2 月初在西联农场范围内一地段，先在渠底的白蚁巢位置跌窝，接着沟渠倒塌 20 多米，中断了下游供水。

二、治蚁历程，崎岖艰辛

新中国成立后不久，在“水利是农业的命脉”思想指导下，全国掀起了大兴水利建设的热潮，仅在 50 年代至 60 年代初，全国共建了数以万计的各类型水库。广东省新建的大、中、小（一）型水库也达几千座。水利发展促进了工农业发展，对农田灌溉、防洪、排涝、发电、工业用水、生活用水起了极大作用，为社会主义经济建设立下了汗马功劳，这也是新中国成立后水利建设的一场革命。水库多建在山区或近山处，白蚁虫源较丰富；况且当时缺乏对白蚁为害水库土坝的认识，建库施工时没有抓好清除原有白蚁这一环节，许多水库建好没过几年便发现白蚁为害。广东绵长的江河堤围和为数众多的水库土坝都受到白蚁为害，加之高温多湿的气候适应白蚁生存、繁殖，堤坝白蚁防治的任务极其繁重。

对白蚁为害水利工程的认识也绝不是一步到位的。由于白蚁为害的隐蔽性，即使是从事水利建设或管理的人员，也是从实践中一步一步地认识白蚁的。白蚁为害的隐蔽性给堤坝白蚁防治工作带来了许多困难，要在表面完好的堤坝找到白蚁的巢穴系统、杀灭白蚁、将杀灭白蚁后的巢穴系统灌浆充填，消除隐患，谈何容易。广东堤坝白蚁防治半个世纪所走过的道路是艰辛而曲折的。不断探索研究、总结经验，以至摸索出一套系统的防治技术。鉴于广东境内绵长的江河堤围和大量的水库，省水利（水电）厅在 20 世纪 50 年代已注意到白蚁为害的潜在危险，着手组织人力进行堤坝白蚁防治，尤其是重点堤坝的白蚁防治工作。以下几座堤坝白蚁防治的历史可反映广东水利白蚁防治的历程，简要介绍之，以飨读者。

（1）北江大堤，是全国七大重点堤围之一，北起清远骑背岭，经石角沿北江干流左岸经佛山三水大圹、芦苞、黄圹、河口、西南至南海狮山，全长 63.34 km。北江大堤于 1954 年由诸多小堤围联围而成，并开始白蚁防治工作，但未取得理想效果。当时如在堤身上发现分群孔则用清水混合煤油、DDT 灌浆，如发现泥被泥线则追踪到巢体后也用此法治蚁，然后灌浆充填蚁巢。1968年大洪水，仅黄圹堤段就发生57处蚁害漏水，其中4处危及堤身。芦苞沙墩段也因蚁患出现大险情。70年代开始以加固灌浆结合灭蚁，由于白蚁十分隐蔽及敏感的生物学特性，致使收效甚微，始终未能控制蚁情的发展。1985年，鹤地水库召开了全省堤坝白蚁防治工作座谈会，学习和应用堤坝白蚁防治新技术，使白蚁防治工作跃上新台阶。到1987年对分群孔治理达35个成年巢。但对堤身的幼龄巢外露特征泥被线还未能进行投饵灭治，对蚁源区的诱杀也未顾及。1987年大堤加固工程结束后，请省技术指导小组姚达长等举办白蚁防治新技术培训班，组织防治队伍，各管理所落实责任制和责任人。1988年治理65个成年巢，由技术指导小组主要成员亲自为1988年省地级市主管的局长参加的省堤坝白蚁防治会议准备现场。1988—1989年治理堤身成年巢111个，消除了堤身的一批蚁患。1991年后管理局领导更加重视，保证经费，健全防治队伍。自1992年起将“无蚁害堤坝”作为目标，白蚁防治工作出现新局面，在白蚁活动频繁季节治蚁工作不放松；开展自近到远的蚁源区的诱杀治蚁工作；为了提高工作效率，在堤身及蚁源区全面采用“以引代找，引杀结合”技术；为调动白蚁防治工作人员的积极性，采取按劳和按治理白蚁效果计酬，在1985—1995年实施堤坝白蚁防治新技术期间，全堤总共灭白蚁2 132巢，其中成年巢578巢、堤身巢830巢（其中成年巢263巢）、灌浆充填白蚁巢穴307巢，消除了白蚁在堤上的隐患，抑制了白蚁不断飞入北江大堤营巢为害的态势。北江大堤在“94.6”特大洪水时，虽然出现了34处险情，但无1处属白蚁为害所致。经过10年的努力，1996年10月通过了广东首批的“无蚁害堤坝”的达标验收。达标后，为保持“无蚁害堤坝”，白蚁防治工作组织健全，资金保证，白蚁防治常抓不懈。

（2）东莞市挂影洲围，是我省5万亩以上的重点堤围之一，位于东江中下游，堤长36.84 km，于1953年由10多条小围联筑而成，多属沙壤土。1954—1962年由各村负责的堤段，自行组织力量锥探找巢。1963—1966年由水利会组织的一支30～40人的专业锥探队锥探找巢，盲目性很大，以致1959年、1966年两次特大洪水，乃因堤坝白蚁巢穴造成坝漏水跌窝，险象环生。特别是1966年因白蚁巢穴漏水跌窝穿堤，有两处重大险情，笔者至今记忆犹新，历史的教训刻骨铭心。一处于1966年6月发生在指挥部地段，石碣村桩号5+100堤段，由于水压力大，抢险的沙包从白蚁洞穴穿过，由内坡冲出，抢险人员用棉被堵塞，棉被又由白蚁洞穴冲出，灾情十分危急，已形成缺口，急中用一条木船横卡住缺口，省厅工管处祁国英主任工程师亲临指导抢险。出动解放军一个团兵力和群众一起奋力抢险，才保住大堤。另一处是北堤沙腰村堤段，桩号30+650，白蚁洞穴漏水至崩塌，不到半小时，6 m宽的堤面坍塌只剩下50 cm，情况万分危急，经群众奋力抢险，才避免了决堤之灾。“文革”期间，治蚁工作断断续续，直到1984年仍采用钻探找巢的瞎子探路法找巢。1985—1987年承包给某一个白蚁防治研究单位，防治效果仍不理想。1988年以后，堤围管理部门自己组织技术人员由省水利厅专家技术指导，应用省厅白蚁防治中心站生产的DB型诱杀条，灭杀成年巢白蚁，每年4～6月组织10多人的专业队进行巡查，应用“三环节8程序”新技术，坚持10多年的灭杀白蚁工作，于2002年经验收，达到“无蚁害堤坝”。

（3）鹤地水库，1958年6月动工，1959年8月建成，最大库容11.44亿m^3，1961

年土坝发现白蚁为害，并逐年加重，1968 年加固灌浆时常有白蚁随漏浆浆液流出。1969 年 8 月台风暴雨，水库水体上涨时，22 号副坝有 2 处漏水流出白蚁，情况非常危急。为了保证水库安全，不得不降低水位运行。随着水库运行年数增加，白蚁的危害也日趋严重。土坝漏水漏出白蚁巢片，灌浆灌出白蚁时常发生。管理局领导逐渐认识到白蚁危害的严重性，但管理局本身又无白蚁防治技术力量，感到束手无策。当时，将白蚁防治项目承包给社会上个体白蚁防治人员。承包者鼓吹少则 1 年、多则 3 年就能消灭白蚁，工作很神秘，这里看看，那里挖挖，结果不但没有消灭白蚁，反而白蚁为害有增无减。1970 年，管理局成立了堤坝白蚁防治小组，首先派员到清远迎咀水库学习，“文革”期间该水库的白蚁防治工作已无人管，拜师学艺无门。后来，请求省水利（水电）厅（局）支持，得到白蚁防治技术资料后，边学习研讨，边实践探索，在 22 号副坝背水坡蚁道漏水白蚁逸出点追挖 36 m，至防浪墙底，历时 4 天才挖到蚁巢，巢深 2. 2 m，巢大 70 cm×65 cm×35 cm，并挖出菌圃 150 个（图 1 -2）。首次追挖蚁巢成功，提高了全体干部职工对白蚁为害的认识，鼓舞了防治小组成员的斗志和学习防治白蚁技术的积极性，不到一年就灭杀堤坝白蚁 35 巢，并解剖了 7 巢，从而加深了对白蚁的生活习性、活动规律和巢穴系统构造等白蚁基础知识的了解。

鹤地水库均质土坝 37 座，全长 7. 91 km，主坝长 885 m、高 28. 25 m，总干渠 6 条，共 271 km，支渠 4 039 条，总长 4 547 km。水库坝多，坝线长，坝坡面积 50 万 m^2，治蚁任务十分艰巨，单靠治蚁小组几个人是很难完成任务的，必须发动群众，普及白蚁防治知识，开展群防群治。在湛江水电局的支持下，1971 年举办了首期堤坝白蚁防治学习班。经 10 多年的努力，防治技术不断提高，共消灭白蚁 697 巢，对堤坝的安全起到一定的作用。1979 年应用灭蚁灵灭杀堤坝白蚁研究，并于 1983 年取得初步成效。

1985 年省水电厅在鹤地水库召开全省堤坝白蚁防治工作座谈会，并决定成立省堤坝白蚁防治技术指导小组，从此，全面应用“三环节 8 程序”堤坝白蚁防治新技术。堤坝白蚁防治队伍稳定、经费落实、技术措施规范，使鹤地水库成为广东堤坝白蚁防治的网络中心。1985 年，广东水利白蚁防治上了新台阶，在鹤地水库设立广东省水利厅白蚁防治中心站，其他市设立分站，全省组织力量统一攻关，研究出一套行之有效的水利白蚁防治“三环节 8 程序”新技术，大大加快了我省堤坝白蚁防治步伐。因此，鹤地水库堤坝在“94. 6”超百年一遇的特大洪水和 12 级以上强台风中安然无恙，水库运行正常。

鹤地水库与高州水库于 1996 年 11 月通过验收，同时达到“无蚁害堤坝”标准。

（4）雁田水库建于 1959 年，1964 年成为东深供水工程中的一个调节水库。库容 968 万 m^3，主、副坝共 7 座，总坝长 1 542 m。1969 年主坝背水坡坝脚因白蚁为害发生管涌漏水。据 1975 年调查，主坝蚁害 43 处、副坝蚁害 36 处。1975 年 9 月 7 日，第三次全国白蚁防治经验交流与科研协作会议全体代表参观了这一白蚁为害现场，无不为之惊心动魄。1975 年秋，雁田水库成立了白蚁防治小组，开展普查白蚁为害情况，采用灯光诱杀有翅成虫、药物灌杀、人工挖巢、加固灌浆时掺入农药灌杀等措施进行防治。1975—1978 年共挖出白蚁 29 巢，灯光诱杀有翅成虫 50 公斤。1979—1984 年，因东深工程二期扩建，撤销了白蚁防治小组，中断了白蚁防治工作。1985 年，贯彻了“全省堤坝白蚁防治工作座谈会”精神，领导重视，白蚁防治工作重新展开。1986 年，因白蚁为害，一副坝坝脚多处漏水，在省水电厅堤坝白蚁防治技术指导小组的具体指导下和中心站的积极配合下，举办了多期白蚁防治培训班，培训了一批白蚁防治技术队伍，并采取四项措施：①停止使用黑光灯诱集有翅成虫；②应用省堤坝白蚁防治新技术措施，使用省统一研制的新药；③狠抓分飞孔投饵和泥被线投饵，杀灭成年巢和幼龄巢群体；④采用见蚁施药法。当年灭治白蚁 84 巢，其中第一副坝 42 巢。1988 年，7 座土坝坝体已未发现白蚁活动迹象。同年，对工程体周围 400 m 蚁源区由近至远进行灭杀工作。到 1995 年的近 10 年间，分飞孔施药 134 巢，出菌 99 巢；泥被泥线施药 7 146 处，出菌 125 巢。1996 年与北江大堤同时通过验收，为广东首批无蚁害堤坝达标工程。

综上所述，广东水利堤坝白蚁防治所走过的漫长道路是崎岖曲折的。20 世纪 70 年代后期广东的水利白蚁防治才走上科学化的道路。自 1979 年以来，大致可分三个阶段：

1979—1984 年，广东堤坝白蚁防治逐步走上有组织、有计划、科学化的道路，紧紧抓住找巢技术、防治药物筛选和灌浆技术等堤坝白蚁防治的关键技术进行攻关，取得可喜的成果。

1985—1989 年，我省堤坝白蚁防治逐步趋于技术成熟，技术指导组织健全，“找、标、杀；找、标、灌；找、杀（防）”“三环节 8 程序”防治技术，经多年的大面积的应用验证，效果显著，并被省水利厅定为《广东省堤坝白蚁防治工作准则》。使我省的堤坝白蚁防治规范化，加快了堤坝白蚁防治进程，降低了成本。据统计，这五年本省防治堤坝白蚁 12.5 万巢，防治成本下降 90%，节约费用 1 000 多万元。

1990 年至今，以培养人才、推广应用、提高技术水平、加快实现“无蚁害堤坝”为目标。1991 年 10 月 22 ~25 日水利部委托广东省水电厅组织专家对“堤坝白蚁防治技术研究及应用”成果进行鉴定，鉴定委员会认为该项技术成果总体水平达到国内领先水平。“堤坝白蚁防治技术研究及应用”1993 年获水利部科学技术进步二等奖，1995 年获国家科学技术进步三等奖（图版Ⅵ）。10 多年来，把人才培养摆在重要位置，举办各种类型的培训班，大量培养人才（图版Ⅷ）。自 1993 年起经省高教局批准，水利厅委托广东教育学院举办了三期“水利白蚁防治专业大专证书班”，从各市水利系统中招收从事白蚁防治工作多年的人员作为学员，对提高本省堤坝白蚁防治从业人员的理论技术水平起到一定作用。

1991 年，开始实施我省制定的水利白蚁防治规划，目标明确；1992 年，省水电厅厅决定成立水利白蚁防治中心站，挂靠雷州青年运河管理局，业务归口省水电厅厅工管处管理，随后，各市逐年建立了分站，完善网络；加快“无蚁害堤坝”进程，1993 年颁布了“广东省水利工程无蚁害堤坝标准试行规定”。

1996 年，北江大堤、东深供水工程的雁田水库、深圳水库、湛江鹤地水库、茂名高州水库等首批通过鉴定验收，此后，每年省内都有一批堤坝达到“无蚁害堤坝”标准，达标验收（图版Ⅺ）。实现无蚁害堤坝，确保堤坝安全是水利堤坝白蚁防治的最终目标。

“三环节 8 程序”技术的推广应用创造了显著的社会效益和经济效益，使原来许多蚁害严重的堤坝得到了有效控制，全省有 100 多座堤坝和主要的江河堤围已成为“无蚁害堤坝”。1976 年“9.22”洪水的使鉴江化州境内南盛镇君田坡堤段缺口，有 114 km 堤段中有漏水孔 50 处，采用了“三环节 8 程序”前的“二环节 6 程序”技术治理蚁患 58 巢，并赶在 1987 年“6.5”洪水的前灌浆完毕，虽然，1987 年“6.5”洪水比 1976

年“9.22”洪水最大洪峰高0.5 m，但只发现管漏6处，显然，堤防能力增强了。

三、研究成果，推广应用

1975年9月，全国第三次白蚁防治经验交流与科研协作会在广州召开，并以东深供水工程雁田水库为现场。9月7日，全体与会者参观了白蚁造成坝基部漏水的险情，无不为之震惊。此后，省水电局指示工管处派专人分管白蚁防治工作。1976年11月，省水电局在清远召开了白蚁防治工作会议，并与广东省昆虫研究所和广东省水电设计院联合进行堤坝白蚁为害及灭治试验。1977年我省开始应用“灭蚁灵”灭杀堤坝白蚁，首先在重点地区梅县、惠阳、清远、湛江、肇庆和大中型水库鹤地、高州、龙颈、镇海、万亩水库及陆丰县、高明县。梅县水利局在小密水库试用再灌浆处理，使原蚁害漏水水库提高了蓄水位。1980年，程江解剖死巢发现，死巢发霉后长出菌丝形成鹿角菌。各地试验证实，用灭蚁灵灭蚁没有工蚁堵路现象，此药对白蚁无驱避作用，从而确立了以灭蚁灵作为水利堤坝白蚁防治的首选药物。

1979年，省水电局确定将电测找巢技术列入省水电科技重点项目，在清远举办了各地工管科负责治白蚁工作人员电测学习班，交流了各地治蚁经验，并且管理部门真正下力气组织各课题组在生产第一线开展电测找巢、分飞孔找巢技术（本项目与省昆虫所李栋合作）和灭蚁灵、硫酰氟（本项目由省昆虫所戴自荣提出，钟登庆等完成）灭蚁试验研究，初步进入堤坝白蚁探查和防治技术探索研究以筛选应用阶段。

1980年9月，在福州召开了全国第四次白蚁学术会议，林业部门利用灭蚁灵配制毒饵用于防治林木白蚁，并证实死巢腐生菌长出地面现象，与我们原来灭蚁后找菌（炭棒菌）、对巢灌浆、充填巢穴系统的思路不谋而合，从而决定采用诱饵法和炭棒菌分析巢位灭蚁灌浆方案，深入现场反复观察研究。

1982年，采用省昆虫所的改进型毒饵和福建产的灭蚁毒饵型，在高州、鹤地等7座大中型水库试验，但经解剖，效果不甚理想，只达62.5%。随后，省水利（水电）厅的试点梅县水电局的李国亮、鹤地水库的庞朝芬和万亩水库的张社林等自选饵料配制的诱饵效果达90%以上。1983年，确定以鹤地水库剂型为基础，再经改进成为DB（堤坝）型灭蚁诱饵，并定型生产供应各地。

1985年4月，省水利（水电）厅在鹤地水库召开了全省14市（地）工管科负责人和重点县、重点工程堤坝白蚁防治工作座谈会。会后，省水电厅水电工管处发了关于成立省防治堤坝白蚁技术指导小组的通知，姚达长任组长，徐子宏任副组长，聘请庞朝芬、赖宗明、梁钜仁、张社林、李国亮等为小组成员，分片负责各市、地面上培训防治堤坝白蚁技术人员和现场技术指导工作。同年，确定鹤地为中心站，清远、高州、万亩、梅县为分站，并对堤坝白蚁防治技术进行集体研究攻关。1986年及1990年又先后增设陆丰、潮阳分站。1992年再增设广州、北江大堤、肇庆、东深工程和东莞分站，全省的水利堤坝白蚁防治基本形成网络，会同作战，联合攻关，大大加快了堤坝灭蚁技术进程。1985年，为了解决填巢灌浆机具问题，又及时地研制出S－2SN0.45/2型手摇灌浆机，并由中心站生产。1990年，组织有关专家对第二代手摇和电动轻便对巢灌浆机S－WSN0.6/4、S－WDN1.5/4型检测鉴定，并建议批量生产。

自1979年立项，1984年已采用DB型诱饵对分群孔投饵灭蚁及找炭棒菌，判断巢位，以便对巢灌浆；用DB型诱饵诱杀堤坝周围蚁源等技术已取得阶段性成果。1985—1987年，依据现场观察2 628个用DB型诱饵从分群孔投饵灭蚁的巢体，不断改进DB型诱饵的配方。1986年，陆丰分站方剑英在五里牌水库对泥被泥线投饵诱杀白蚁找成果充实了用DB型诱饵灭杀白蚁的内容。

1984年，姚达长提出“堤坝白蚁理想防治方案的选择”。1985年正式推出“杀”、“灌”、“防”三个环节，“找（引）、标、杀”，“找、标、灌”，“找（引）、杀（防）”8道程序的堤坝白蚁防治系统技术措施。1988年12月，在北江大堤由省厅主持召开的全省堤坝白蚁防治工作会议上，谢汉祥副厅长宣布把“三环节8程序”定为《广东省堤坝白蚁防治工作准则》，成为一项成熟的技术向全省推广。此后，省内多项大中型水利工程按照“三环节8程序”的技术措施实施，并取得可喜成果，已实现“无蚁害堤坝”并通过达标验收。广西、江西、湖北、江苏等省（区）的水利部门也应用此项技术防治水利白蚁。

广东水利白蚁防治技术研究至今已经历了30多个春秋。研究成果的产生除了前人的工作积累和科学研究单位的支持外，乃是水利部门各领导层的重视和在生产科研第一线的技术人员不辞劳苦、坚韧不拔、前赴后继、不计较个人得失奉献精神的结晶。在近30年的研究历程中，发表了许多论文（详见参考文献）并获得多项国家级、部（省）级的奖励（详见附录二，图版X）。

四、培养人才，完善网络

鉴于水利白蚁防治任务的艰巨性和长期性，必须不断地培养水利白蚁防治专业技术人员。广东培养水利白蚁防治技术人才的途径大致有：①堤坝白蚁防治现场技术指导，从而提高水利白蚁防治从业人员的技能。②举办短期水利白蚁防治培训班，通常为期一周，为提高水利白蚁防治人员的理论知识和操作技能起到了重要作用。自1984年以来，除少数市外，各市都办了多期岗位培训班。③1993—1999年省水利厅委托广东教育学院举办了三期“水利白蚁防治专业大专证书班”，培养了一批人才。④参加水利部举办白蚁防治技术培训班。⑤1997年举办的白蚁新技术高级研修班。⑥2007—2008年举办的三期全省中型水库管理单位责任人培训班；⑦2006—2009年举办了三期白蚁防治职业技能培训班。累计参加各种类型培训班培训的人员2 000多人次（详见附录三）。

广东水利白蚁防治经历长期实践，值得记入水利白蚁防治史册的经验有：①各级领导重视。②建立厅辖的堤坝白蚁防治中心站，各市及省部分重点工程成立分站，形成网络，协同作战，联合攻关，完成“三环节8程序”技术研究。③培训堤坝白蚁防治专业人员，形成庞大的防治队伍和较完善的网络。

新中国成立以后，尤其自20世纪70年代以来，广东水利堤坝白蚁防治所取得的成就，在我国水利堤坝安全和水利堤坝白蚁防治史册中谱写了光辉的一页。

随着社会的发展和科学的进步，水利白蚁防治技术也在进步。目前，广东已把水利白蚁防治列为水利工程除险安全加固工程中的一项内容，使水利白蚁防治更加科学化和规范化。笔者深信，广东的水利白蚁防治将与经济建设同步发展。

第二章　水工建筑物的基础知识

在水利工程中，水工建筑物的种类很多，本章着重介绍白蚁能营巢为害的土质水工建筑物。

第一节　水工建筑物与水利枢纽

一、水工建筑物

水工建筑物是水利工程主体，没有水工建筑物则无水利工程可言。

1. 水工建筑物的功能

水工建筑物的主要功能是挡水、泄水、取水和输水等。因为水对其产生巨大的作用和影响，水工建筑物是与人民生命财产安全密不可分的工程，万一失事，后果极其严重。因此，水工建筑物的勘测、设计、施工及维护等各个环节都极其重要。

水工建筑物按其作用可分为：①挡水或壅水建筑物，包括坝、闸、堤防以及各种拦截河川水流并承受一定水头的建筑物；②泄水建筑物，包括溢洪道、泄道隧洞、泄水孔等；③取水建筑物，包括水闸、取水塔等；④输水建筑物，包括输水渠、输水隧洞、输水涵管等；⑤整治建筑物，包括护岸护底建筑物、导流堤、防浪堤、拦沙建筑物等。

水工建筑物按其用途可分为一般性水工建筑物和专门性水工建筑物，按其使用时间可分为永久性水工建筑物和临时性水工建筑物。

水工建筑物负有化害为利、变祸为福、造福于民的功能。影响水工建筑物稳定性的因素很多，既有难于预见的自然因素，也有人的认识能力和技术水平的因素。据国际大坝委员会统计，到20世纪70年代，高于15 m的大坝失事总共约有290座，其中90多座为溃坝事故。大坝失事的最主要原因，一是洪水漫顶，二是坝的基础或结构存在问题，两者各占失事总数的1/3左右。因此，兴建水利工程时，必抓好勘测、设计、试验、分析研究和施工等各个环节，确保水利工程的安全。

2. 水工建筑物的特点

水工建筑物的主要特点是，在水中工作，水对其产生巨大的作用和影响。由于水工建筑物与所在地区的地形、地质及水文等因素有密切的关系，尤其是地质条件的差异，因此，水工建筑物的设计、造价、施工具有较普遍的特殊性。

水利枢纽工程的最基本特征是具有挡水建筑物堤或坝，为水利枢纽的主体工程。水对堤、坝稳定性的影响是多方面的：

（1）静水压力，其大小将随建筑物上下游水头差加大而剧增，因此，堤、坝必须有相应足够的水平抵抗力。

（2）水面有波浪时，水对堤、坝产生附加波浪压力。

（3）水流经过堤、坝时，产生各种动水压力。

（4）堤、坝上下游在水头差的情况下，堤、坝及其地基内还会产生渗流。渗流导致对堤、坝稳定不利的渗透压力，也可引起地基的渗透变形破坏，过大的渗流会造成水库严重漏水，因此水工建筑物要解决防渗问题。

（5）发生地震时，水对堤、坝产生附加的地震激荡力。

水工建筑物所承受水的巨大压力和强烈水的冲刷力，严重威胁着其安全。堤坝一旦失事会给下游人民造成极其严重的甚至毁灭性的灾难。

二、水利枢纽

水利枢纽或水利水电枢纽是为开发水利资源而在江河的适当部位修建多种水工建筑物的综合体。如长江三峡水利枢纽、葛洲坝水利枢纽、丹江口水利枢纽等，在广东省内已建成的水利枢纽有东江引水工程、飞来峡水利枢纽、潮州供水枢纽等，正在兴建的有乐昌峡水利枢纽。整个枢纽由拦河坝、泄洪闸、船闸、冲砂闸和水电站等主要建筑物组成。在水利枢纽工程中，按其功能可分为蓄水枢纽、取（引）水枢纽和抽水枢纽等。

水利枢纽工程按其工程规模、效益及其在国民经济中的重要性划分为五等（表2－1）。

表2－1　水利枢纽工程的分等指标

工程等别	工程规模	水库总库容（亿 m^3）	分等指标			
			防洪		灌溉面积（万亩）	水电站装机容量（万 kW）
			保护城镇及工矿区	保护农田面积（万亩）		
一	大（1）型	>10	特别重要城市、工矿区	>500	>150	75
二	大（2）型	1～10	重要城市、工矿区	100～500	50～150	25～75
三	中型	0.1～1	中等城市、工矿区	30～100	5～50	2.5～25
四	小（1）型	0.01～0.1	一般城镇、工矿区	<30	0.5～5	0.5～2.5
五	小（2）型	0.001～0.01			<0.5	<0.5

引自：《水利水电枢纽工程等级划分及设计标准（山区、丘陵区部分）SDJ 12－78（试行）》，表中水库总库容是指校核泄水位以下的水库库容；灌溉面积是指设计的灌溉面积。

第二节　挡水建筑物

一、堤

堤防是防止江、河、湖、海洪（潮）水入侵，确保广大平原地区、圩垸区、湖田以及工农业生产与广大城乡人民生命财产安全的重要工程措施，是抵御洪（潮）水最常见的建筑物。在我国，早在2 000多年前的战国时期，人民便开始修筑堤防防御洪水，至今，已逐渐建成沿河两岸延绵完整的堤防系统。新中国成立之后，对原有的堤防进行加高培厚、护坡固基，提高了防洪标准和抗洪能力，加上新建的大量新的堤防，使堤防已达到24万km，对人民的生命财产和国民经济建设起着极其重要的保护作用。

1. 堤的类型及工作条件

堤按其所在位置及工作条件分为：

①河堤，位于河道两岸，用于防止洪水漫溢，保护两岸不受洪水淹没，这是最主要的一种堤防。

②湖堤，位于湖泊四周，用于围垦湖滨低洼地区，发展农业生产，如洞庭湖、鄱阳湖等都筑有这种堤防。

③海堤，位于入海口附近的河岸或海岸上，用于保护两岸免受潮水和海浪的侵袭，我国沿海地区都有兴建这种堤防。

④水库堤防，位于水库周围及水库回水末端，用于减小水库淹没面积，这种堤防随着水库的兴建而产生。

上述四种堤防，因其工作条件不一样，堤身的建筑要求也显著不同。河堤因河水涨落很快，洪水期较短，通常只有一个月左右，最长也很少超过两个月，堤防每年有相当长的时间不靠水，因此，河堤承受高水位压力的持续时间不长，其浸润线往往不能达到洪水持续作用的位置，堤身断面可小些。海堤仅在涨潮时水位较高，持续时间更短，由于受到海浪的冲击，若在涌潮河段，还受到涌潮的冲击，堤身断面虽可小些，但必须较河堤更加坚固。湖堤、库堤，水位涨落较慢，汛期持续时间甚长，通常达5~6个月，而且水面辽阔，风浪较大，故此，湖堤、库堤的断面应较河堤、海堤为大，临水面有较好的防浪护面，背水面须有一定的排渗工程。

河堤按其作用不同，可分为（图2-1）：

图2-1　堤防布置示意图（仿广东省水利厅工管处等）

1. 遥堤；2. 缕堤；3. 格堤；4. 越堤；5. 月堤；6. 河床

①干堤（又称遥堤、大堤），距河水较远，用于防御特大洪水，为第二线的主力堤，多为国家投资兴建的堤防，堤身断面较大。

②缕堤（又称民垸、民埝）距河较近，为第一线堤防，用来防御较小的洪水，并起束水作用，通常为当地民众兴建，堤身断面较小。

③格堤，为横向堤防，连接遥堤与缕堤，其作用是如缕堤溃决，可遏止洪水顺遥堤而下，洪水淹没仅限一格，避免遥堤内大片滩地被冲刷成沟，以至侵蚀遥堤。

④越堤和月堤，都为从缕堤或遥堤引出的月牙形堤防。当河身变动趋向对岸，远离近岸堤防时，则筑越堤争取耕地，当河身变得逼近堤身而保护堤防又有困难时，则筑月堤，防汛退守月堤新线。

堤的横断面呈梯形，堤的堤顶高度主要根据堤防的设计洪水位和堤防保护区的防洪标准来确定。堤顶宽度取决于堤身的厚度，要有足够的厚度以保证堤身的稳定，并在高水位时，有一定的渗径长度，使浸润线不出现在背水坡面，另外，应满足交通运输和防汛抢险的要求。如无特殊要求，坝顶宽度高坝可选用 10 ~ 15 m，中低坝可选用 5 ~ 10 m。堤防坡度的大小，主要看土壤的性质、堤身的高度、高水位的持续时间以及风浪的大小等因素。堤防边坡的稳定性甚为重要，当洪水持续时间较长，堤身浸润线以下部分的土壤含水量达到饱和状态时，土壤内角急剧减少，在这种情况下，应能保持边坡有足够的稳定性。堤防的背水坡应当和迎水坡相同或较迎水坡平缓，以利于防止浸润线溢出堤坡。当堤身较高时，为了增强其稳定性，往往在背水坡加设戗台或压浸台。

二、土坝

土坝是利用当地土石材料填筑而成的一种古老坝型。这种坝型的优点是，对地基适应性强、可就地取材、构造简单、运用管理方便、构造安全可靠、易于扩建，在国内外都得到广泛应用。据报道，世界上在 20 世纪 80 年代兴建的 200 m 以上的高坝有 10 座，其中土坝就有 7 座。我国坝高 15 m 以上的大坝有 18 000 多座，土坝占 85%。土坝也有缺点，土坝是一种松散颗粒集合体结构，用土料填筑而成的挡水建筑物，抗冲能力低，一般不允许坝顶溢流，需在河岸上另开溢洪道或其他泄水建筑物；在河谷窄、洪水流量很大的河道施工时，导流较困难；土坝坝体工程量大，粘性土料填筑压实的质量受气候影响大。

1. 土坝的工作特点

土坝作为一种常见的挡水建筑物，其工作受到诸多因素的制约。

（1）渗流的影响。填筑土坝的土料和坝基有一定程度的透水性，当土坝挡水后，由于水头差作用，上游水会通过坝体和坝基土粒孔隙向下游渗透，形成坝体与坝基的渗流。渗流不仅影响水库的蓄水效益，还会引起坝体或坝基的渗透变形，危及土坝安全。渗透水流在坝体下形成的自由水面称浸润面，在坝体横断面上形成一条曲线称浸润线（图 2 -2）。浸润以下的土料承受上浮力，并使土的抗剪强度指标（内摩擦角和凝聚力）降低，不利于坝体稳定。坝体与坝基（包括两岸）的结合面和坝体与混凝土建筑物的结合面，都易于产生集中渗流。为了清除或减轻渗流的不利影响，必须采取防渗排水设施，以保证坝体及坝基的渗透稳定性和减少水库渗漏水量，避免产生集中渗流，以保工程安全。

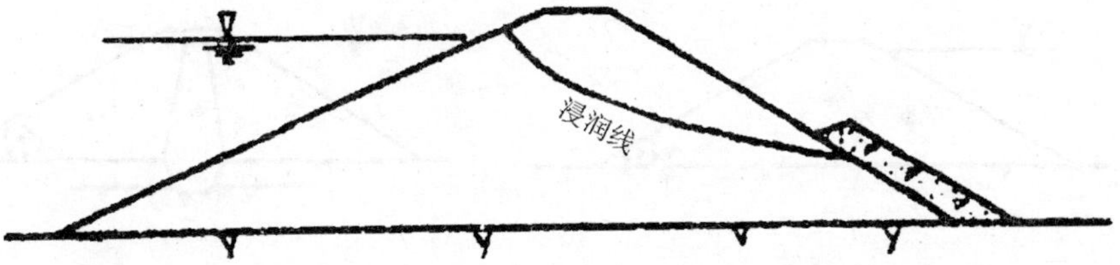

图2-2　土坝渗流示意图（仿广东省水利厅工程管理处等）

（2）冲刷影响。土料颗粒间的联结力很小，抗冲能力低，降落在坝面的雨水，沿坝坡下游而冲刷坝面。此外，库内风浪对坝面也将产生冲击和淘刷作用，如不防护，将使坝面遭受破坏，甚至发生塌坡事故，因此，上、下游坝坡都需采取有效的保护措施。土坝的坝顶是不允许过水的，也不允许波浪沿坝坡翻越坝顶，坝顶高程要有足够的超高，泄水建筑物也应有足够的泄洪能力。以确保洪水不至于满溢坝顶。

（3）沉陷影响。由于在土料填筑体内有孔隙，并且各土粒间易产生相对移动，在自重和水压力作用下，土坝会有明显的沉陷变形，沉陷将使土坝高度不足，不均匀沉陷还会使坝体产生裂缝，影响坝的安全运行，因此，在施工时要严格控制碾压标准并预留沉陷值。

（4）其他影响。严寒或高温干热、地震以及动物如白蚁在坝体内营造的巢穴系统都会影响土坝的稳定与安全。

土坝除了坝体外，还有需要防渗设施（心墙、斜墙等）、排水设施和护坡设施，保证坝体稳定，才能适应其工作特点。

2. 土坝的类型

土坝按兴建时施工方法不同，可分为碾压式土坝、水中填土坝和水力冲填土坝等。碾压式土坝的施工方法是以人工或机械分层压实，因其所用材料广，易于取材，是我国用得最多的坝型。碾压式土坝，依据其坝体横断面的防渗材料及其结构分为三类（图2-3）：

（1）均质坝。坝体的绝大部分基本上是由均一的土料组成，不另设防渗体，坝主体兼起支承及防渗作用，较常用粘性土（如壤土）填筑而成（图2-3，1）。

（2）分区坝。坝体由土质防渗体及若干透水性不同的土石料分区筑成，其中有土质防渗体设在坝体中央的心墙坝（图2-3，2，5）或稍向上游倾斜的斜心墙坝（图2-3，7），设在坝体上游面或接近上游面的斜墙坝（图2-3，3，4，6）等。此外，还有其他形成分区坝，如上游断面为防渗土料，下游断面为透水料，由坝中心向外壳透水性逐渐增大的分区坝等。

（3）人工防渗材料坝。坝的防渗体由沥青混凝土、钢筋混凝土或其他人工材料组成，而其余部分由土石料构成，其中防渗体在上游面的称为面板坝（图2-3，8），防渗体在坝体中央的称为心墙坝（图2-3，9）。沥青混凝土防渗体也可做成斜心墙坝。

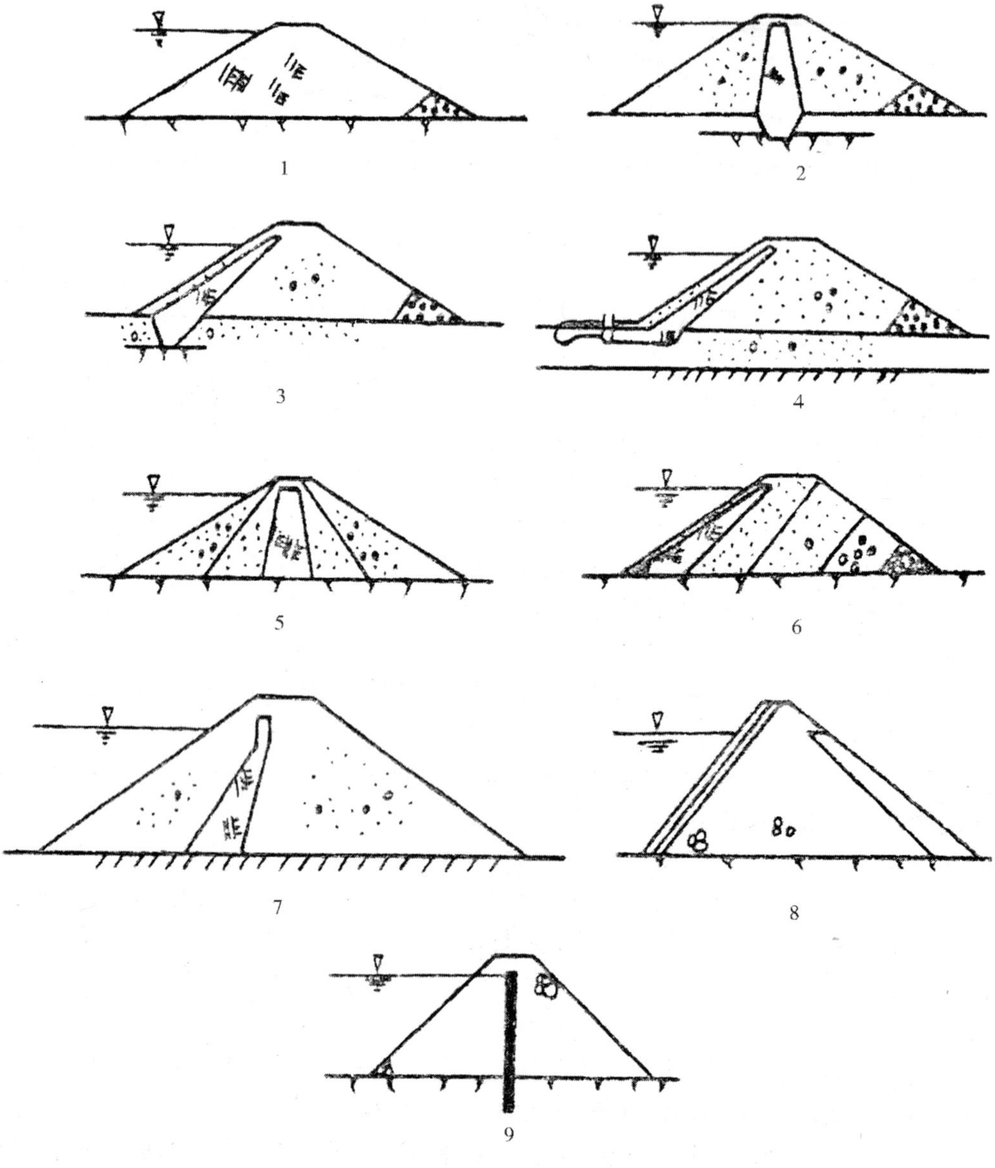

图 2－3　土坝的类型（仿广东省水利厅工程管理处等）

1. 均质坝；2. 心墙坝；3. 斜墙坝；4. 斜墙坝；5. 心墙坝；6. 斜墙坝；7. 斜心墙坝；8. 面板坝；9. 心墙坝

3. 土坝的构造

（1）坝顶的构造。坝顶一般都做护面，护面材料根据当地情况及坝顶用途而定，可采用单层砌石、密实的碎石砾石层、渣油、Ⅳ级以下的坝面也可采用草坡护面。在坝顶上游边缘应尽量设置坚固的不透水的防浪墙或其他安全档护设备，下游侧宜设缘石。

为了排除雨水，坝顶应做成向一侧或两则倾斜的横向坡度，坡度宜采用 2% ~3%。有防浪墙的坝顶，则宜采用单向的向下游倾斜的横坡。在坝顶下游侧设纵向排水沟，将汇集的雨水经坝面排水沟排至下游。

（2）坝体防渗设备。土坝设置防渗设备的目的是为减少通过坝体的渗流量，降低渗透坡度以防止渗透变形，降低浸润线以增加下游坝坡的稳定；除均质坝可直接利用坝体防渗外，一般均应设心墙、斜墙、沥青混凝土渗体、钢筋混凝土面板等专门的坝体防渗设施。

（3）坝体排水设备。土坝虽有防渗设备，但不能完全截断渗流，仍有一定水量渗入坝内。设置坝体排水设备，可以将渗入坝内的水有计划地排出坝外，以达到降低浸润线及孔隙水压力，增加坝坡稳定性和保护坝坡土，防治渗透变形与冻胀破坏的目的。土坝常在下游坝址设置排水设备，排水设备型式很多，常用的形式有：

1）贴坡排水。这种排水设备是在下游坝坡底部用块石、卵石、砂料等分层筑成的排水设备，适用于浸润线较低的坝型和下游无水的中小型土坝。

2）堆石棱体排水。这种排水设备能降低浸润线，防止坝坡受渗透变形和冻胀破坏，保护坝坡不受尾水冲刷，适用于较高的坝或石料丰富的地区。土坝的河槽部分常用此种排水设备。

3）褥垫式排水。这种排水设备是在下部坝体底部相当宽广（可达 1/3 坝底宽度）的范围内平铺块石，厚约 40 cm，并在其周围与坝体、坝基接触处布置反滤层而成。当下游水位低于排水设备时能显著降低坝体浸润线，也有助于地基的排水固结，可避免冰冻。因其所用石料及反滤料量大、造价高，当坝基为软黏土、需要消散孔隙水压力、加速地基固结时，采用褥垫排水较为适宜。

（4）护坡。土坝设置护坡的目的是防止波浪淘刷、避免雨冲、大风卷扬、冰层冻胀及动植物破坏，土坝除由堆石、卵石、碎石筑成的下游坝坡外，均应设置护坡。

护坡的形式有块石护坡、草皮护坡、碎石或卵石护坡、混凝土及钢筋混凝土护坡、沥青混凝土护坡（通常与防渗体结合）等。选择护坡的形式时，应根据坝的高低、工作条件、当地材料情况等因素，按就地取材的原则，选用坚实牢靠、造价低廉、施工简单、维修方便、外形美观的护坡。

上游坝坡承受风浪、冰层、漂浮物的损害，应选择有足够抗冲能力的护坡。我国土坝上游坡多采用干砌石护坡。干砌石护坡是将块石铺砌于碎石或砾石垫层上，根据波浪的大小可造成单层或双层。单层干砌石护坡厚为 0.3 ~ 0.35 m，双层单砌石护坡厚为 0.4 ~ 0.6 m。垫层厚度一般为 0.15 ~ 0.25 m，并满足反滤层的要求。护坡范围由坝顶其起至水库最低水位以下 1.5 ~ 2.5 m。对最低水位不确定的坝应护至坝底，并设置坡脚以增强稳定性。

下游坝护坡常用石或单层干砌石护坡。气候温和的粘性土均质坝可用草皮护坡，若坝坡为无粘性土时，则应在草皮下铺一层厚 0.2 ~ 0.3 m 的腐殖土；下游坝面需要全部护砌。

第三节　泄水建筑物

在水利水电枢纽中，主要用以宣泄超过水库调蓄能力的洪水而修建的水土建筑物，称为泄水建筑物。为了保证挡水建筑物的安全，在水利水电枢纽中，泄水建筑物是不可缺少的组成部分。

泄水建筑物的作用是，宣泄水库调节后多余的洪水，放空水库以便进行枢纽中水工建筑物检查和维修，施工导流，宣泄水库内的漂浮物、冰凌及泥沙等。

一、泄水建筑物的类型

泄水建筑物的型式很多，按其在水利枢纽中的位置可分为两种类型。

1. 溢洪道

溢洪道进水口位于水面附近，其主要作用是宣泄枢纽的多余洪水。按其所在位置不同可分为以下两种类型。

（1）河岸溢洪道。河岸溢洪道位于河谷两岸，与拦河坝分离，常在土坝或不能溢流的轻型混凝土坝枢纽中采用。

（2）河床溢洪道。河床溢洪道位于河床，与拦河坝相结合，在水利工程中常称溢流坝或溢流坝段。

2. 深式泄水建筑物

深式泄水建筑物进水口位于水库的深层，用以向下游宣泄多余洪水、放空水库或施工期导流，按其位置和构造不同可分为以下三类。

（1）坝身泄水孔。坝身泄水孔位于混凝土、砌石坝等的坝身内，成为拦河坝的一个组成部分。

（2）泄洪涵管。泄洪涵管埋设在土坝、堆石坝的坝身或坝基内，由钢筋混凝土或其他材料筑成。

（3）泄洪隧洞。泄洪隧洞位于河谷两岸，由两岸岩石中穿凿而成。

本节只介绍与水利白蚁关系密切的河岸溢洪道中开敞式的正槽式溢洪道和侧槽式溢洪道。

二、河岸溢洪道的类型

1. 正槽式溢洪道（图2－4）

这种溢洪道的泄水槽与堰上水流方向一致、水流平顺、超泄能力大、结构简单、运用安全可靠。它是最常用的一种溢洪方式，通常所称的河岸溢洪道就是指这种溢洪道。

溢洪道在水利枢纽中的位置，在全面考虑技术经济条件的基础上，择优选定。影响溢洪道位置的因素是多方面的，其中包括进出口的水流条件、地形、地质条件、工程量和工程投资、施工条件、枢纽总布置的协调、管理与运用的方便性、工程结构的安全性与经济性等。

比较典型的正槽溢洪道，从上游依次由引水渠段、控制堰段、泄水槽段、消能设施和尾水渠段五个部分组成。其中控制堰段、泄水槽段和消能设施为主体组成部分，引水渠段、尾水渠段为引流部分。如水流直接进入控制堰段和在消能设施后直接归河时，则可不设此引水渠道与尾水渠段。

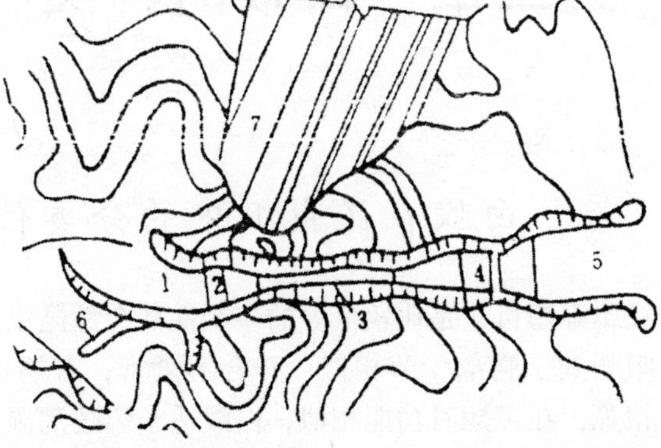

图2-4 正槽式溢洪道（仿广东省水利厅工程管理处等）

1. 引水渠；2. 溢流堰；3. 泄槽；4. 消力泄；5. 退水渠；6. 非常溢洪道；7. 土坝

2. 侧槽式溢洪道（图2-5）

这种溢洪道的特点是水流过堰后约转90°弯经泄水槽流入下游。因而水流在侧槽中的紊动和撞击都很强烈，且距坝头较近，直接关系到大坝的安全。侧槽溢洪道适用于坝址两岸地势较高、岸坡较陡的中小型水库。

侧槽溢洪道区别于正槽溢洪道的特点是溢流堰轴线大致顺着河岸等高线布置，水流过堰后即进入一条与堰轴线平行的侧槽内，然后再通过槽未所接到的泄水道泄往下游。溢流堰、侧槽、泄水道为侧槽溢洪道的三个主要组成部分。

侧槽式溢洪道的侧槽中水流现象相当复杂，泄洪是沿溢流全长同时进水，进槽水流需即转90°弯流向下游；不同部位的侧槽横断面所通过的流量是不同的，从上游端起向下游不断加大，直至末端流量达到最大，此后该流量不再变化而沿泄水道下泄，这个流量亦即溢流堰全长范围内的总溢流量。由此可知，在侧槽范围内水流是沿程变量的非均匀流。

此外，河岸溢洪道还有封闭式的井式溢洪道和虹吸式溢洪道。

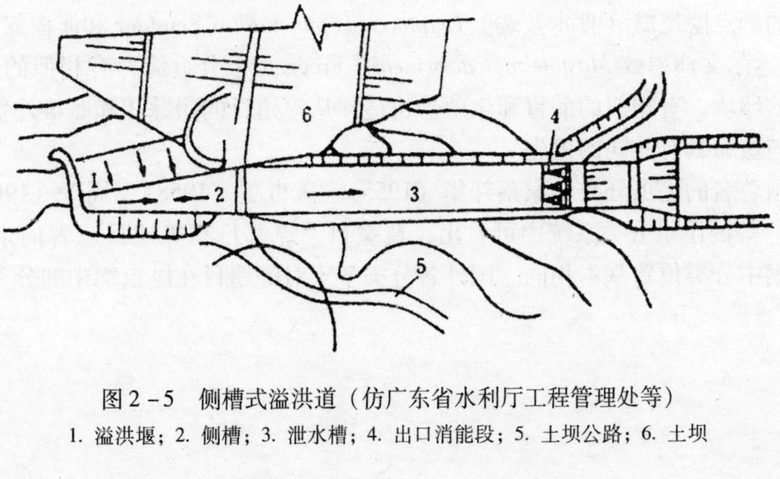

图2-5 侧槽式溢洪道（仿广东省水利厅工程管理处等）

1. 溢洪堰；2. 侧槽；3. 泄水槽；4. 出口消能段；5. 土坝公路；6. 土坝

第三章　白蚁的种类

第一节　白蚁在昆虫纲中的分类位置

在昆虫纲中，白蚁属等翅目，是比较低等的多型性社会性昆虫。白蚁保持较原始的性状：口器为典型的咀嚼式；胸部3节相似，并合不紧密；有翅成虫的前、后翅的大小、形状、脉相几乎相等，在飞翔时功能相似；白蚁适于温暖潮湿的环境栖息。

著名的生物分类学家Corl Von Linne鉴于只见白蚁的无翅个体工蚁和兵蚁，未发现有翅成虫，误将白蚁当做无翅昆虫，在其1758年《自然系统》（*Systema Naturae*）第10版将白蚁置于无翅目Aptera中，并创立白蚁属*Termes*。后来，林柰的学生、丹麦的J. C. Fabricius将白蚁与蚂蚁归为一类，到1871年又将白蚁置于脉翅目Neuroptera中。1895年白蚁的分类地位才真正确立，J. H. Comstock和A. B. Comstock建立等翅目，把白蚁作为昆虫纲的一个目。

目前，普遍认为，等翅目Isoptera、蜚蠊目Blattodea和螳螂目Mantodea有相似的祖先，亲缘关系密切的一类群，有的分类学家将这3个目合为1目，即为网翅目Dictyotera。其共同特征为：幕骨前臂上的突起在围食管神经之前愈合，形成幕骨孔；第一腹节腹板退化成小形骨片，隐藏于后足基节内侧；雌虫第七腹节腹板增大形成生殖板；雌虫次生性的生殖孔位于第七节与第八腹节之间；前胃骨骨化刺。

蜚蠊目与等翅目在形态学和生物学都具有共同特点：如隐尾蠊科Cryptoceridae隐尾蠊属*Cryptocercus*，无翅，营亚社会性生活，以木材为食，消化道中具有相似的鞭毛虫等，因此，长期以来，把隐尾蠊属看成等翅目的姐妹群；硕蠊科Blaberidae的弯翅蠊亚科Pycosceline的有些种类栖息于腐木中，以木材为食，有将翅折断和护卫幼体的习性；隐尾蠊科的刻点隐尾蠊（食木蜚蠊）*Cryptocercus punctulatus* Scudder和澳白蚁科Mastotermitidae的达尔文澳白蚁*Mastotermes darwinensis* Froggatt十分近缘，有相似的后翅臀域，有卵鞘状的卵块，有相似的前胃和生殖器构造；从等翅目的翅脉相和雌雄外生殖构造也说明白蚁与蜚蠊具有共同的祖先。

从我国著名的昆虫分类学家蔡邦华（1955）、陈世骧（1958）、周尧（1964）、郑乐怡（1999）等的昆虫分类系统中可看出，蜚蠊目、螳螂目和等翅目三者的亲缘关系及其在昆虫纲中分类位置基本相同。国外各分类学家对等翅目在昆虫纲中的分类位置意见较不一致。

第二节　白蚁的外部形态

白蚁属多型性昆虫，不同种类和同种类的不同品级个体间的外部形态差异甚大。每一种按其生殖功能可分生殖型和非生殖型两种类型。生殖型又分长翅型（又称大翅型，第一型）（图3－1，a）、短翅型（第二型）和无翅型（第三型）（图3－1，b），非生殖型分工蚁（图3－2，a）和兵蚁（图3－2，b）

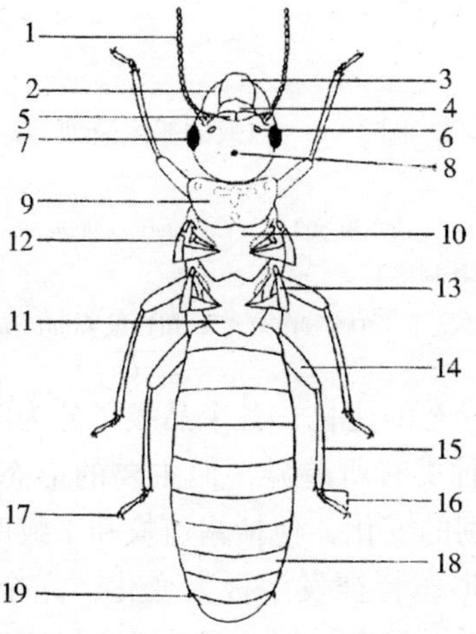

图3－1，a　原始繁殖蚁：黄翅大白蚁 *Macrotermes barneyi* Light
长翅型（已脱翅）的外部形态及各部构造（仿李桂祥等）
1. 触角；2. 上颚；3. 上唇；4. 前唇基；5. 后唇基；6. 单眼；7. 复眼；8. 囟；9. 前胸背板；10. 中胸背板；11. 后胸背板；12. 前翅鳞；13. 后翅鳞；14. 腿节；15. 胫节；16. 跗节；17. 爪；18. 腹节背板；19. 尾须

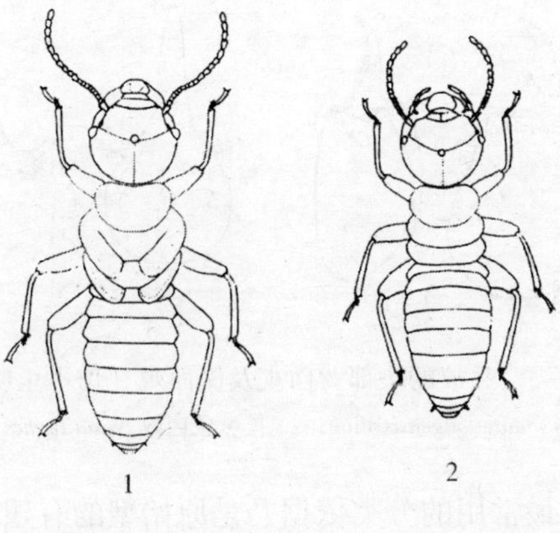

图3－1，b　补充繁殖蚁：西沙原鼻白蚁 *Prorhinotermes xishaensis* Li *et* Tsai 的补充型（仿李桂祥等）
1. 短翅补充型；2. 无翅补充型

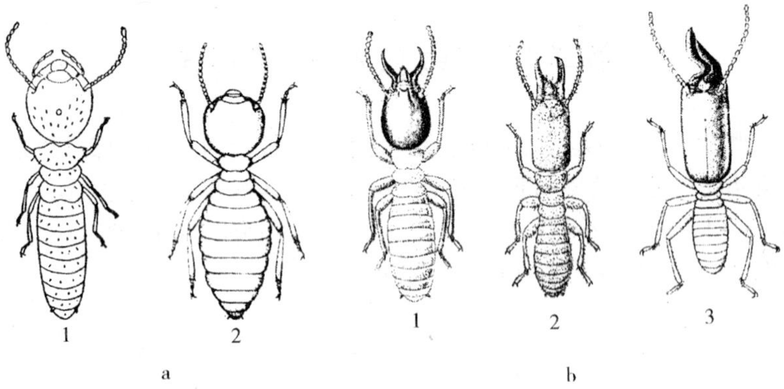

图3－2　白蚁的非生殖型

a. 工蚁

1. 台湾乳白蚁（仿黄亮文）；2. *Coptotermes acinaciformis*（仿 B. Rankin）

b. 兵蚁（仿李桂祥等）

1. 台湾乳白蚁；2. 黄胸散白蚁；3. 扭白蚁 *Capritermes nitobei*

白蚁按系统发育和外部形态的变化，各个品级可分为两类：

（1）原始型。虽然不同种类有所差异，但主要的形态结构保持原始状态，尤其是头部和胸部形态结构没有特别的变化，包括繁殖蚁和工蚁两类。

（2）蜕变型。这类个体形态特征发生极大变化，完全脱离了原始型的形态构造特征，尤其头部和胸部变化更大，只有兵蚁一个品级。蜕变型的形态特点和独特的生活习性显示了白蚁在昆虫纲整体进化过程中，是一支高度特化的类群。蜕变型的形态复杂、变化大，不同的种类形态差异很大而且比较稳定，是种类鉴别的重要依据。兵蚁依据上颚发达和头壳向前延伸的程度分为上颚兵和象鼻兵，上颚兵即上颚极其发达、头壳不向前延伸突出，上颚内缘有不同的齿突（图3－3，1）；象鼻兵即上颚退化、头壳向前极度延伸突出，呈象鼻状（图3－3，2）。

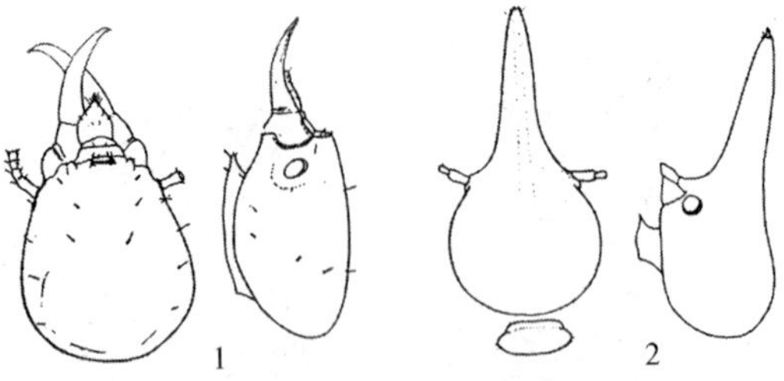

图3－3　兵蚁的头部背面观及侧面观（仿平正明等）

1. 广东乳白蚁 *Coptotermes guangdongensis* Ping；2. 长鼻象白蚁 *Nasutitermes dolichorhinos*（Ping *et* xu）

在白蚁分类鉴定时，最常用的分类依据乃是原始型的有翅繁殖蚁和蜕变型的兵蚁的外部形态特征。

白蚁各个品级所司职能不同，其外部形态虽有不同，但体躯的外部形态构造亦有许多共同点：体躯分头部、胸部和腹部3个体段。头部为前口式，主要器官有感觉器官复眼、单眼和触角。有翅成虫复眼发达，其他品级复眼较退化，甚至消失，多数种类各个品级有单眼1对；触角念珠状，9~30多节（图3-4）。头部还有口器，是取食器官，为典型的咀嚼式口器（图3-5），上唇形状不一，有半圆形、方形、舌形和等腰三角形等；上颚发达，具强硕的齿3~5枚（图3-6）；下颚内颚叶端部具高度几丁质化的齿，下颚须5节，下唇前颏分中唇舌和1对侧唇舌，下唇须3节。

图3-4　平行土白蚁 *Odontotermes parallelus* Li的触角（仿李桂祥）

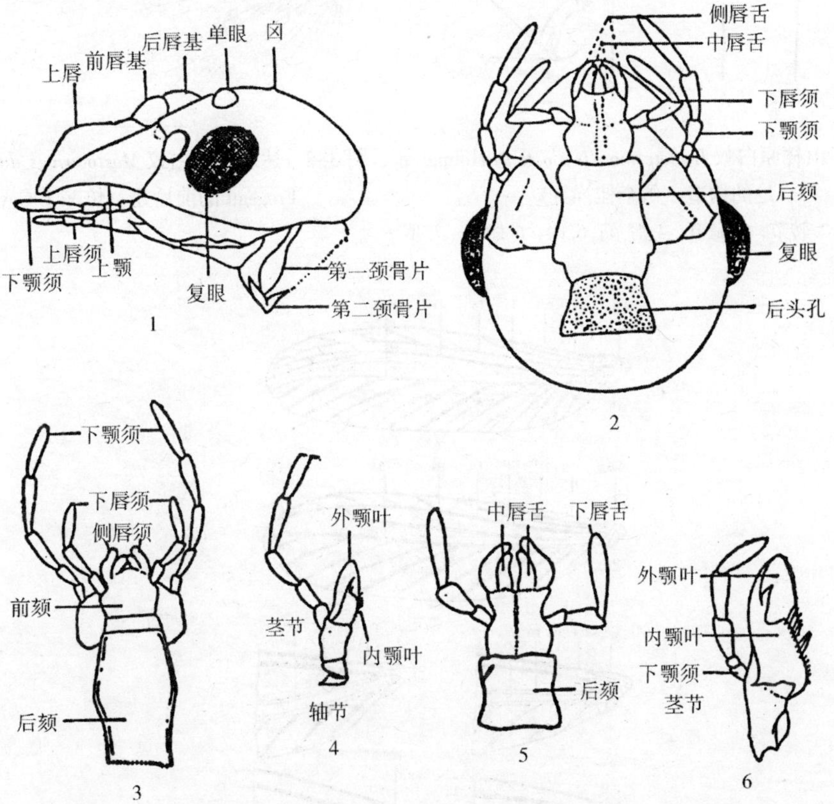

图3-5　黄翅大白蚁 *Macrotermes barneyi* Lingth 的口器（仿李桂祥等）

1. 有翅成虫头部侧面观；2. 有翅成虫头部腹面观；3. 兵蚁的下唇；4. 兵蚁的下颚；5. 有翅成虫的下唇；6. 有翅成虫的下颚

胸部由前胸、中胸和后胸3节组成，每一胸节腹侧着生1对足。足由基节、转节、腿节、胫节、跗节和前跗节构成（图3-7）。有翅成虫中胸和后胸背面各具1对翅。翅狭长，膜质，不飞时，4翅迭于体背，向后伸过腹部末端，前翅略长于后翅，低等种类差异较大，达尔文澳白蚁科后翅还有发达的臀域（图3-8），高等种类差异较小（图3-9）。翅之基部有1条横缝，称为肩缝，有翅成虫的翅经飞翔后在肩缝处折断，翅脱落后残存的近似三角形的翅基部称翅鳞（图3-10）。木白蚁科和鼻白蚁科的前翅鳞显著大于后翅鳞，而白蚁科的前、后翅鳞约同等大小。

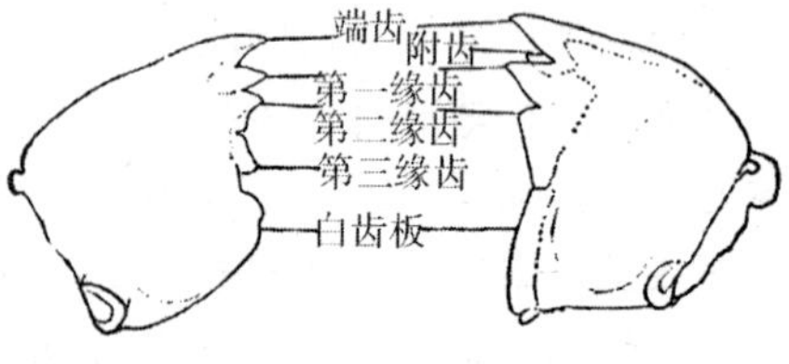

图3-6　山林原白蚁 *Hodotermopsis sjostedti* Holmgren 有翅成虫的上颚（仿李桂祥等）

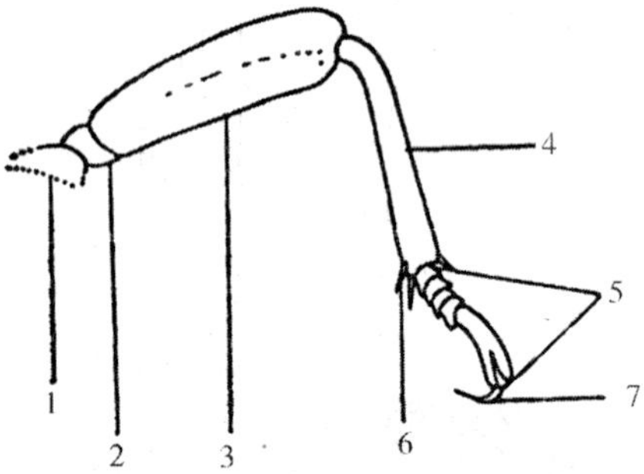

图3-7　山林原白蚁 *Hodotermopsis sjostedti* Holmgren 足的构造（仿李桂祥等）

1. 基节；2. 转节；3. 腿节；4. 胫节；5. 距；6. 跗节；7. 爪

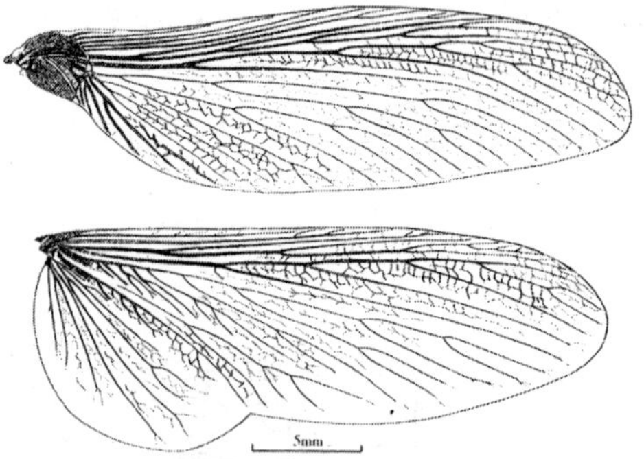

图3-8　达尔文澳白蚁 *Mastotermes darwinensis* Froggatt 的前后翅（仿 F. J. Gay）

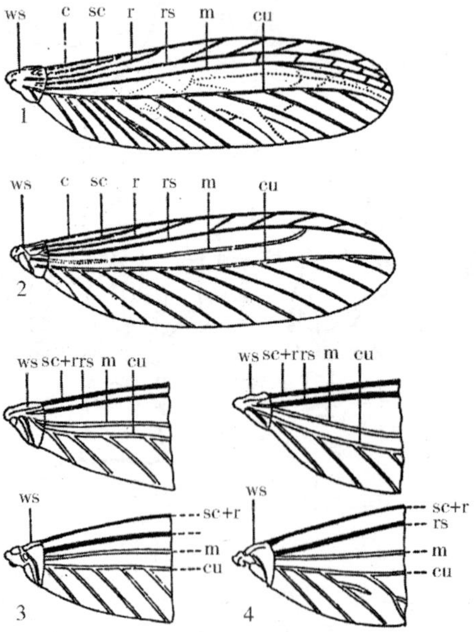

图3-9　白蚁翅的脉相（仿黄复生等）

1. 山林原白蚁 *Hodotermopsis sjostedti* Holmgren 的前翅；2. 美洲堆砂白蚁 *Cryptotermes cavifrons* Banks 的前翅；3. 台湾乳白蚁 *Coptotermes formosanus* Shiraki 前后翅基部；4. 黄翅大白蚁 *Macrotermes barneyi* Light 的前后翅基部

翅脉的变化规律是低等种类脉相复杂，如草白蚁科和木白蚁科的有翅成虫的翅脉具前缘脉（C）、亚前缘脉（Sc）、径脉（R）、径分脉（Rs）、中脉（M）和肘脉（Cu），径脉有多条分支，而鼻白蚁科与白蚁科，径脉与径分脉合并为一，臀脉（A）消失（图3－9）。

白蚁腹部呈圆筒形，由10节组成，有翅成虫雌虫第八、九、十3节腹板在中部间断，各分为左右2小块（图3－11，1），生殖孔位于第七节腹板下面。雄虫第十节腹板分为2块（图3－11，2），生殖孔在第九、十节腹板间。第十节腹板侧缘有1对尾须，其节数因种类而异，1～8节不等。

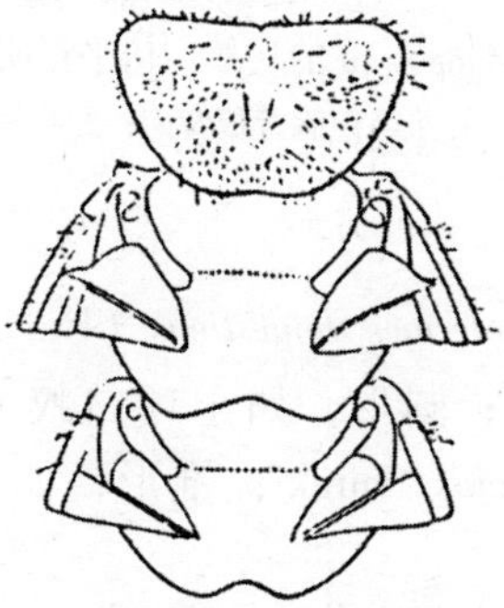

图3-10　广西大白蚁 *Macrotermes guangxiensis* Han 有翅成虫的胸部背板及前、后翅鳞（仿韩美贞）

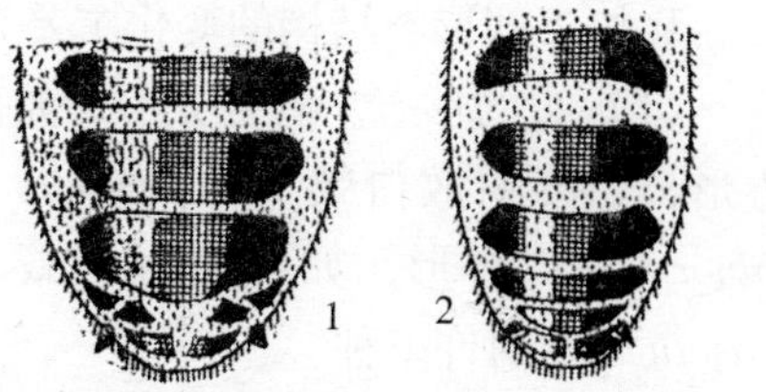

图3-11　黑翅土白蚁 *Odontotermes formosanus* (Shiraki) 有翅成虫腹部腹面观（仿蔡邦华等）
1. 雌虫；2. 雄虫

原始蚁王、蚁后和补充型蚁王、蚁后的主要区别是，原始蚁王、蚁后终身保留着2对翅鳞，体躯骨化程度较高，颜色较深，复眼较发达；而补充型蚁王、蚁后只有2对发育不全的翅芽（图3－12），体躯骨化程度较低，颜色较浅，复眼发育程度较低。

白蚁的兵蚁属蜕变型，为适应特殊的功能，其形态发生了剧烈的变化，完全脱离原始型的形态构造，尤其头部和胸部变化更大，不同种类不仅差异极大，变化也很复杂，因此，这为鉴别种类的重要依据。

兵蚁头部的变化主要表现在头的形态和上颚的发育程度。有三种类型，一类为上颚兵，即头壳不向前突出，上颚内缘有不同的齿突，甚至有些种类如钩扭白蚁属 *Pseudocapritermes* 上颚扭曲成各种形状，形成不对称的“歪嘴”（图3－13）；另一类为象鼻兵，即上颚退化、头壳额部向前突伸延长，形成象鼻状（图3－14）。也有少数种类如 *Armitermes* 属既有发达的象鼻，也有发达的上颚。

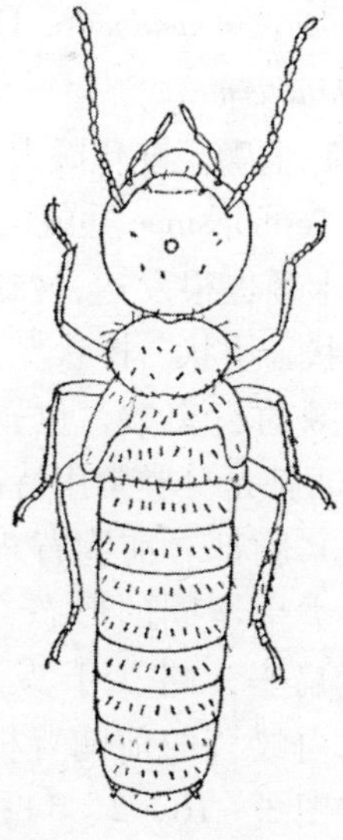

图3－12　台湾乳白蚁 *Coptotermes formosanus* Shiraki 的短翅补充型（♂）（仿黄亮文等）

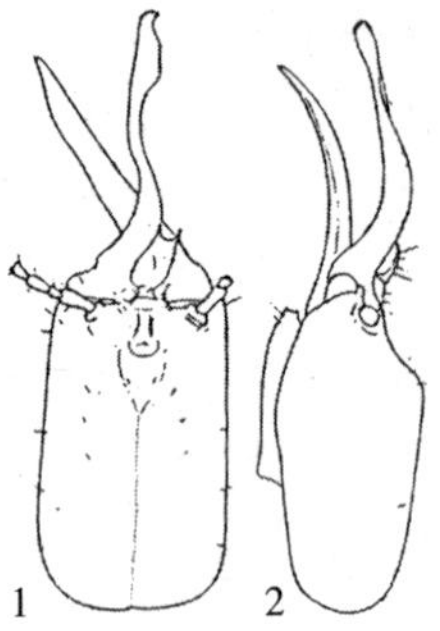

图 3-13　中华钩扭白蚁 *Psoudocapritermes sinensis* Ping et Xu 兵蚁头部（仿平正明等）
1. 背面观；2. 侧面观

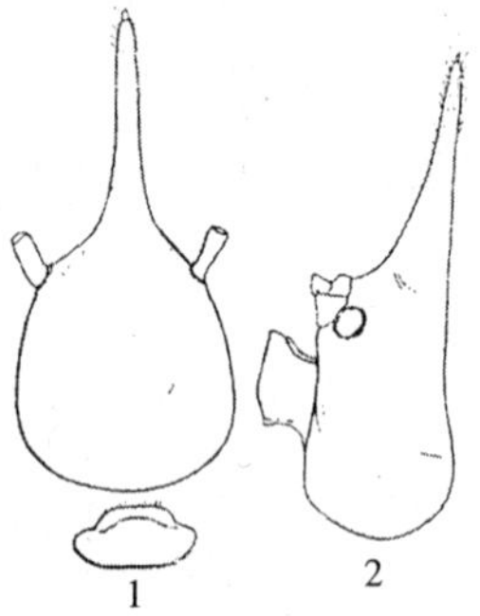

图 3-14　奇鼻象白蚁 *Nasutitermes mirabilis* Ping et xu 的兵蚁（仿平正明等）
1. 头及前胸背板背面；2. 头侧面

兵蚁头部形态结构的变化主要有：

（1）头的形态。有近方形，如截头堆砂白蚁 *Cryptotermes domesticus*（Haviland）；长方形，如黄胸散白蚁 *Reticutitermes flaviceps*（Oshima）；圆形，如小球白蚁 *Globitermes minor* Han；卵形，如台湾乳白蚁 *Coptotermes formosanus* Shiraki；锥形，如象白蚁属 *Nasutitermes*的许多种。

（2）囟的位置。乳白蚁属 *Coptotermes* 位于头之前方，大而圆，象白蚁属 *Nasutitermes* 则位于象鼻的端部。

（3）上唇的形状。有半圆形，如平阳堆沙白蚁 *Cryptotermes pingyangensis* He et Xia；方形，如黑树白蚁 *Glyptotermes fuscus* Oshima；舌形，如台湾乳白蚁 *Coptotermes formosanus* Shiraki；尖矛形，如黑胸散白蚁 *Reticulitermes chinensis* Snyder；三角形，如梅多大白蚁 *Macrotermes meidoensis* Huang et Han；上唇极度延长，直至上颚尖端，如长鼻白蚁属 *Schedorhinotermes*。

（4）上颚。变化颇大，不同种类上颚发育程度不同，澳白蚁科和草白蚁科的原白蚁亚科 Termopsinae 兵蚁的上颚巨大而坚硕，木白蚁科大多数种类兵蚁上颚粗壮，鼻白蚁科的上颚也很发达，白蚁科的上颚却变化甚多，形状各异，有月牙状、镰刀状、锯状、钳状、块状、棒状。上颚内缘常有若干齿突，通常左上颚多于右上颚（图 3－15）左右上颚的齿突数，位置的排列、相互对称与否都是分类常用特征。

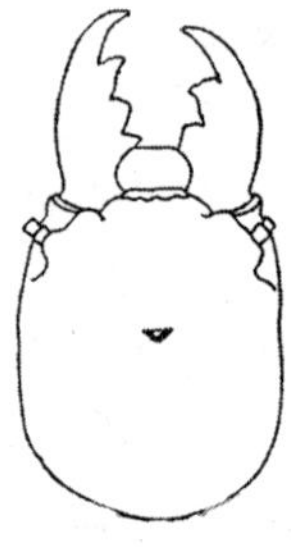

图 3-15　山林原白蚁 *Hodotermopsis sjostedti* Holmgren 兵蚁的头部（示发达的上颚，仿蔡邦华等）

（5）胸部。前胸背板变化颇大，不同的种类呈不同的形态。草白蚁科的前胸背板扁平，略狭于头宽（图 3－16，1）；木白蚁科的前胸背板宽等于或大于头宽（图 3－16，2、3）；面鼻白蚁科的前胸背板略小于头宽（图 3－16，4）；土白蚁科前胸背板窄于头，前缘翘起马鞍形（图 3－16，5、6）。

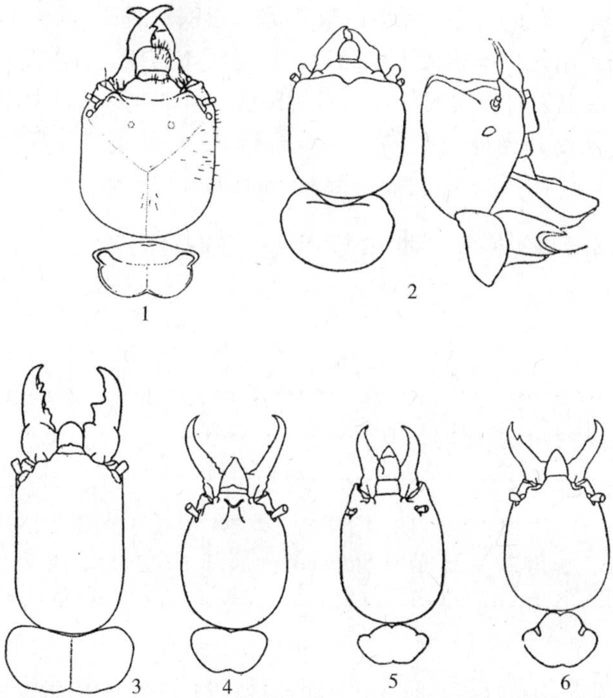

图3－16　兵蚁的头部及前胸背板（仿蔡邦华、李桂祥等）

1. 筑垅草白蚁 *Anacanthotermes ahngerianus*；2. 截头堆砂白蚁 *Cryptotermes domesticus*（Haviland）（背面及侧面观）；3. 恒春新白蚁 *Neotermes koshunensis*（Shiraki）；4. 台湾乳白蚁 *Coptotermes formosanus* Shiraki；5. 黄翅大白蚁 *Macrotermes barneyi* Linght；6. 黑翅土白蚁 *Odontotermes formosanus*（Shiraki）

（6）腹部。兵蚁的腹部变化不大，与原始型个体的腹部相似，兵蚁属非生殖型，虽有雌雄个体之分，但性征不显著，不易区别。

第三节　白蚁的种类

目前，已知全世界现有的白蚁近3 000种。我国白蚁有476种（黄复生等，2000）。

一、白蚁的分科

目前，世界各国等翅目分类学家，对于等翅目分科观点不一，本书采用黄复生等（2000）将等翅目分为6科的分类系统。

（1）澳白蚁科 Mastotermitidae Silvestri，1909。

（2）草白蚁科 Hodotermitidae Snyder，1925。

（3）木白蚁科 Kalotermitidae Enderlein，1909。

（4）鼻白蚁科 Rhinotermitidae Light，1921。

（5）齿白蚁科 Serritermitidae Emerson，1965。

（6）白蚁科 Termitidae Westwood，1840。

法国学者 Grasse（1949）主张将草白蚁科的原白蚁亚科 Termopsinae 提升为原白蚁科 Termopsidae，其理由是，本科无工蚁品级，栖息于木材中，而草白蚁科有工蚁品级，取食草类。这一观点也为有些白蚁分类学者所接受。Chatlerjee and Thakur（1964）将鼻白蚁科的杆白蚁亚科提升为杆白蚁科 Stylotermitidae，而印度昆虫学家 Roonwal et Sen-Sarma（1960）在白蚁科中分出印白蚁科 Indotermitidae。

二、等翅目分科检索表（据黄复生等，2000）

（一）兵蚁

1 跗节 5 节 ………………………………………………… 澳白蚁科 Mastotermitidae
跗节 4 节，少数有退化的 5 节 ………………………………………………… 2
2 头部无囟 ………………………………………………………………………… 3
头部有囟 ………………………………………………………………………… 4
3 须 3 ~ 4 节、触角 22 ~ 23 节（*Stolotermes* 属和 *Porotermes* 属少于 19 节）
………………………………………………………… 草白蚁科 Hodotermitidae
尾须 2 节，触角 10 ~ 19 节 ……………………………… 木白蚁科 Kalotermitidae
4 前胸背板扁平，无翘起的前叶（图 3 – 16，4） …………………………………… 5
前胸背板马鞍形，有前叶（图 3 – 16，5、6） ……………… 白蚁科 Termitidae
5 上颚内缘无锯齿或仅在内缘基部有少数小齿（图 3 – 16，4）
………………………………………………………… 鼻白蚁科 Rhinotermitidae
上颚沿整个内缘有锯齿（图 3 – 20，2） ……………… 齿白蚁科 Serritermitidae

（二）有翅成虫

1 后翅有臀叶（图 3 – 8），跗节明显分为 5 节，触角节多，有 30 节
………………………………………………………… 澳白蚁科 Mastotermitidae
后翅无臀叶，跗节 4 或 3 节，有些类群为发育不全的 5 节，触角少于 27 节…… 2
2 头背无囟 ………………………………………………………………………… 3
头背有囟 ………………………………………………………………………… 4
3 无单眼，尾须 3 ~ 8 节，触角通常多于 21 节，左上颚有 3 个缘齿（在 *Hodotermes*，*Microhodotermes* 和 *Anacanthotermes* 等属中，第二缘齿非常退化），右上颚有附齿，*Hodotermes*，*Microhodotermes* 和 *Anacanthotermes* 除外
………………………………………………………… 草白蚁科 Hodotermitidae
有单眼，尾须 2 节，触角少于 21 节，左上颚有 2 个缘齿，右上颚无附齿
………………………………………………………… 木白蚁科 Kalotermitidae
4 前翅鳞大（图 3 – 21，2）与后翅鳞重叠，翅膜网状 ………………………… 5
前翅鳞小（图 3 – 22，1），不与后翅鳞重叠，翅膜非网状 …… 白蚁科 Termitidae
5 上颚具短的端齿，左上颚具有 3 个缘齿，右上颚在端齿和第一缘齿基部之间具 1 附齿 ……………………………………………… 鼻白蚁科 Rhinotermitidae

上颚具有大的端齿，左上颚具有1个缘齿，右上颚无附齿
…………………………………………………………… 齿白蚁 Serritermitidae

（三）各科主要特征特性

1. 澳白蚁科 Mastotermitidae

本科是等翅目中最原始的种类，现存只有1属1种，达尔文澳白蚁 *Mastotermes darwinensis* Froggatt，原产澳大利亚北部热带地区，主要为害林木和建筑物木材，1961年新几内亚莱城发现其踪迹，1968年尚存，人为传播所致。

兵蚁，无囟，触角20节或更多，前胸背板马鞍形（图3－17，2），跗节5节。

有翅成虫，触角30节以上（图3－17，1），前翅鳞大，后翅具臀叶（图3－8）；跗节明显5节，爪具垫。

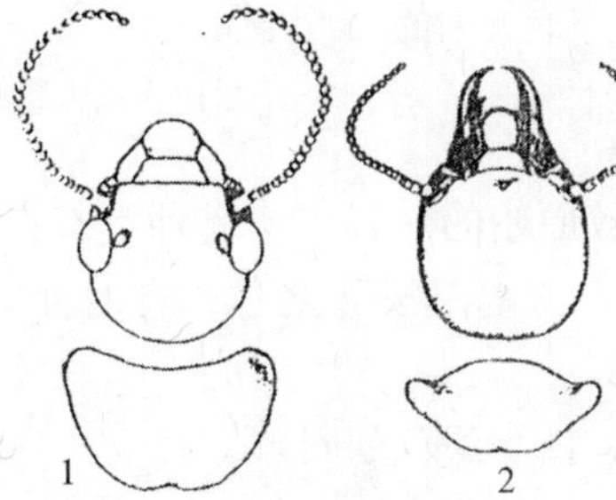

图3－17　达尔文澳白蚁 *Mastotermes darwinensis* Froggatt 头部及胸部背面（仿 Hill）

1. 有翅成虫；2. 兵蚁

2. 草白蚁科 Hodotermitidae

本科是比较原始的类群，各个品级头部无囟，前胸背板扁平，略狭于头宽，足第一跗节下方分裂，上方不分裂，跗节实为4节，尾须长，4～8节。有些种类缺工蚁品级。

兵蚁有眼，前胸背板马鞍形，胫节具2～4枚端刺。

有翅成虫缺单眼，左上颚具2个缘齿，触角15～27节，前胸背板马鞍形，前翅鳞大。

在我国，本科目前仅有1属1种，属原白蚁亚科 Termopsinae，山林原白蚁 *Hodotermopsis sjostedti* Holmgrer（图3－18）。本种有工蚁、兵蚁、长翅型繁殖蚁和无翅型繁殖蚁，在我国分布于浙江、江西、福建、湖南、广东、广西、海南、四川、云南、贵州；国外分布于越南、日本。

本种木栖性，栖息在腐朽的木材中，寄主植物有黄山松、福建柏、杉、柳杉、木荷、米饭花等。

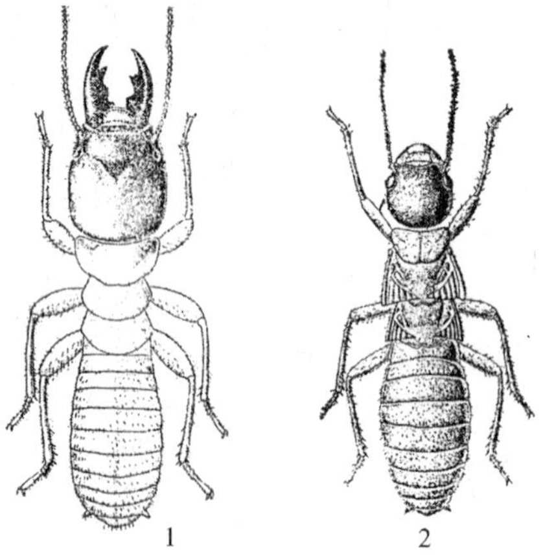

图 3－18　山林原白蚁 *Hodotermopsis sjostedti* Holmgren（仿彭建文）

1. 兵蚁；2. 有翅成虫

3. 木白蚁科 Kalotermitidae

本科也是等翅目昆虫中比较原始的一科，所有种类都在木中营巢，为木栖性种类。有的种类栖息于干木材中，有“干木白蚁”之称；有的种类栖息在枯死的或活的树木中。缺工蚁品级。

兵蚁，头部无囟，眼退化，仅为淡色的眼点。

有翅成虫，具单眼，无囟，左上颚具 2 个缘齿，前胸背板与头部等宽，前翅鳞很大，覆盖于后翅鳞基部之上，跗节 4 节，尾须 2 节。

在我国，本科有重要经济意义的种类有截头堆砂白蚁 *Cryptotermes domesticus*（Haviland）和铲头堆砂白蚁 *C. declivis* Tsai et Chen（图 3－19），其主要区别见表 3－1。

表 3－1　2 种堆砂白蚁的形态特征和生活习性比较

对比项目	截头堆砂白蚁	铲头堆砂白蚁
兵蚁	头部近方形，黑色，额部垂直，左上颚几成 90°交角，截形（图 3－16，2）	头部近方形，赤褐色，额部呈坡面状，与上颚远大于 90°交角，铲形（图 3－19，2）
有翅成虫分飞习性	在广州，多在 5～7 月分飞，少数可延至 9～10 月分飞。分飞时间多在下午或傍晚 19：00 前后为	在浙江平阳，6 月 20 日前后持续间断分飞 1 个月，9：00～11：00，气温 27～30 ℃，29 ℃居多，气压 1 002～1 010 毫巴，湿度 85%～92%
地理分布	在广东、海南、广西、云南、台湾等省区，大致北纬 25°以南地区	在广东、海南、广西、福建、浙江、四川、云南、贵州
群体发育	实验室接种饲育中等大小的若虫，经半年后，解剖群体时见有翅成虫、补充型繁殖蚁和兵蚁，每个群体可容纳补充型蚁王、蚁后各 1 头	—

续上表

对比项目	截头堆砂白蚁	铲头堆砂白蚁
食性	蛀食坚硬和干燥的木材	为害的木材有苦槠、枫树、杉树、松树、樟树
巢体结构	没有蚁巢，一个群体几十头至几百头，群体间互不相通	成熟群体有翅成虫占7%，若蚁占88%，兵蚁占2%，幼蚁占3%。蚁王、蚁后各1。每个群体数由几十头至500头不等，1根受害木料内常有10个群体，平时群体间互不来往

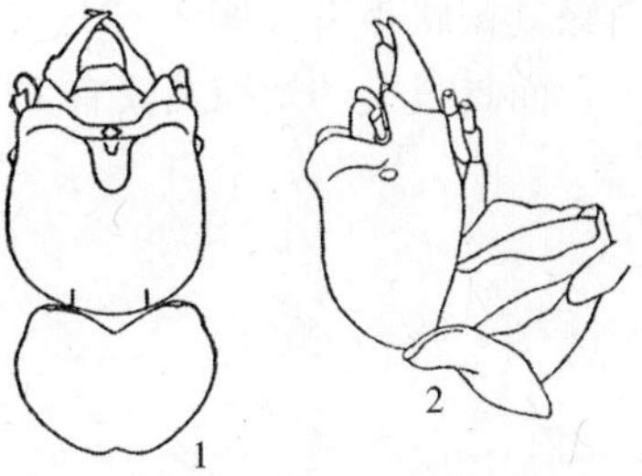

图3－19　铲头堆砂白蚁 *C. declivis* Tsai et Chen 兵蚁的头部及前胸背板（仿蔡邦华等）
1. 背面观；2. 侧面观

4. 鼻白蚁科 Rhinotermitidae

本科种类多、分布广，有些种类危害性大，为世界性的重要害虫。各个品级头有囟，触角13～25节，前胸背板平坦，窄于头；跗节4节，尾须2节。

兵蚁（图3－20，1），有的属如 *Macrorhinotermes*，*Schedorhinotermes* 兵蚁分大兵蚁和小兵蚁，有二态现象。

有翅成虫，具单眼，左上颚具3个缘齿，右上颚第一缘齿基部有跗属齿；前翅鳞明显大于后翅鳞，并覆盖后翅鳞的基部（图3－20，2）。翅面有横脉，脉纹网状。

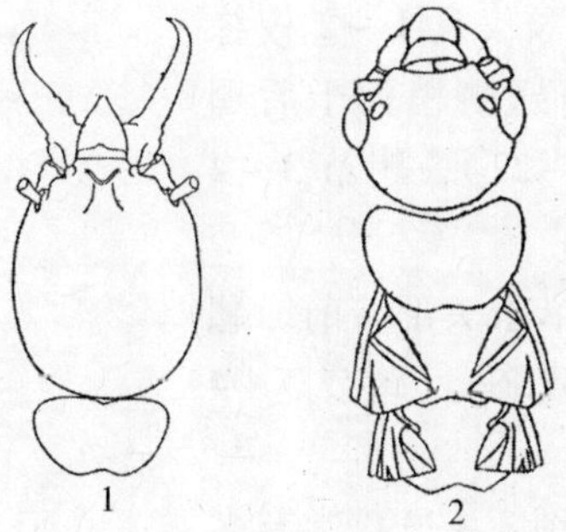

图3－20　台湾乳白蚁 *Coptotermes formosanus* Shiraki 的头胸部（仿蔡邦华等）
1. 兵蚁；2. 有翅成虫

鼻白蚁科土木栖性，既可在土中营巢，也可在建筑物、室内外木质纤维性物品和树木中筑巢取食。

在我国，鼻白蚁科分杆白蚁亚科 Stylotermitinae、异白蚁亚科 Heterotermitinae、乳白蚁亚科 Coptotermitinae 和鼻白蚁亚科 Rhinotermitinae。乳白蚁亚科的台湾乳白蚁 *Coptotermes formosanus* Shiraki，不仅在我国分布广，而且是为害建筑物、埋地电缆、农林作物主要的种类，为害严重，也是世界性的重要害虫，在日本、菲律宾、美国南部及夏威夷、非洲等地也为害严重。异白蚁亚科的黑胸散白蚁 *Reticulitermes chinensis* Snyder、黄胸散白蚁 *R. flaviceps*（Oshima）和栖北散白蚁 *R. speratus*（Kolbe）是为害建筑物、室内木质性物品、埋地电缆的主要种类。

5. 齿白蚁科 Serritermitidae

本科产于巴西，仅 1 种，巴西齿白蚁 *Serritermes serrifer* Holmgren。

兵蚁，有囟，上颚整个内缘具锯状小齿（图 3 - 21，2）。

有翅成虫左上颚端齿特大，而具很大的切缘及仅有 1 个缘齿，右上颚无跗属齿，前翅鳞大于后翅鳞。

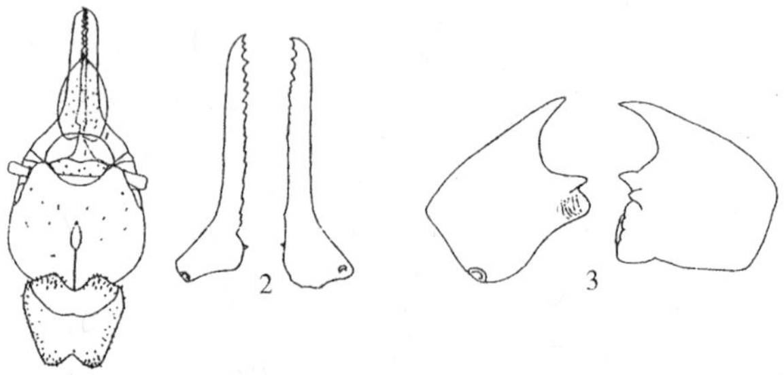

图 3 - 21　巴西齿白蚁 *Serritermes serrifer* Holmgen（仿 Emerson）

1. 兵蚁的头部及前胸背板；2. 兵蚁的上颚；3. 工蚁的上颚

6. 白蚁科 Termitidae

白蚁科是等翅目中最大的科，约占全部种类的 3/4。

有翅成虫，有囟，左上颚仅具 1 ~ 2 枚缘齿；前胸背板窄于头部，前翅鳞稍大于后翅鳞，前、后翅鳞分离（图 3 - 22），跗节 3 ~ 4 节，尾须 1 ~ 2 节。

兵蚁，具囟，前胸背板窄于头部，前缘翘起，呈马鞍形（图 3 - 16，5、6），跗节 3 ~ 4 节，尾须 1 ~ 2 节。

白蚁科的工蚁和兵蚁（图 3 - 23）常有多态现象，有少数种类无兵蚁品级。本科属土栖性，巢筑于地下或土垅中（图 3 - 24）。

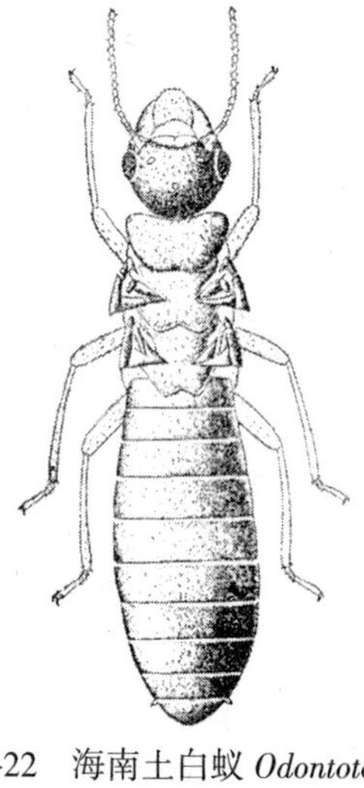

图 3-22　海南土白蚁 *Odontotermes hainanensis*（Light）的脱翅成虫（仿李桂祥等）

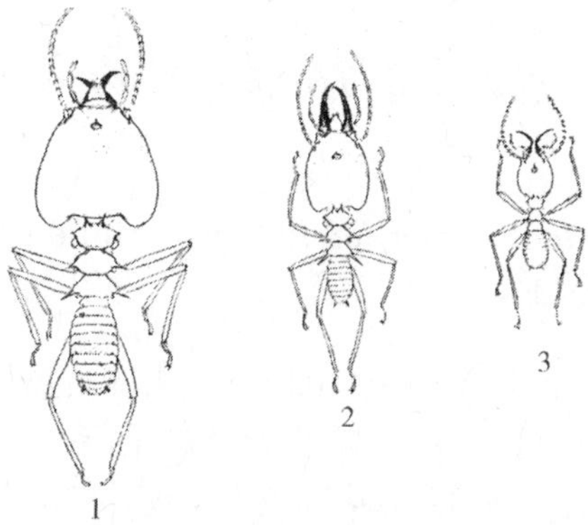

图 3－23　刺胸三型白蚁 *Acanthotermes acanthothorax* 的兵蚁（仿 Grasse）

1. 大兵蚁；2. 中兵蚁；3. 小兵蚁

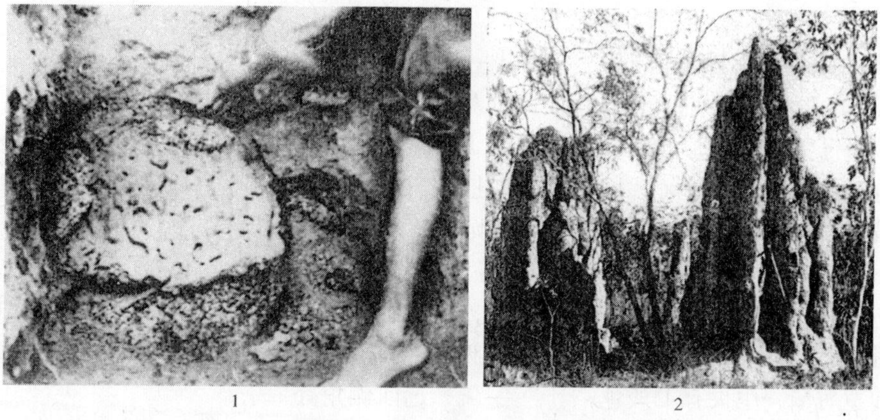

图 3－24　土栖白蚁的巢

1. 黑翅土白蚁 *Odontotermes formosanus*（Shiraki）的巢（仿广东省水电厅，1991）；

2. 澳大利亚土垅白蚁 *Nasutitermes triodiae* 的巢（仿 G. F. Hill 等）

白蚁科分 4 个亚科：

（1）弓钩白蚁亚科 Amitermitinae，为白蚁科中最原始的种类，由鼻白蚁科进化而来，有的属已无兵蚁品级。除新北区外，其余各区均有其分布。本亚科我国有 5 属。

（2）白蚁亚科 Termitinae，本亚科大多数种类分布于热带非洲。本亚科我国有 8 属。

（3）大白蚁亚科 Maorotermitinae，本亚科能培养真菌，又称菌圃白蚁亚科，是等翅目中最进化的类群，起源于非洲，并种类最多，本亚科共 12 属，非洲有 10 属，其次为东洋区，种类也不少。本亚科我国有 5 属。为害江河堤围和水库土坝的主要种类黑翅土白蚁 *Odontotermes formosanus*（Shiraki）和黄翅大白蚁 *Macrotermes barneyi* Light 均属此亚科。

（4）象白蚁亚科 Nasutitermitinae，为等翅目中个体最大、种类最多、兵蚁形态特化程度最高的类群，广布于世界热带、亚热带地区，据 1986 年资料，全世界本亚科已有 66 属近 700 种。本亚科我国有 12 属。

第四节　水利白蚁常见种的形态特征和主要生物学习性

一、黑翅土白蚁 *Odontotermes formosanus*（Shiraki），1909

1. 形态特征

兵蚁（图3－25，1），体长5.44～6.03 mm。头部暗黄色，呈卵圆形，长大于宽；头部毛稀疏。腹部淡黄至灰白色，胸、腹部被较密集的毛。上颚镰刀状，左上颚齿位于中点前方，齿端斜向前，右上颚内缘相应部位有1枚微齿，小而不显著，上唇舌形，前端窄而无透明小块，侧缘有1列直立的长刚毛，直至上颚中段，未遮盖颚齿。触角16～17节，第二节长约等于第三、四节之和。前胸背板元宝形，前部狭窄，向前斜翘起，前部和后部在两侧交角处各有1斜向后方的裂沟，前缘和后缘中央均有明显的凹刻（图3－25，1）。

有翅成虫（有翅繁殖蚁）（图3－25，2），体长（连翅）27.00～29.50 mm。头部、胸部及腹部背面黑褐色，腹面棕黄色；上唇前半部橙红色，后半部淡橙色，中间有1条白色横纹，前缘和侧缘白色透明；翅黑褐色；全身被浓密毛。头圆形，复眼、单眼椭圆形，单眼与复眼的距离约等于单眼的长度；后唇基隆起，长于宽之半，中央有纵缝将上唇基分成左右两半，前、后唇基等长；触角19节，第二节长于第三节或第四、五节。前胸背板前宽后窄，中央有1淡色"十"字斑，近前侧角处有1淡色圆点，前缘中央无明显缺刻，后缘中央凹入；翅长大，前翅鳞略大于后翅鳞。

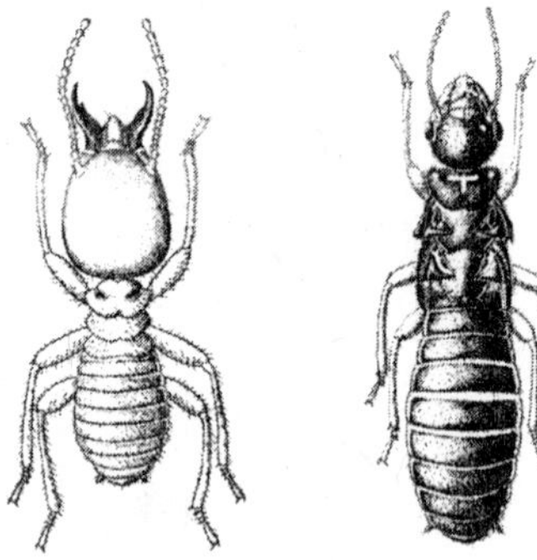

1　　　2

图3－25　黑翅土白蚁（仿黄复生等）

1. 兵蚁；2. 脱翅成虫

工蚁，体长4.61～4.90 mm。头黄色，胸部及腹部灰白色。头侧缘与后缘连成圆弧形，囟位于头顶中央，为小圆形凹陷；后唇基显著隆起，长约等于宽之半，中央有纵缘；触角17节，第二节长于第三节。

2. 生物学习性

（1）巢群的建立与发育。分飞跌落地面的有翅成虫，脱翅后，雌虫在前，雄虫紧紧随后，往往雄虫咬住雌虫腹部尾端，寻找适宜的场所开掘入土孔道，入土营巢，常有2只以上脱翅成虫钻入同一地点营巢而形成1巢多王多后现象，此时巢深10～30 cm。巢群的发育可分幼龄巢、成年巢和老年巢三个阶段（图3－26）。

1）幼龄巢，自脱翅的有翅成虫配对入土营巢至新一代有翅成虫分飞前的巢群为幼龄巢，经8～10年。这一期限内，巢体发育发展情况包含三个时期。

①无菌圃期，巢体大小仅有1～2 cm，半球形的小腔室，腔内无明显结构，巢位于地下约30 cm深处。

②单菌圃期，巢体呈馒头形、直径为3～15 cm的较大腔室，腔内布满菌圃，脱翅成虫居住菌圃下，巢位于地下约30 cm处。

③多腔期，分幼期和中期，巢体已由一个单独腔室发展成为多个腔室。每一腔室都有1个菌圃。蚁王、蚁后居住在巢腔系统中最上层的一个腔内。主腔直径14～25 cm，其菌圃分层或不分层，无泥骨架。“王宫”位于底层或边缘。主腔的深度离地面约30 cm，此时为多腔初期。随着巢群的发展，巢腔系统中发展更多的腔室外，还出现了一些不含菌圃的空腔。主腔不一定是巢穴系统中最上层的一个腔，但是最大的一个腔，长径20～30 cm，仍无泥骨架，“王宫”在底部或边缘。主腔深度在地面30 cm以上。有旧主腔，此期为中期。

2）成年巢，由幼龄巢发展到成年巢的最主要标志是巢群内已产生有翅成虫，巢体上方附近出现候飞室和分飞孔，为巢群发育最旺盛时期，可持续50年左右。依据巢体的深度、菌圃和泥骨架发达程度可分两个时期。

①层裂期，巢内含有菌圃的腔室和不含菌圃的空腔都比前一阶段明显增多，主腔直径35～70 cm，而且有横列的泥骨将菌圃分裂为许多块。这一时期的主要特点是巢群内已产生有翅成虫，因此，在巢上方附近出现了候飞室和分飞孔等结构，象征巢群已发育成熟。“王宫”位于王室菌圃的中央，主腔深度在地下1 m以上。

②块裂期，主腔长径70～80 cm，泥骨架发达，将主腔裂成小室，“王宫”菌圃分裂成小块但尚饱满。主腔入土深度约1.7 m。

3）老年巢，整个巢群工蚁和兵蚁数量减少；菌圃数量减少，多已萎缩而成空腔；蚁后腹部干瘪，逐渐丧失产卵能力，巢中逐渐没有卵和幼蚁，至整个巢群死亡大致持续10年。

老年巢有残菌圃期，菌圃腔的数目减少，而空腔的数目增多，巢腔长径达90～105 cm，巢腔内的泥骨架特别发达，形成厚壁，而介于泥骨架之间的菌圃不齐全。因此，巢腔内的下部有菌圃而上部为空洞，此时巢群已进入衰老阶段，巢内工蚁、兵蚁数量减少，蚁后腹部干瘪，产卵量逐渐减少。较大的巢群，菌圃可达100多个。最远的菌圃离巢体可达10 m。

（2）生活史与品级分化。黑翅土白蚁的生活史，脱翅有翅成虫配对入土后4～10天开始产卵，再经40天左右孵化。1～3龄每龄经6～8天，到3龄若蚁已进行品级分化，一部分出现翅芽发育到有翅6龄若虫（图3－27）羽化后成有翅成虫；还有一部分成兵蚁3龄若蚁（或称拟兵蚁、白兵蚁、前兵蚁），经11～12天脱皮成兵蚁；大部分为工蚁3龄若蚁，蜕皮后为工蚁（图3－28）。据刘源智等研究报道，自卵孵化后到工蚁出现，最短19天，最长不超过30天，多为21～24天。多数巢群未出现工蚁前就产生了拟兵蚁，而拟兵蚁需经11～12天才发育成兵蚁，因此，在巢内往往工蚁较兵蚁先出现。

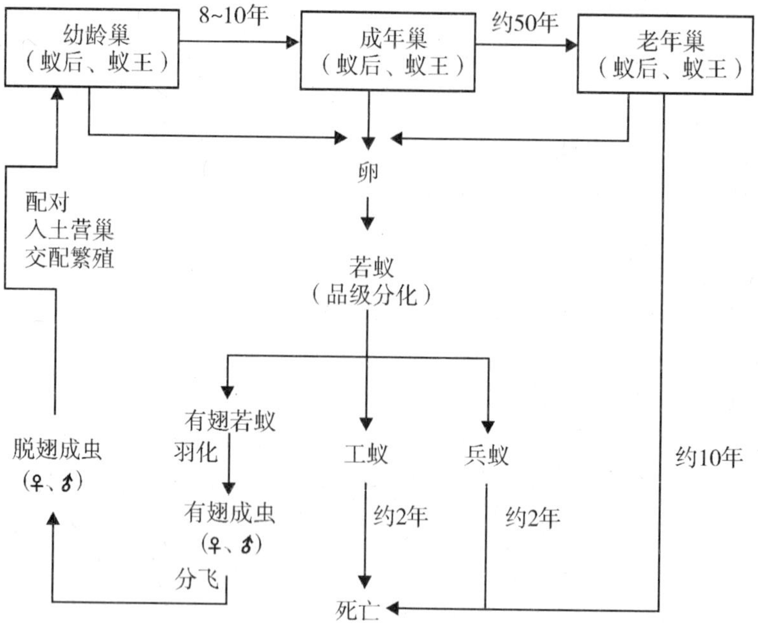

图 3－26　黑翅土白蚁生活史及巢群发育各阶段（仿姚达长，改编）

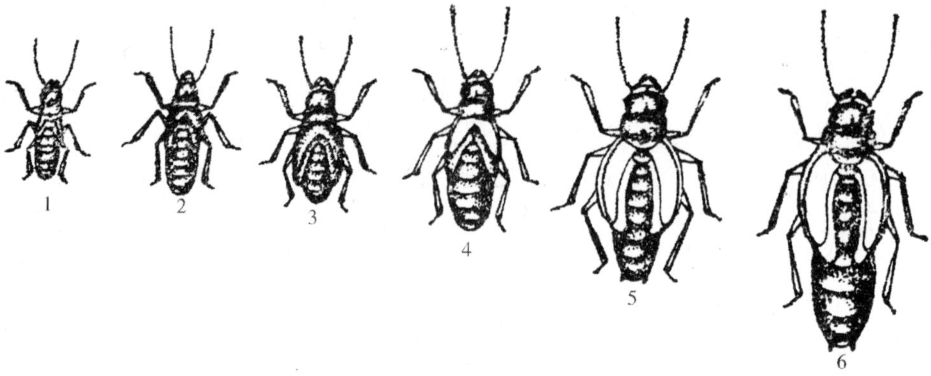

图 3－27　黑翅土白蚁有翅若蚁各龄虫态的模式（示翅芽发育）（仿刘源智等，1985）
1. 3 龄若蚁；2. 4 龄若蚁；3. 5 龄若蚁（前期）；4. 5 龄若蚁（后期）；5. 6 龄若蚁（前期）；6. 6 龄若蚁（后期）

（3）有翅成虫的分飞习性。据刘源智等在四川珙县、乐山、荣县的观察，黑翅土白蚁有翅 6 龄若蚁于翌年 3 月下旬至 4 月上旬开始羽化为有翅成虫，5 月上旬绝大多数羽化完毕并进入候飞室。巢群不同发育时期所产生的有翅成虫的数量是不同的，由数十头到万余头、发育兴旺时期的巢群一年能产生有翅成虫 17 000 头。

巢群发育到成年巢后，有的巢群可连续数年产生有翅成虫，分飞后间息 1 ~ 2 年，有的巢群每隔 1 ~ 2 年分飞。据江西永修县林科所观察（1977），隔 1 年分飞的占 50%，隔 2 年分飞的占 50%。

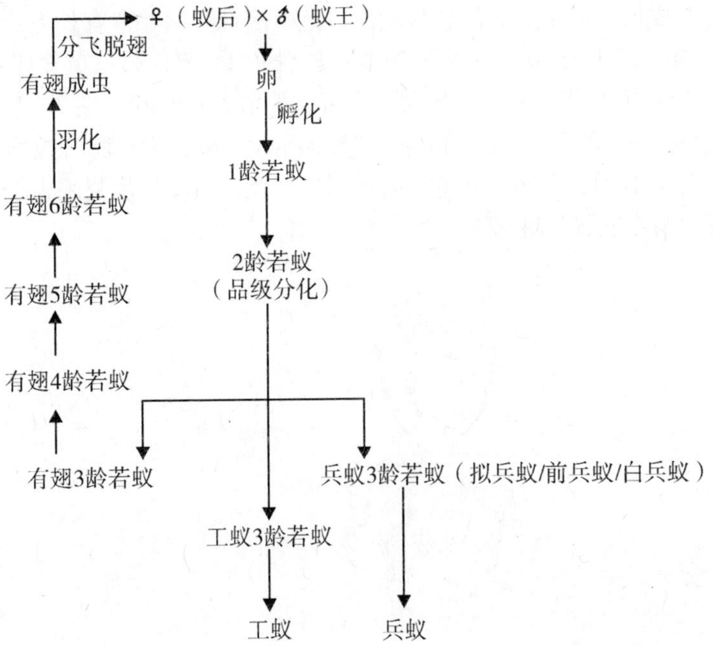

图3-28　黑翅土白蚁的生活史及品级分化［据刘源智等（1998）资料编制］

黑翅土白蚁的分飞始期，不同地区略有差异，据笔者在广州中山大学南校区（康乐园）小型区域1993—2005年的观察，1993年4月20日、1994年3月31日、1995年4月9日、1996年4月9日、1997年4月13日、1998年3月27日、1999年4月11日、2000年4月12日、2001年4月3日、2002年3月29日、2003年4月8日、2004年4月7日、2005年3月20日，分飞末期大致在5月下旬。在广东省内，黑翅土白蚁的分飞期于3月下旬至6月中旬，分飞高峰期为4月中旬至5月中旬，末期在6月中旬，因气象条件等因素影响，可能发生变化，有时9月仍见其有翅成虫分飞。

黑翅土白蚁分飞的气象条件，有充足的雨量、土壤湿润、大气相对湿度80%以上、气温20 ℃以上、气压为995～1 004.6毫巴。

（4）地理分布。大致北纬35°，即黄河为其分布北界。属东洋区系。

国内分布于安徽（巢县、芜湖）、江苏（南京、镇江）、浙江（杭州、奉化、温州、雁荡山、龙泉）、江西、福建、台湾、河南、湖北、湖南、广东、广西、海南、香港、澳门、陕西、甘肃、四川、云南、贵州；国外分布于缅甸、泰国。

最高分布海拔1 900 m。

二、海南土白蚁 *Odontotermes hainanensis*（Light），1924

1. 形态特征

兵蚁（图3-29，1），体长4.44～5.00 mm，比黑翅土白蚁较小；头部深黄色，腹部淡黄或灰白色微带红色；头部毛稀疏，腹部毛较密；头呈椭圆形，上颚较细，曲度不大，仅前端向内弯，左上颚内面前部1/2处有1尖锐的齿，齿尖斜向前，右上颚在相应部位有稍后有1枚很小而不显著的颗粒状齿；上唇侧缘弯曲并留有长毛，尖端狭窄，触角15～16节，第二节长于第三节及第四节；如触角15节，第三节短于第四节，触角16节，第三节长于第四节。前胸背板前缘及后缘的中央有凹刻（图3－29，2）。

有翅成虫（图3－22），体长（连翅）25.00 mm，头、胸、腹背板均黑褐色，头和腹部腹面棕黄色，上唇后半部淡橙色，前半部橙红色；单眼远离复眼，单眼之间的距离显著大于单眼自身的长度；翅较短。

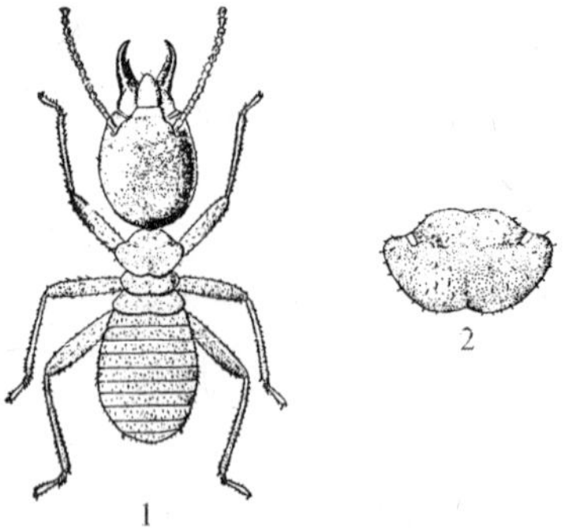

图3－29　海南土白蚁（仿李桂祥等）

1. 兵蚁；2. 兵蚁的前胸背板

工蚁，有大小二型。大工蚁体长4.33～4.72 mm；头部深黄色，腹部灰白色；头近方形，侧缘平直，前端扩展，成为头部的最宽处，囟位于头顶中央，呈小圆形凹坑，后唇基隆起，中央有纵缝分为左右两半；触角17节；前胸背板前部显著翘起。小工蚁体长3.90～4.00 mm；头部淡黄色，腹部灰白色；头侧缘与后缘连成圆弧形，头呈方形，触角15～16节。

2. 生物学习性

（1）巢群的建立和发育。有翅成虫飞翔后落地，脱翅，经追逐，配对后，找寻适宜的场所入土营巢。入土的脱翅成虫在离地面6～30 cm的土中筑2 cm×1 cm的小室，多为1室1对脱翅成虫，也有多对，甚至多达12对聚集于1室的。一周内产卵，最多可达24粒。卵25～28天孵化成1龄若蚁，又经9～16天出现拟兵蚁，再经4～9天发育为兵蚁。工蚁发育历期，从卵孵化到工蚁出现15～20天。

海南土白蚁自入土营巢到有翅成虫分飞的成年巢约需6年。

（2）巢穴系统特点。海南土白蚁的巢穴系统较黑翅土白蚁简单，成年巢巢位较浅，离地面26～180 cm，多为40～95 cm；巢体多数扁形，较小而简单，无泥骨架和泥质盒状的“王宫”；没有特定的候飞室；菌圃较小，多在3～5 cm长，最大的可达33 cm×13 cm×9 cm和22 cm×15 cm×12 cm；菌圃多分布于巢体周围，在靠近巢体10～20 cm处，常有1个较大的菌圃，其中有大量的卵和低龄若蚁；分群孔小而扁呈条状隆起；在成年巢中还有为数较多的空腔，与菌圃间隔分布，越近地面，空腔越多。

（3）分飞习性。有翅成虫于3月开始羽化，留在巢内，在五六月，当10 cm深土温约达30 ℃并有降雨时便发生分飞，分飞时间多在12：00～15：30或在19：00～20：00，往往有穿雨飞行的习性。一巢白蚁有翅成虫羽化后约2个月便分飞，多1次飞完，少数分2次飞，第一次大量飞出，第二次量少飞出，两次相隔达两个月。分飞的气象条件是日平均温度为24～26.8 ℃，相对湿度为90%～97%，平均气压为1 000.35～1 007 毫巴，降雨量为10～46 mm。（李栋等，1987）

（4）地理分布。分布于偏热带地区，属东洋区系。国内分布于福建、台湾、广东、广西、海南、云南。分布最高海拔为1 400 m。

三、囟土白蚁 *Odontotermes fontanellus* Kemner，1925

1. 形态特征

兵蚁，体长4.50～4.80 mm，头棕黄色，上颚基半部深褐色，基部色较浅，上唇浅棕色，触角和足黄色，较头、胸、腹部色浅淡；头部毛被稀疏，有少许长毛；后颏前缘有数根对称长毛或短毛，表面毛被稀少；前胸背板有稀疏短毛；腹部背板毛被长而密；头宽卵形，两侧缘几乎平行，后部稍阔宽，后缘宽弧形；上颚粗壮，左上颚端部内弯，左上颚齿位于端部1/3处，齿端指向前方，前部稍内凹，后切缘不甚平滑，中、后部略隆出，基齿前凹口有1枚小齿，右上颚在端部1/3偏后处有1枚小齿，极微小，近基部1/4处有1枚明显小齿（图3－30，3）；上唇舌状，前部稍窄（图3－30，1）；触角17节，第三节最小，第四节稍大于第三节，第五节略小于第四节，第六节之后还逐节稍增大，末节呈长卵形；后颏近长方形，长约为宽的1.5倍；前胸背板马鞍形，前、后缘中央有明显凹刻。

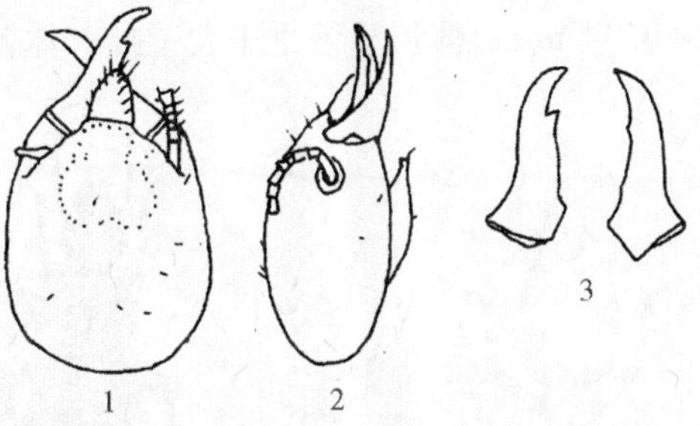

图3－30　囟土白蚁兵蚁（仿高道蓉等）

1. 头部背面观；2. 头部侧面观；3. 上颚

工蚁，头暗黄色，胸、腹部淡黄色，足淡黄色，头顶毛被较密，两侧及后部毛稀少，胸、腹部背面有较密的毛；头部近方形，两侧缘平行后缘圆弧形，头顶平坦；囟不明显，呈小圆点状，位于头部中央；触角17节，第三节最短，左上颚端齿后缘与第一缘齿前缘几乎等长，第二缘齿退化，第三缘齿前缘较长，后缘短，其后缘稍短于第四缘齿的前缘。

2. 生物学特性

囟土白蚁是安徽为害水库堤坝的主要种类之一，滁县地区水库堤坝88.2%有此种白蚁营巢为害，出现过堤坝因囟土白蚁巢突然塌陷等险情（陈镈尧等，1989）。据江苏南京五县四郊调查，为害堤坝的主要种类也是囟土白蚁（陆辉，1986）。

囟土白蚁的巢体由幼龄发育到成年巢，历经由小到大、由浅到深、由简单到复杂的过程。

囟土白蚁巢中1王1后、1王多后、多王多后现象都很常见。

国内分布于安徽、江苏、云南，属东洋区系。

四、黄翅大白蚁 *Macrotermes barneyi* Light，1924

1. 形态特征

大兵蚁（图3-31，1），体长10.50~11.00 mm；头深黄色，腹部色较浅；上颚黑色；头及前胸背板有少数直立的毛；腹部背面毛少，腹面毛较多；头长方形，最宽处在头的中部或稍后，前端略狭窄；囟很小，位于头中点附近，头背面平坦，只囟前稍向前斜下，上颚镰刀状；上唇舌形，端部具透明三角块；触角17节，第三节长于或等于第2节，触角窝的后下方有淡色眼点。

小兵蚁（图3-31，2），体长6.80~7.00 mm；体形显著小于大兵蚁，体色也较浅；头卵形，后侧角圆形，上颚细长面较直；触角17节，第二节长于或等于第三节，其他形态与大兵蚁相似。

有翅成虫（图3-31，3），体长14.00~15.50 mm，连翅长28.00~30.00 mm。颜色及形态与土垅大白蚁相似，但头及前胸背板较短狭。

大工蚁，体长6.00~6.50 mm，头红棕色，胸、腹腔部浅棕黄色；头几垂直于体纵轴，头形介于圆方形之间；触角17节，第二、三、四节约相等；囟位于头顶中央。

小工蚁，体长4.16~4.44 mm；体形显著小于大工蚁，体色与大工蚁相同。

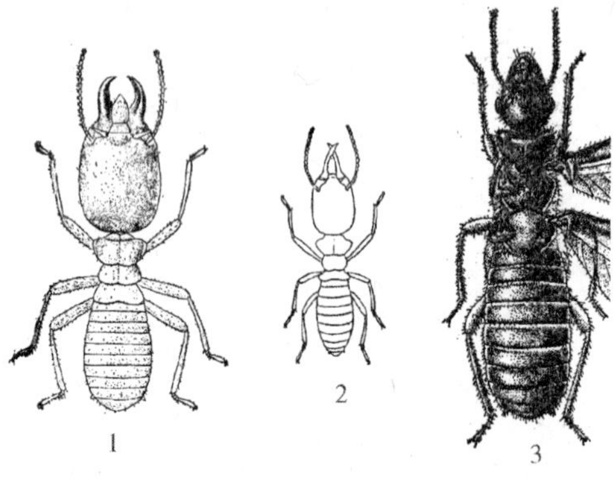

图3-31 黄翅大白蚁（仿李桂祥等）

1. 大兵蚁；2. 小兵蚁；3. 有翅成虫

2. 生物学习性

（1）巢群的建立和发育。黄翅大白蚁分飞落地脱翅及配对入土营巢后，巢群发育经幼龄巢、成年巢和老年巢。因本种白蚁人工饲养尚未成功，对其生活史、品级分化、巢群发育还没有完整的资料。

陈镈尧等对黄翅大白蚁的生物学作过多年研究，于 1994 年在野外解剖了 30 个黄翅大白蚁的不同发育阶段的巢群，依据蚁后的体长、单侧卵巢管数、巢群个体总数等指标。将黄翅大白蚁巢群发育分为 10 个梯级（表 3－2）。

表 3－2　黄翅大白蚁巢群发育阶段表

巢群发育阶段	发育阶梯	蚁后体长（mm）	单侧卵巢管数（条）	巢群个体总数（头）
幼龄巢	1	10～11	244～281	182～269
	2	14～16	—	—
	3	19	875	4 547
	4	23.5	932	88 560
	5	28～30	—	—
成年巢	6	38	1 083	101 640
	7	38	1 416	208 705
	8	41	1 712	238 418
	9	42～44	1 700～1 800	20～30 万
	10	47～78	1 800	20～38 万

注：本表据陈镈尧（1994）资料编制。

黄翅大白蚁的巢群发育有以下特点。

1）建巢初期 1～2 年的幼龄巢，没有大兵蚁，只有大工蚁、小工蚁和小兵蚁，大致 3 年以后出现大兵蚁。

2）当蚁后体长达到 28 mm 以上时，即营巢约 5 年，便进入成年巢，能产生有翅成虫，再经若干年兴旺期进入老龄巢，并逐渐衰亡。

3）黄翅大白蚁最大巢群个体总数可达 50 万头，主要成员是工蚁，占巢群个体的 90% 以上，又以小工蚁为主，占工蚁的 60% 以上，大工蚁不足 40%；兵蚁占工、兵蚁总数的 10% 以下，而小兵蚁占兵蚁总数的 90% 以上，大兵蚁占兵蚁总数 10% 以下。

4）在黄翅大白蚁巢群中，一王多后、多王多后现象很常见，有的是脱翅有翅成虫配对入土时多头同入一处，共居一室；有的是相邻的巢群合群而居，巢中的蚁后往往体型差异甚大，显然是不同巢龄的巢群并合于一室。

5）黄翅大白蚁成年巢的巢体在地下深度不及 1 m，60 mm 左右为多。蚁巢发育经幼龄巢、成年巢和老年巢。初建的巢群较简单，没有菌圃、泥骨架和“王宫”。经 5～6 年，发育到成年巢，蚁巢系统复杂而完善，巢中有发达的菌圃、泥骨架和“王宫”，巢外有四通八达的蚁道、候飞室和分飞孔。“王宫”又称泥盒子，精细的泥质构造，宫壁坚实，周围有供工、兵蚁出入的小孔，内空、多为扁形、底部平坦、内壁光滑，为蚁王、蚁后的住所。

（2）黄翅大白蚁的生活史与品级分化（图 3－32）。据陈镈尧（1981）研究，有翅成虫自第二龄若蚁开始进行品级分化，到第三龄若蚁便出现了有翅芽的个体，这类个体发育到7龄若蚁经羽化而成有翅繁殖蚁（图3－33）；而工蚁分大工蚁和小工蚁，兵蚁分大兵蚁和小兵蚁，至于工蚁和兵蚁的品级分化发育经多少个龄期，尚缺乏完整的资料。

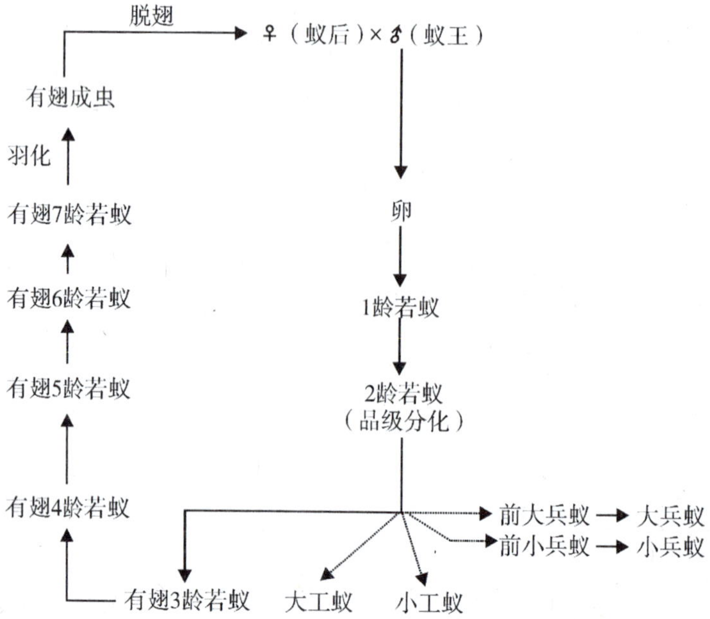

图3－32　黄翅大白蚁生活史及品级分化［据陈镈尧（1981）资料编制］

注：工蚁和兵蚁品级分化发育历期未明，用虚线表示。

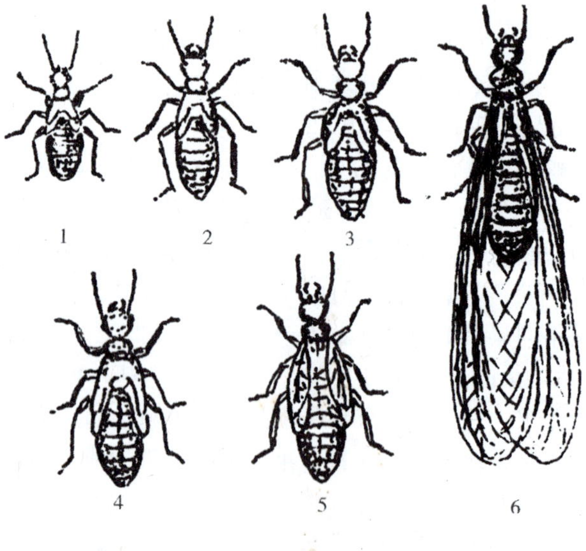

图3－33　黄翅大白蚁有翅若蚁各龄虫态模式（示翅芽发育）（仿陈镈尧，1981）

1. 3龄若蚁；2. 4龄若蚁；3. 5龄若蚁；4. 6龄若蚁；5. 7龄若蚁；6. 有翅成虫

（3）有翅成虫的分飞习性。黄翅大白蚁的分飞期，在气温 25 ~ 31 ℃地下 5 cm 深处、地温 23 ~ 29 ℃、相对湿度 70% ~ 85%、气压 994.70 ~ 1 002.00 毫巴的气象条件下，在 4 月中旬至 6 月上旬凌晨 1：00 ~ 5：00 发生分飞，以 4：00 前后分飞较多，天亮前结束。2001 年 4 月 28 日，在中山大学南校区（康乐园）西北区，中午 12：00 仍有许多有翅成虫聚集在分群孔周围不散（图版Ⅰ-7）。

据陈镈尧（1981）观察，一个巢群的有翅成虫，要经 3 ~ 5 次分飞才能全部脱离母巢。陈镈尧（1991）对 7 个巢群连续 5 年观察有翅成虫分飞周期，其中 4 个巢群隔 2 年分飞、2 个巢群隔 1 年分飞、1 个巢群连续 3 年都分飞。

分飞孔，最常见的为凹形分飞孔（图版Ⅱ-3），呈长椭圆形或半月形凹入地面，分飞孔的数量因巢群大小而异。2001 年 4 月 30 日，在中山大学南校区（康乐园）东南区 1 黄翅大白蚁巢的分飞孔共 130 个，分布于 4.0 m × 2.9 m 的草坪上（图版Ⅱ-4）；在西北区 1 巢分群孔 52 个，分布于 3.8 m × 2.2 m 的草地里。

2000 年 4 月中旬，在深圳大学校园内的杜鹃山上发现黄翅大白蚁巢隆出地面的现象，共有 10 多巢，挖了 4 巢，为隆出地面 10 ~ 30 cm、底径 30 ~ 50 cm 的小土堆（图版Ⅱ-5）。表层为松土，里层坚实，似防水层，巢体离地面深为 20 ~ 30 cm。巢体内泥骨架与菌圃交错，“王宫”在巢体上部。经平正明、李桂祥等白蚁分类专家鉴定，认定是黄翅大白蚁。

（4）地理分布。黄翅大白蚁大致以长江为其分布北界。属东洋区系。国内分布于安徽、江苏、浙江、江西、福建、河南、湖北、湖南、广东、广西、海南、香港、澳门、四川、云南；国外分布于越南。分布最高海拔 1 500 m。

五、土垅大白蚁 *Macrotermes annandalei*（Silvestri），1914

1. 形态特征

大兵蚁（图 3-34，1），体长 13.00 ~ 14.00 mm；头部、背腹面均暗红色，胸、腹部棕褐色；上颚基部与头同色，其余部分黑色；头部毛极少，腹部毛较多；头扁平，背面观长梯形，前狭后宽，头后缘略弯曲或几平直，侧缘曲弯极小，仅前端弯向中线，后颏狭长，弯向腹方，囟细小位于近头部中点；上颚粗壮，镰刀形，左上颚中点以后有数个浅缺刻及 1 个较深缺刻，前方部分无齿；右上颚无齿，基部也无锯齿状缺刻；上唇舌状，端部为半透明的三角块；触角 17 节，第三节长为第二节 1.5 ~ 2 倍，第四节显著短于第三节；前胸背板略宽于头宽的一半，前部斜向上翘，侧缘呈钝角向两侧方伸展，前缘及后缘中央均有明显缺刻；后胸背板狭于前胸背板。

小兵蚁（图 3-34，2），体长 8.00 ~ 9.00 mm；体色与大兵蚁相似；头形与大兵蚁相似或更狭长，后缘平直，侧缘略弯曲，囟在头顶中央；后颏显著曲突于腹面处；上唇狭长，端部为半透明的三角块；上颚狭长弯曲，除左上颚后部有小数缺刻外，其余部分均光滑无齿；触角 17 节，第三节长于第二节及第四节；足很长。

有翅成虫（图 7-34，3），体长 15.00 mm，连翅长 28.00 mm；头及胸腹暗红棕色；足棕黄色；后唇基暗赤黄色；头宽卵形，复眼长圆形，单眼椭圆形，与复眼的距离小于单眼的宽度，头顶平，囟呈极小的颗粒状突起，位于头顶中央，在其前方有1龙骨状的纵形隆起，后唇基显著隆起，长不及宽之半，中央有纵沟；触角19节，第三节微长于第二节，第二、三、五节等长；前胸背板前缘略内凹，后缘狭窄，中央凹入，前中部具淡色“十”纹，其两侧前方有圆形或肾形的淡色斑；前翅鳞略大于后翅鳞。

大工蚁，体长7.50 mm；头暗红棕色，腹部棕褐色；头侧缘与后缘连成圆形；囟位于近头顶中央，为不整齐的圆形淡色凹陷，大而显著；后唇基显著隆起，长不及宽之半，中央具纵缝；触角17~19节；前胸背板约等于头宽之半，前部显著翘起，腹部膨大如橄榄形。

小工蚁，体长5.5 mm；体色及形态与大工蚁相似；头小，囟位于头顶中点之后；触角17节。

陈宁生于1956年在云南河口的两个土垅大白蚁巢中采到数头形态特殊的个体，兼具工、兵蚁特征；胸、腹的大小和颜色如同大兵蚁；头短圆，上颚为工蚁式样，初看如同工蚁，但仔细观察，头前狭后宽，囟细小点状，均为兵蚁特征。

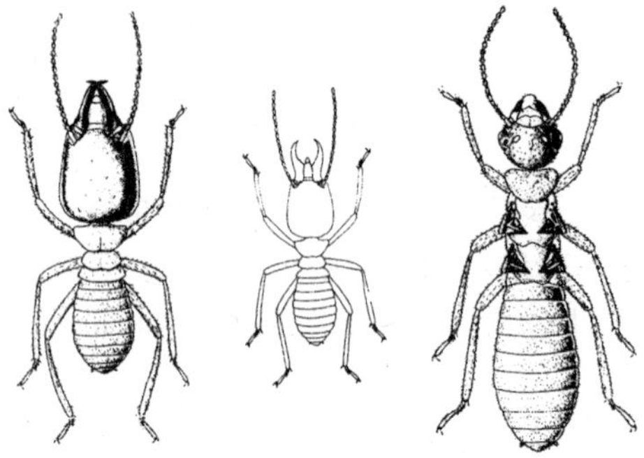

图3-34　土垅大白蚁（仿李桂祥等）

1. 大兵蚁；2. 小兵蚁；3. 脱翅有翅成虫

2. 生物学习性

（1）土垅大白蚁巢群中除了蚁王、蚁后，各个品级所占比例大致为大工蚁46%、小工蚁37%，兵蚁品级中大兵蚁不足2%、小兵蚁15%左右。

（2）土垅大白蚁的巢体分埋藏在土中的地下部分和隆出地面的土垅部分，土垅形似坟墓，高可达1 m，底径可达2 m。蚁巢外层为泥质薄壳，里面为蚁巢的支撑系统泥骨架，其间大小不等的腔室填满菌圃；蚁巢中下层骨架细弱、质地松脆，有大量的薄层泥片夹杂其间，为千层部，在其附近有“王宫”，为扁椭圆形或椭圆形中空土块，质地粘而坚硬，由泥骨撑托而位于蚁巢中层。“王宫”大小多为15 cm×13 cm×6 cm，内部有1扁腔室，其大小较固定，通常为10 cm×6 cm×1.2 cm。一般1个蚁巢有1个“王宫”，通常室内1王1后，也有1王2后、2王2后、多王多后现象。少数情况在“王宫”侧方还有1~2个与“王宫”构造相似的没有蚁王、蚁后居住的假“王宫”。蚁巢的基部和顶部常有一些不规则的腔室，堆集了大量植物碎片，为“粮仓”。每年5月下旬至10月上旬，工蚁、兵蚁列队把植物碎片采集、搬运回巢，储存在“粮仓”里。成年巢，在土垅顶部由工蚁修建圆柱状的分飞孔突1至数个，柱顶为拱形帽状；巢之侧方或顶部有2～4条曲折的蚁路通向巢外。因此，土垅大白蚁的巢穴系统由泥壳、泥骨架、菌圃、千层部、“王宫”、“粮仓”、蚁道、分飞孔突等组成。

1982年1月8日，在广西南宁老虎岭水库大坝追挖白蚁巢时，表土30～40 cm的土层中有土垅大白蚁活动（洪轩昂，1988）。

（3）土垅大白蚁在4～7月的下午或晚上大雨前后分飞。在分飞时，由工蚁打开分飞孔突的泥帽、兵蚁把守洞口，有翅成虫飞完后，工蚁衔泥将孔洞封闭。

（4）地理分布。土垅大白蚁为偏热带种，属东洋区系。国内仅分布在广西的武鸣、龙州、扶绥和云南的盈江、蛮允、芒市、怒江坝、南溪、允景洪，普洱、金平长坡头；国外分布于缅甸、泰国。

分布最高海拔可达1 350 m。

六、罗坑大白蚁 *Macrotermes luokengensis* Lin et Shi，1982

1. 形态特征

大兵蚁（图3－35，1），体长8.5～11 mm；头部褐棕色，有稀疏小毛；腹部背板深褐色；上颚黑色、粗壮、镰刀状，左上颚中点以后有数个缺刻，中点前方无缺刻，右上颚光滑无缺刻；上唇舌形，端部具乳白色透明三角尖；头部最宽处在头的中部，向前略变窄，后角圆；头背面自中部至后缘有2条显著的黑色纵纹；囟极小，位于头顶中央；触角17节，第三节长约为第二节的1.5倍，第四节明显短于第三节；前胸背板约为头宽的2/3；前、后缘中央内凹，前部略向上翘起；后胸背板宽于中胸背板而狭于前胸背板。

小兵蚁（图3－35，2），体长6.3～7.4 mm；头部棕黄色，腹部及足黄色，触角棕色，上颚黑色，上唇棕色，端部具1白色透明三角尖，头最宽处在头的中后部，囟前变狭，后角圆，侧缘较大兵蚁弯曲，上颚细长而直，仅端部略弯，左上颚基部有数个波状缺刻，右上颚光滑无缺刻；上唇舌状，端部为1透明三角尖；触角17节，第二节与第五节几等长；囟细小而较显著，位于头顶中央；头后部有2条较短的深色纵纹；前胸背板较头部窄，约为头宽的2/3，前缘有少数短毛。

有翅成虫（图3－35，3），连翅长26～28 mm，体长13～15 mm；头、胸部背面黑褐色，复眼黑色，触角深褐色，上颚黑褐色，复眼卵形，单眼长卵形，单眼与复眼距离小于单眼宽度；后唇基显著隆起，长不及宽之半，中央有1纵沟；触角19节，第三节略长于第二节，囟细小，位于头顶中央；前胸背板平，其宽等于头宽，中央稍前方有“Y”形浅色斑纹，近前侧角处有圆形浅色斑点；前翅鳞略大于后翅鳞。

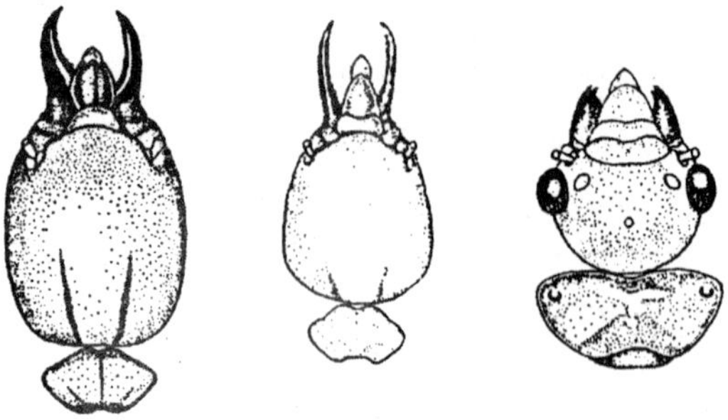

1　　　2　　　3

图 3 - 35　罗坑大白蚁的头部及前胸背板（仿林善祥等）

1. 大兵蚁；2. 小兵蚁；3. 有翅成虫

2. 生物学习性

（1）据林善祥和石锦祥 1980 年观察，有翅成虫于 6 月 30 日深夜至清晨 6：00 分飞，飞翔前聚集在分群孔附近振动翅，并可闻其振翅声，片刻后分飞。分飞孔分布范围有 7 处，分布面积 17.1 m^2，其中有 2 处在门框脚与墙交接处的门框脚旁，1 处离地面高 15 ~ 20 cm 处筑成圆锥形的外露分群孔，其余的分群孔凸出土表，是较明显的圆锥形，最大的 11 cm × 16 cm × 5 cm，最小的 3 cm × 1 cm × 1.5 cm。

（2）罗坑大白蚁于 1980 年在广东电白罗坑水库招待所发现，后来在深圳、英德、始兴发现。

七、台湾乳白蚁 *Coptotermes formosanus* Shiraki，1909

台湾乳白蚁，又称家白蚁，为广东最主要的室内为害种类，也是为害埋地电缆、园林树木的最主要种类。

1. 形态特征

兵蚁，体长 5.34 ~ 5.86 mm；头部及触角浅黄色，上颚黑褐色，腹部乳白色，头呈椭圆形，囟圆形，大而显著，位于头前端微突的短管上，朝向前方；上颚镰刀状，前部向内弯，在左上角基部有 1 深凹刻，其前有 4 个小突起，最前的突起位于中点之后，颚面的其余部分光滑无齿；上唇近舌形，前端的透明尖不很显著；触角 14 ~ 16 节，多数第三节或第四节较短；前胸背板平坦，较头狭窄，前、后缘的中央有凹刻（图 3 - 20）。

有翅成虫连翅长 13.5 ~ 15 mm，体长 7.5 ~ 8.00 mm，头有面深黄褐色，胸、腹背面黄色，翅呈淡黄色。复眼近圆形，单眼椭圆形，其与复眼的距离小于单眼宽度；后唇基极短，为一横条，淡黄色，略隆起，前唇基白色，长于后唇基；上唇淡黄色，前端圆形；触角 19 ~ 21 节，多数第三节或第四节较短；前胸背板前缘凹入，侧缘与后缘连成半圆形，后缘中央凹入，前翅鳞大于后翅鳞（图 3 - 20）；翅密布短毛。

工蚁，体长 4.77 ~ 5.44 mm；头部微黄，腹部白色，有时透露肠内物的颜色；头前部呈方形，后部呈圆形，最宽处在触角窝部位；后唇基很短，长度相当于宽度的 1/4，微隆起；触角 15 节；前胸背板前缘略翘起；腹部长，略宽于头，并不很膨大。

2. 生物学习性

（1）巢群的建立与发育。台湾乳白蚁有翅成虫经飞翔后落地脱翅，爬行择偶配对，雄虫紧跟雌虫，咬住雌虫腹端找寻潮湿有食料场所的空隙钻入营巢。据黄壳文等在实验室培育观察，配对后约一周开始产卵，7~8月为产卵高峰期，11月产卵停止，当年产卵历期5个月，卵量平均46粒、卵期31~35天。卵孵化后8~10天出现工蚁，21~35天出现兵蚁，在兵蚁之前需要经8~9天的前兵蚁龄期，兵蚁的出现标志着新建群体具备长时间生存的多项基本功能。当年巢群中若蚁（幼蚁）占11.44%、工蚁占77.95%、兵蚁占10.58%。进入第二年后，3月下旬开始产卵。

台湾乳白蚁巢群发育经幼龄巢、成年巢、老年巢至巢群衰亡。黄亮文研究员于1974年在实验室从1对繁殖蚁配对饲养的一巢新群体，经过8年时间，巢群成熟为成年巢，于1982年5月初始见有翅成虫飞出，当年先后飞出5次，有2个高峰期，估计共飞出800头以上。有翅成虫大小与自然界巢群有翅成虫相同。将室内饲养的6年的5个巢群，于1980年4月埋放在清远县近郊原无白蚁的一孤岛上，2年成活率80%。1982年4月，检查已达8年的群体发育情况良好，蚁群活跃，蚁路已修筑到附近桉树，并在桉树上形成分群孔，繁殖蚁成熟，等待适宜气候飞出，同年5月上旬遭百年一遇的洪水，孤岛上的野外群体全部被淹死。实验证实在广州及附近地区台湾乳白蚁完成一个生活周期需8年时间。从室内饲养实验群体由历年飞出的有翅成虫的数量统计，推测台湾乳白蚁巢群兴旺年限在14年以上，1982年飞出数百头，1983年和1984年没有飞出，1985年飞出几百头，1986年没有飞出，1987年4月21日至6月4日共飞出的有翅成虫27 813头（飞走的除外），1988年5月22日至7月7日共飞出28 663头（不包括飞走的），1989年飞出有翅成虫达几万头，1998年仍有许多有翅成虫分飞，到1999年巢群死亡。

（2）生活史与品级分化。台湾乳白蚁的品级分化复杂，自卵孵化出来的1、2龄若蚁不活跃，靠亲蚁或大龄工蚁喂养，3龄以后若蚁十分活跃，并能取食，4龄才出现工蚁若蚁和白兵蚁，4龄见工兵蚁若蚁，卵孵化后8~10天开始出现工蚁，经4年多观察，初步测定若蚁有5个龄期（图3-36）。从1龄工蚁到6龄工蚁成虫共需20~22天。孵化以后19~22天开始出现黄兵蚁，黄兵蚁出现前，白兵蚁上颚先变成浅黄色，从白兵蚁到黄兵蚁需要8~9天。3龄前若蚁需亲蚁或大龄若工蚁喂养，不能单独生活；4龄以上的若蚁可离群饲养一段时间；6龄成熟工蚁可单独取食及离群生活（黄亮文，1984）。在一定密度的群体中，单独饲养的工蚁（5龄工蚁若蚁及工蚁）群体内，经2~4天，即见个别正常工蚁（图3-37，1）蜕去咀嚼式口器，成为头部稍大的中间型（图3-37，2），再经4~5天中间蜕变成头部白色的白兵蚁（图3-37，3），仍属白蚁兵，再蜕一次皮，转为头部黄色的正常兵蚁（图3-37，4），此时兵蚁口器转化，证实了台湾乳白蚁没有真正的工蚁型，应将工蚁称为拟工蚁（黄亮文，1993）。

据现有资料，台湾乳白蚁短翅补充型的产生途径有：①在没有蚁王、蚁后的情况下部分若蚁发育成补充型繁殖蚁；②由工蚁蜕变成补充型（图3-36）。

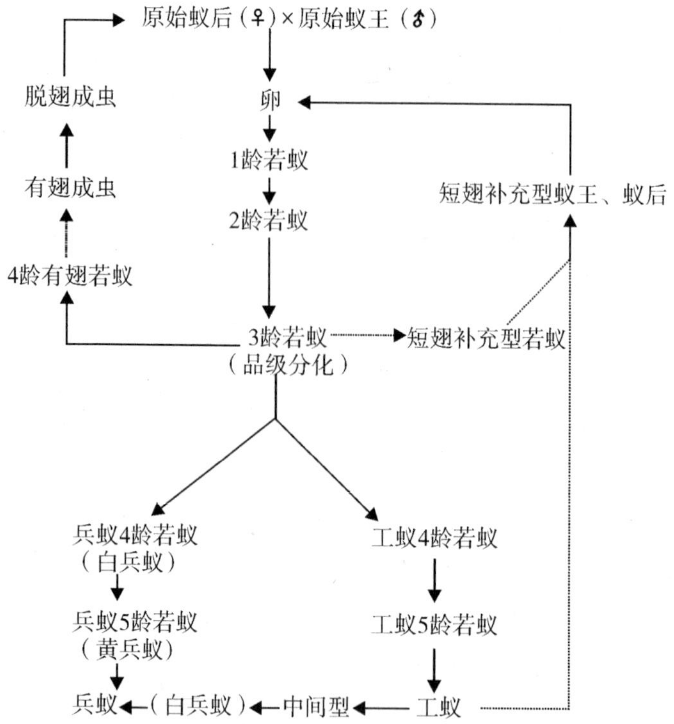

图3－36　台湾乳白蚁生活史及品级分化（依据黄亮文等资料编制）

注：虚线表示发育历期未明。

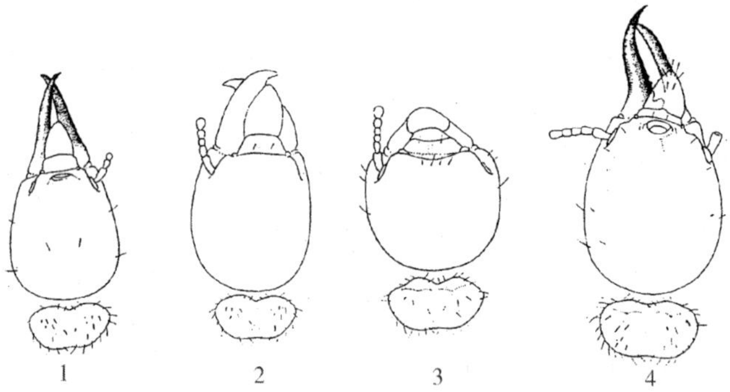

图3－37　台湾乳白蚁工蚁向兵蚁转化（仿黄亮文）

1. 正常工蚁头部及前胸背板；2. 中间型头部及前胸背板；
3. 白兵蚁头部及前胸背板；4. 正常兵蚁的头部及前胸背板

（3）巢穴系统结构特点。台湾乳白蚁的巢穴系统包括主巢、副巢、排泄物、分飞孔、通气孔、汲水线、蚁路。蚁巢是以木质纤维为主和一些泥土、砂粒、白蚁排泄物及白蚁分泌的唾液黏合成的蜂巢状的结构。蚁巢的形状因巢环境而异，多为椭圆形。初建的幼龄巢，巢体很小，甚至无巢。2～3年幼龄巢，通常可看到有白蚁排泄物积聚的巢体。成年巢直径可达 30～40 cm，大的可达 1 m 以上。有主、副巢之分，1 个主巢，副巢 1 至多个，主巢与副巢可转换。巢体外层是泥壳，里层为多孔状结构，再往内是分层排列的薄片。主巢有蚁王、蚁后居住的“王宫”，由坚硕的泥质做成，近半月形，周边有孔口供工、兵蚁及若蚁出入，副巢无“王宫”。

排泄物，为灰褐色或棕色的疏松泥块，近似干牛粪。其来源有两种说法，一是工蚁筑巢从巢内推出的加工物质，二是白蚁取食纤维质经消化排泄出的粪便。排泄物往往堆积在蚁巢外围，排泄物越多，蚁巢越大，离巢也近。

分飞孔，有翅成虫飞出的孔口，形状多呈长条形，数量由几个到数十个不等。分飞孔一般离巢不远，多在巢附近，也有离巢有数米之远的。

通气孔，为白蚁借以调节巢内气体、温度、湿度的小孔，孔口微小，直径约 1 mm。圆形或针孔形，数量由几个至几十个不等，排列不规则，通常在成年巢主巢或树巢排泄物处可找到。

汲水线，是台湾乳白蚁通向水源汲取水分的蚁路，汲水线通常比普通蚁路扁宽，多分布于墙角、夹层或较隐蔽的黑暗处。

蚁路，白蚁群体联络、取食和活动的通道，亦是免受外敌侵袭的掩体，是由泥土与白蚁的唾液黏合而成。

（4）有翅成虫分飞习性。在海南省和广东雷州半岛，每年 3 月底 4 月初台湾乳白蚁巢内出现有翅成虫，而在广州通常 4 月中下旬巢内出现有翅成虫。据作者近 16 年在广州中山大学南校区（康乐园）连续观察，台湾乳白蚁有翅成虫始见日期如下：1995 年 5 月 3 日、1996 年 5 月 1 日、1997 年 5 月 1 日、1998 年 4 月 25 日、1999 年 4 月 22 日、2000 年 5 月 3 日、2001 年 4 月 30 日、2002 年 4 月 19 日、2003 年 4 月 21 日、2004 年 4 月 25 日、2005 年 5 月 6 日、2006 年 4 月 27 日、2007 年 4 月 30 日、2008 年 5 月 5 日、2009 年 5 月 1 日、2010 年 4 月 30 日、2011 年 5 月 20 日。在广州，其分飞高峰多在 5 月中旬，6 月中旬以后极少见其有翅成虫分飞。

一个巢群的有翅成虫，在同一年内是分期分批羽化的，因此，其有翅成虫分飞也分数次飞出，广东省昆虫所黄亮文研究员饲养的室内实验巢群，1989 年 5 月 2 日至 6 月 14 日先后分飞共 10 次。

据笔者在广州的多年的观察，白蚁分飞的气象条件为温度 21.7～29.4 ℃、湿度 85% 以上、气压为 1 001.2～1 013.2 毫巴，伴有降雨的闷热天气，傍晚 17：10～20：30 时分进行。

（5）地理分布。台湾乳白蚁在国内分布大致以淮河为其分布北界，北纬 32°～33° 的安徽（合肥、巢县、芜湖）、江苏（建湖）一线以南各地都有其分布；国外分布于日本、菲律宾、美国南部各州及夏威夷、非洲。

第五节　水利白蚁主要种类识别

在广东，为害水利工程土质堤坝的白蚁的主要种类有黑翅土白蚁 *Odontotermes formosanus*（Shiraki）、海南土白蚁 *O. hainanensis*（Light）、黄翅大白蚁 *Macrotermes barneyi*

Light 和罗坑大白蚁 *M. loukengensis* Lin et Shi（表 3－3）4 种，台湾乳白蚁 *Coptotermes formosanus Shiraki* 偶有在土质堤围上筑巢为害。

表 3－3　广东省水利白蚁常见种特征特性比较（图版Ⅰ～Ⅱ）

种名＼特征特性	巢群发育	有翅繁殖蚁及工蚁	兵蚁	巢穴结构	分飞习性	分布
黑翅土白蚁 *Odontotermes formosanus* (Shiraki)	雌雄脱翅成虫配对入土营巢至子代有翅成虫分飞前为幼龄巢，8～10 年；子代有翅成虫产生，并有分飞孔外露特征，群体旺盛，为成年巢；蚁后生殖能力下降，菌圃不饱满多为空腔，巢体大而空，无有翅成虫分飞，为老年巢	体长 12～14 mm，翅长 24～25 mm；头、胸、腹背面黑褐色，翅黑褐色，前翅鳞短，不覆盖后翅磷 工蚁一型	体长 5.4～6 mm；头部最宽处在中部之后，后颏略拱出	巢筑在离地面 2～3 m 深的土中，巢周围有为数众多的菌圃，巢体包括泥骨架、菌圃和“王宫”（泥盒子）	4 月上旬至 6 月中旬在降雨闷热天气的傍晚 19：10～20：30 分飞；分飞飞孔小土堆状隆起	山东、安徽、江苏、福建、台湾、河南、湖北、湖南、广东（全省各地）、广西、海南、香港、澳门、四川、云南、贵州、陕西、甘肃
海南土白蚁 *O. hainanensis* (Light)	雌雄脱翅成虫配对入土营巢至群体发育成熟，子代有翅成虫分飞大致需 6 年	体长 12.5 mm，翅长 21 mm；体及翅的色泽与黑翅土白蚁相似。工蚁有大小二型	体长 4.4～5 mm；头部中段最宽，后颏特别拱出	巢体较黑翅土白蚁浅，巢体较小而简单，无明显“王宫”	5 月中旬至 6 月下旬在雷雨天气的 12～15：30 分飞，多数一次飞完，少数分 2 次飞出，分飞孔小而扁呈条状隆起	福建、台湾、广东（海康、徐闻）、广西、海南、云南

续上表

特征特性 种名	巢群发育	有翅繁殖蚁及工蚁	兵蚁	巢穴结构	分飞习性	分布
黄翅大白蚁 *Macrotermes barneyi* Light	雌雄脱翅成虫配对入土营巢至群体发育成熟需 5 ~ 6 年，子代有翅成虫分飞，群体旺盛为成年巢	体长 14 ~ 15.5 mm，翅长 24 ~ 26 mm；头、胸、腹背面黄褐色，翅黄色，前翅鳞略大于后翅鳞。工蚁有大小二型	大兵蚁体长 10.5 ~ 11 mm，小兵蚁体长 6.8 ~ 7 mm；大兵蚁头深黄色，腹部色较浅，上颚黑色，囟很小，前胸背板缘翘起，呈马鞍形；小兵蚁色较浅	巢筑在离地面 20 ~ 50 cm 深的土中，巢周围有菌圃，但数量较黑翅白蚁少，巢体结构与黑土白蚁相似	4 月中旬至 6 月上旬凌晨 2：00 ~ 5：00 分飞，4：00 前后分飞高峰；分飞孔呈半月形，凹入	江苏、浙江、江西、福建、河南、湖北、湖南、广东（全省各地）、广西、海南、香港、澳门、四川、云南、贵州；越南
罗坑大白蚁 *M. luokengensis* Lin et Shi	—	体长 13 ~ 15 mm，翅长 22.5 ~ 23.5 mm；头部及腹部背面黑褐，翅黄色，前翅鳞略大于后翅鳞。工蚁有大小二型	大兵蚁体长 8.5 ~ 11 mm，小兵蚁体长 6.3 ~ 7.4 mm；大兵蚁头部褐棕色，上颚黑色，囟级小，前胸背前部略向上翘起，腹部背面深褐色；小兵蚁体色较浅	与黄翅大白蚁相似	6 月底深夜至早晨 6：00 分飞；分飞孔呈圆锥形凸出土表	广东（电白、深圳、英德、始兴）

续上表

特征特性 种名	巢群发育	有翅繁殖蚁及工蚁	兵蚁	巢穴结构	分飞习性	分布
台湾乳白蚁 *Coptotermes formosanus* Shiraki	实验室饲养配对的脱翅成虫，经8年便成熟，有翅成虫分飞，巢群寿命达数十年	体长7～8.5 mm，翅长22.5～23.5 mm，体黄色，翅浅黄色，前翅鳞大于后翅鳞，并覆盖后翅鳞基部。工蚁一型	体长5～5.5 mm；头部卵圆形，淡黄褐色，颚部具明显的额腺孔（囟），受扰时分泌白色液体	巢可筑于土中或地面树心，树头中，甚至高层建筑之室内，有主、副巢之分，副巢有1至多个，巢内有许多片状或蜂巢状的巢叶，主巢还有“王宫”，地下巢外围为防水性能良好的“泥壳”	4月下旬至6月中旬，在伴有降雨闷热天气的傍晚19：10～20：30时分飞；分飞孔多呈长条状	安徽、江苏、江西、福建、台湾、河南、湖北、湖南、广东（全省各地）、广西、海南、香港、澳门、四川、云南、贵州

第四章 白蚁的生物学习性

白蚁为多型性社会性昆虫，具有极其复杂而独特的生物学特性。本章分5节进行论述。

第一节 白蚁的生殖与发育

一、白蚁的生殖

白蚁行有性的两性生殖繁衍后代。有翅生殖蚁（有翅成虫）羽化后，在适宜的气象条件下，离巢分飞，然后落地、脱翅、配对，找到适宜的生存环境安居下来，进行交配、产卵，繁殖后代。

能够产生补充蚁王、蚁后的白蚁种类所产生的补充型也有雌雄之分，称补充蚁王、蚁后，与原始的蚁王、蚁后一样，进行两性生殖。至今，未见报道能进行无性生殖的白蚁种类。据黄珍友等（1977）对培养了三年的20个群体的截头堆砂白蚁 *Cryptotermes domesticus* 进行巢体解剖，每个群体只能产生1雌1雄的补充型，具有生殖能力，担负繁殖后代的义务。黑胸散白蚁 *Reticulitermes chinensis* 在原始蚁王、蚁后存在的情况下也能产生补充繁殖蚁，短翅补充繁殖蚁由若蚁转化而来，无翅补充繁殖蚁由工蚁转化而来。补充繁殖蚁后产生还需要经过一段时间的继续发育方能产卵（刘源智等，1998）。黄胸散白蚁 *R. flaviceps* 的补充繁殖蚁由工蚁产生无翅补充繁殖蚁，由若白蚁产生短翅的补充繁殖蚁，幼蚁可产生短翅或无翅两种类型的补充繁殖蚁，因为幼蚁发育成若蚁后可分化成短翅补充繁殖蚁，幼蚁分化为工蚁则产生无翅补充繁殖蚁（刘丽凌等，1992）。上述报道中，未及补充繁殖蚁所生殖的后代雌雄比例。有趣的是，乳白蚁属的台湾乳白蚁 *Coptotermes formosanus* 也能产生补充繁殖蚁，广东省昆虫研究所黄亮文研究员于1974年5月由1对分飞有翅成虫配对饲养于实验室内的台湾乳白蚁群体，1982年5月始见该群体有翅成虫分飞，1982—1991年，其中6年有繁殖蚁分飞，数量由几百头至28 663头，雌雄比例约为1:3。而1992—1993年，巢中飞出的有翅成虫全是雄虫，其中1992年5月15日至6月上旬共分飞7次，飞出5 835头，检测34头，全为雄虫；1993年5月29日至6月28日共分飞8次，飞出2 093头，检测2 093头，全为雄虫；1994年共分飞8次，飞出有翅成虫26 303头，检测598头，仅有雌虫2头，占0.35%；1995年共分飞7次，飞出有翅成虫45 969头，检测1 000头，发现雌虫4头、雄虫966头，占0.4%（李桂祥等，1997）。在澳大利亚，对澳垅乳白蚁 *C. lacteus* 的野外群体失去蚁后（在原群体中人为去掉蚁后）1~1.5年，所产生的若虫绝大多数是雄的，在试验的6巢中，有3巢全是雄虫，去掉蚁后24个月后，该群体若虫中雌性只占0.08%~0.2%，在同时检查保留原始蚁王、蚁后的群体若虫中雌性占35%~54%，去掉蚁后30个月，由补充繁殖蚁取代的群体若蚁中雌性只占0.08%～2.5%，而原始巢群中雌性占45%～49.6%。上述试验表明当原始蚁后死亡，由补充繁殖取代原始蚁后期间，群体所产生的若虫和有翅成虫98%以上都是雄性的，与有些行孤雌生殖的昆虫相似（Lenz，M. et Runko，S. 1993）。白蚁的有些种类能否行孤雌的无性生殖成为一个悬而未决的有趣的生物学问题。

二、白蚁的发育与品级分化

乃因白蚁是多型性社会性昆虫，自卵孵化后，由若虫发育至成虫，在若虫阶段须进行品级分化，一部分发育为具有生殖能力的有翅成虫，另一部分发育为没有生殖能力的无翅的工蚁和兵蚁（图4－1）。

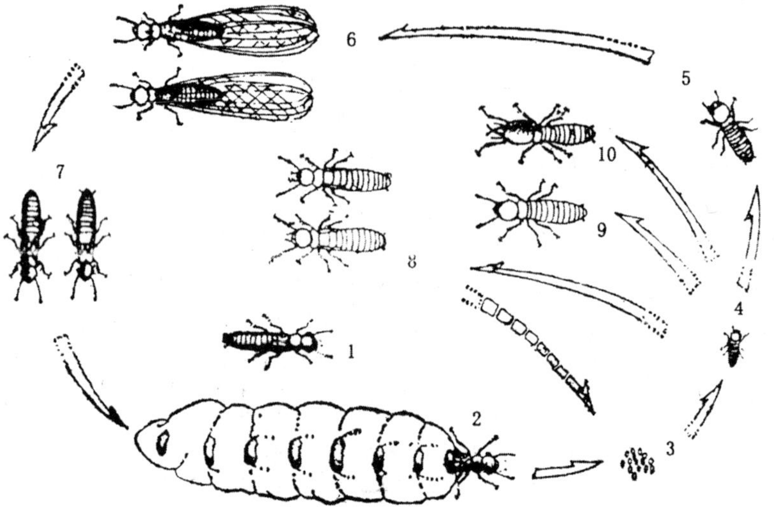

图4－1　台湾乳白蚁 *Coptotermes formosanus* 的生活史（仿李桂祥等）

1. 蚁王；2. 蚁后；3. 卵；4. 幼蚁；5. 若蚁；6. 长翅繁殖蚁；
7. 脱翅繁殖蚁；8. 补充繁殖蚁；9. 工蚁；10. 兵蚁

不同种类的白蚁品级分化途径有所不同。

（1）木白蚁科 Kalotermitdae（图4－2）。

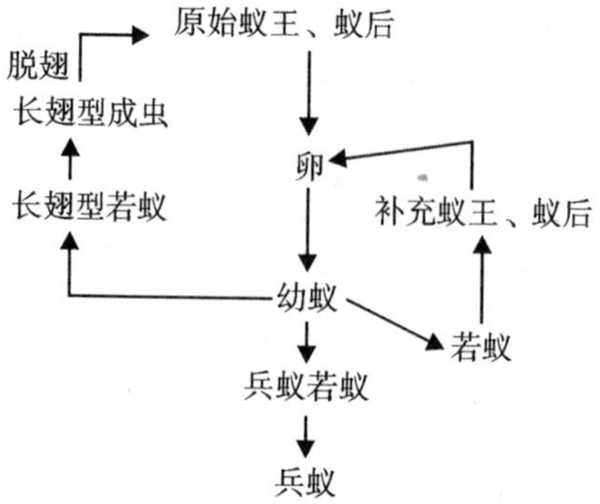

图4－2　木白蚁科的品级分化

（2）鼻白蚁科 Rhinotermitidae 的乳白蚁 *Coptotermes*、散白蚁 *Reticulitermes*、原鼻白蚁 *Prorhinotermes* 等和白蚁科 Termitidae 的黄球白蚁 *Globitermes* 等（图 4－3）。

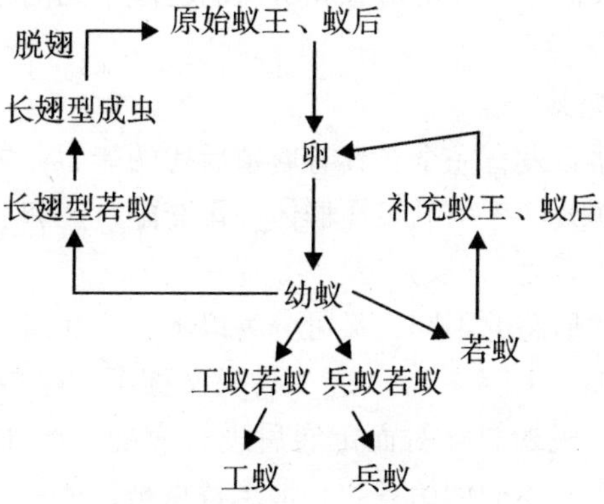

图 4－3　鼻白蚁科的品级分化

（3）白蚁科的大白蚁 *Macrotermes*、土白蚁 *Odontotermes* 和小白蚁 *Microtermes* 等（图 4－4）。

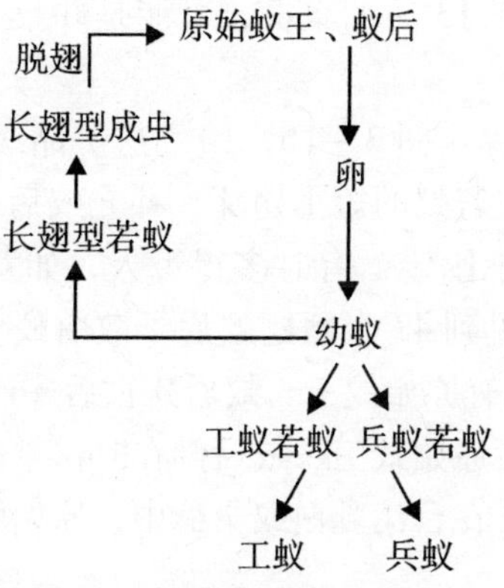

图 4－4　白蚁科的品级分化

白蚁的品级分化是一直为白蚁研究学者所关注的问题。品级分化的机制有多种理论，早期遗传基因决定的内因说和由营养环境因素决定的外因说，这两种理论都未能解释白蚁品级分化过程中发生的一些现象。

近几十年来的研究已注意到激素对品级分化的重要作用，特别是保幼激素对品级分化具有显著的作用，但目前的研究距打开白蚁品级分化理论的大门，还有一段很长的路要走。

由于白蚁活动的隐蔽性，群体生存在隐蔽的环境中，对其品级分化的研究观察有一定的困难。各种白蚁的生活史及品级分化见图 3－28、图 3－32、图 3－36。

三、白蚁的品级

白蚁的品级是指白蚁群体中外部形态和所司的功能不同的个体。白蚁的品级可分为以下类型。

1. 生殖品级又称繁殖蚁

生殖品级白蚁生殖器官发育完全，具有繁殖后代的能力；体形大，尤其是已生殖多年的白蚁后，腹部特别膨大。生殖品级在群体中司交配、产卵、繁殖后代，维持种群的连续和巢群兴旺的功能。

生殖品级依其来源和形态的不同，又可分为以下三个品级。

（1）原始蚁王、蚁后（图 4－1）。这一品级又称第一型蚁王、蚁后，为长翅型生殖蚁，有翅成虫经分飞、脱翅、配对而定居后进行交配、产卵的生殖个体。雄虫称蚁王，雌虫称蚁后，是白蚁群体的创始者。其形态特点是，体色较深、体壁较硬、有发达的单眼和复眼，终身保留前翅和后翅的翅鳞。随着巢群的发育，蚁后腹部生殖腺逐年发达，其腹部不断增大，与头部及胸部极不匀称，成畸形；而蚁王却保持原来的体形。通常，一个群体只有 1 对蚁王、蚁后，而大白蚁属 *Macrotermes* 和土白蚁属 *Odontotermes* 的种类的巢群往往发生 1 王多后、2 王多后、多王多后的现象。黄翅大白蚁 *Macrotermes barneyi* 曾发现 7 王 9 后和 3 王 13 后的巢群，可能是并巢合群而成（陈镈尧等，1991，1994）。

（2）短翅补充蚁王、蚁后（图 3－1b，1）。这一品级体色较淡，体壁柔软，有复眼，中胸和后胸背板具有类似若蚁的短小翅芽。补充蚁后的生殖能力比原始蚁后较小。短翅补充蚁王、蚁后的数量不固定，有时多得惊人，如黄球白蚁 *Globitermes sulphureus*（Haviland）在巢群中同时可见到 43 个短翅蚁后，散白蚁属 *Reticulitermes* 的群体可存在 200 多个短翅蚁后。通常，只有原始蚁王、蚁后死亡后才产生短翅补充蚁王、蚁后，并承担巢群繁殖后代的义务；在原始蚁王、蚁后健在时，巢群内产生的短翅补充蚁王、蚁后不具生殖能力。有趣的是，在台湾乳白蚁巢群中，原始蚁王与有生殖功能的补充蚁后同居现象时而可见。

（3）无翅补充蚁王、蚁后（图 3－1b，2）。这类补充生殖蚁的体色浅淡，淡黄色或乳白色，体壁比短翅补充蚁王、蚁后更为柔软，无复眼，中胸和后胸背板无翅。无翅补充蚁王、蚁后较少见，是由不具翅芽的若蚁或工蚁发育而成。在黄肢散白蚁中时而可见，在台湾乳白蚁中也偶有发现。

据陈宁生（1959）研究，黑胸散白蚁有 5 种补充生殖蚁，即灰黑色长翅补充型、灰黑色短翅补充型、黄色短翅补充型、黄色微翅补充型和黄色无翅补充型；而刘源智等（1998）称，在黑胸散白蚁的研究中也获得了上述的 5 个品级，并在一个群体中见到 2 个以上的品级共存现象，根据体色和翅芽有无、长短称翅鳞型、长翅芽型、短翅芽型、微翅芽型、无翅型补充生殖蚁。研究表明，黑胸散白蚁的有翅补充生殖蚁来源于若蚁，无翅补充生殖蚁由工蚁发育而成。

刘丽凌等称（1992），黄胸散白蚁 *R. flaviceps* 的补充型可来自工蚁，也可来自若蚁或幼蚁，由若蚁产生的补充生殖蚁属短翅型，工蚁产生的属无翅型，幼蚁可产生短翅和无翅两种类型，即分化为若蚁，再由若蚁产生短翅补充型或发育为工蚁，再由工蚁产生无翅补充型。

黄珍友等（1997）对截头堆砂白蚁 *Cryptotermes domesticus* 补充生殖蚁形成及其在群体中的作用的研究结果是，补充生殖蚁在若蚁群体中产生，每一群体的补充生殖蚁只能1雌1雄并存；补充生殖蚁的存活与否，对群体的存在与发展有密切关系，在群体中，其中1头补充生殖蚁死亡以后，如再不产生补充生殖蚁，另1头补充生殖蚁则死亡，以至整个群体死亡。

2. 非生殖品级

（1）工蚁。在等翅目昆虫中，工蚁品级的有无或单型或多型因种类而异，木白蚁科 Kalotermitidae 和草白蚁科 Hodotermitidae 的原白蚁亚科 Termopsinae 的部分种类缺工蚁品级，工蚁职能由若蚁承担。工蚁有雌雄之分，由于生殖器官已失去机能，不能进行生殖，专司巢群内修建巢体、修筑蚁道、觅食与取食、照料蚁王与蚁后、搬运蚁卵、饲育幼蚁、清除废物等多项职能。在白蚁群体中，工蚁的数量占绝大多数（表4－1），因为工蚁是群体能源的生产者，要维持巢体的繁荣和群体的兴旺，工蚁的数量必须处于绝对的优势。如果比例失衡，巢群将面临衰亡境况。不同种类，在巢群中，工蚁在形态上分单型、二型，台湾乳白蚁和散白蚁属均为单型，即在一巢群中只有形态相同的一种工蚁，而黄翅大白蚁 *Macrotermes barneyi* 和土垅大白蚁 *M. annandalei*，在同一巢群体中有两种大小差异很大的工蚁，为二型性工蚁。小型工蚁比大型工蚁多（表4－2），而两者在功能上有何区别，尚不明了。

（2）兵蚁。兵蚁品级有单型、二型或三型。比较低等的种类兵蚁为单型；高等的类群出现二型，如黄翅大白蚁或三型大白蚁，如三型大白蚁 *M. trimorphns* 和近三型大白蚁 *M. peritrimorphus* 兵蚁分大、中、小三型。在高等的白蚁科中有些种类无兵蚁品级。据国外报道，缺兵蚁的非洲区有60种（Sands，1972），东洋区只有分布沙捞越的2种，即圆头丫白蚁 *Protohamitermes globiceps* 和艾氏东方白蚁 *Orientotermes emersoni*（Ahmad，1976）。甚至有的学者主张建立无兵蚁亚科 Apicotermtinae（Grasse & Noirot，1954）。

兵蚁与工蚁一样有雌雄之分，生殖器官发育不完善，失去生殖机能。兵蚁专司防止敌害入侵、保卫群体安全的防卫职能。兵蚁是群体中能源的消耗者，甚至连取食的机能都不健全，需要工蚁饲喂（图4－5），因此，在群体中所占的数量为1%～5%，而且由低等到高等，兵蚁在巢群中的数量趋于减少。

兵蚁的形态特征在第二章二节已有论及，此处不再赘述。

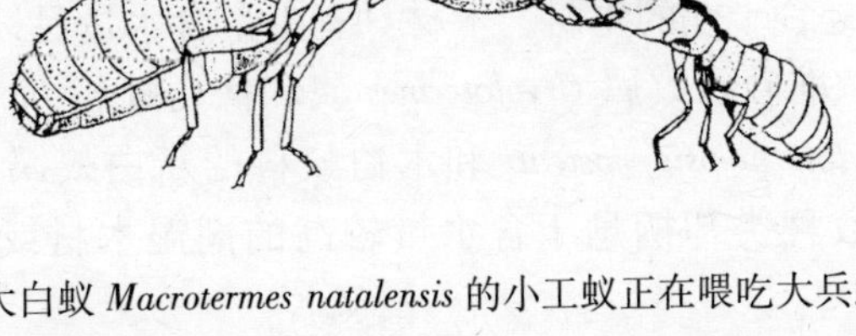

图4－5　一种大白蚁 *Macrotermes natalensis* 的小工蚁正在喂吃大兵蚁（仿 Grasse）

表4-1 黑翅土白蚁中工蚁、兵蚁所占百分比（据陈镈尧，1981，安徽）

蚁巢编号	工蚁、兵蚁总数（头）	工蚁所占百分比	兵蚁所占百分比
1	1 842	88.59%	11.41%
2	129 749	87.27%	12.73%
3	20 510	94.44%	5.56%
4	216 140	90.36%	9.64%
5	302 252	91.47%	8.53%

表4-2 黄翅大白蚁中工蚁、兵蚁所占百分比（据陈镈尧，1981，安徽）

<table>
<tr><th rowspan="2">蚁巢编号</th><th rowspan="2">工蚁、兵蚁总数（头）</th><th colspan="3">工蚁所占比分比</th><th colspan="3">兵蚁所占比分比</th></tr>
<tr><th>在工蚁、兵蚁中所占百分比</th><th>小工蚁所占百分比</th><th>大工蚁所占百分比</th><th>在工兵蚁中所占百分比</th><th>小兵蚁所占百分比</th><th>大兵蚁所占百分比</th></tr>
<tr><td>1</td><td>3 323</td><td>84.08%</td><td>71.22%</td><td>28.77%</td><td>15.91%</td><td>97.16%</td><td>2.84%</td></tr>
<tr><td>2</td><td>132 434</td><td>89.28%</td><td>72.73%</td><td>27.27%</td><td>10.72%</td><td>98.00%</td><td>2.00%</td></tr>
<tr><td>3</td><td>197 763</td><td>93.62%</td><td>70.01%</td><td>29.99%</td><td>6.38%</td><td>96.99%</td><td>3.01%</td></tr>
<tr><td>4</td><td>90 955</td><td>95.37%</td><td>62.49%</td><td>37.51%</td><td>4.63%</td><td>96.01%</td><td>3.99%</td></tr>
</table>

第二节 白蚁的栖息习性

白蚁的栖息习性具有两个显著特点，群栖性和巢居性。群栖性，是社会性昆虫的共同特性，在群体内各个品级司特定的职能，个体间形成相互依存、不能独立生存的特殊关系。巢居性，以巢为家，有蚁必有巢，尽管不同的种类有不同类型的巢，有的种类巢体结构非常简单，有的种类巢体结构十分复杂，而所有的种类都有巢。依据白蚁营巢的环境条件和筑巢的物质材料不同可分成三类。

一、木栖性

木栖性白蚁食居在木中，包括木白蚁科的所有种类和草白蚁科的原白蚁亚科的种类。除了有翅成虫离巢分飞短时间离开木，其生活史的全过程离不开木材或树木。木栖性白蚁对于木材的含水量有严格要求，如截头堆砂白蚁 *Cryptotermes domesticus* 和铲头堆砂白蚁 *C. declivis* 嗜好蛀食干硬的木材，木材只有少量含水量足以维持其生命活动，这类白蚁称为干木白蚁，堆砂白蚁属 *Cryptotermes* 属和楹白蚁属 *Incisitermes* 属此类。草白蚁科的山林原白蚁 *Hodotermopsis sjostedti* 和木白蚁科的新白蚁属 *Neotermes* 和树白蚁属 *Glyptotermes* 的绝大多数种类却栖息于含水量较高的潮湿木材或活树木中，称为湿木白蚁。

二、土木栖性

土木栖性白蚁的巢可筑在地下的土壤中、树头的地下部分或树干中或建筑物中，甚至在高层的楼房中。其营巢的基本条件是有土壤、木材或木质纤维构成的物体可作巢体的基质和掩体。在我国，这类白蚁的典型代表是台湾乳白蚁 *Coptotermes formosanus* 和散白蚁属 *Reticulitermes* 的黑胸散白蚁 *R. chinensis*、黄胸散白蚁 *R. flaviceps* 等。在泥木、砖木结构的房屋中，台湾乳白蚁筑巢于木构件与墙的交接处甚为常见（表4－3）。现代城市楼宇建设向高层的框架结构发展，台湾乳白蚁的建巢位置也发生了变化。据2009年5月、6月发现的两处台湾乳白蚁的巢居场所很有代表性，一处在广州市海珠区宝岗大道某小区33楼楼层中室内，在门框及资料柜有分飞孔，5月中旬有大量的有翅成虫分飞，蚁巢筑在高层的现代建设室内；另一处在广州罗岗区20世纪90年代建的一栋5层的楼房，6月初在首层的楼梯底多处缝隙中有大量有翅成虫飞出，巢在地下。台湾乳白蚁还能在堤坝上较深层的土中筑巢，高州水库的梁钜荣工程师于1993年在肇庆景福围堤身1.1 m深的土层中挖到其蚁巢；2002年，北江大堤的潘柏康高级工程师在佛山大堤堤身约1 m深的土层中也挖出1巢。

表4－3　台湾乳白蚁在泥木与砖木结构房屋中营巢位置（据戴自荣等）

时间、地点	房屋结构	调查蚁巢数	蚁巢位置			
			正梁与墙交接处（个；占百分比）	门楣两侧（个；占百分比）	阁梁与墙交接处（个；占百分比）	其他（个；占百分比）
1963年7月、台山县	砖木	55	37；67.3%	7；12.7%	2；3.6%	9；16.4%
1963年8月、鹤山县	泥木	63	8；12.7%	30；47.5%	18；28.6%	7；16.2%

散白蚁属也属土木栖性种类。我国最常见的黑胸散白蚁、黄胸散白蚁和栖北散白蚁等种类也常筑巢在土中，通常入土比较浅，多在埋入土壤的木材中营巢，分布在我国北方的栖北散白蚁虽然对温度十分敏感，冬季在土层10 cm以下的野外均可安全越冬。土木栖性白蚁常在园林树木中营巢，据笔者多年在中山大学南校区康乐园的观察，台湾乳白蚁对桃金娘科 Myrtaceac 的大叶桉 *Eucalyptus robusta*、白千层 *Melaceuca leucadendra*、红胶木 *Tristania conferta*，豆科 Leguminosae 的凤凰木 *Delonix regia*、南洋楹 *Albizia falcataria*、台湾相思 *Acacia richii*，樟科 Lauraceae 的阴香 *Cinnamomum burmanii*、樟树 *C. camphora*，桑科 Moraceae 的构树 *Broussonetia papyrifera* 和南洋杉科 Araucaiaceae 的南洋杉 *Araucaria cunninghamii*，木麻黄科 Casuarinaceae 的木麻黄 *Casuarina cunnighamiana* 等多种树木嗜筑树心、树头巢。

三、土栖性

土栖性白蚁与土壤结下了不解之缘，离开了土壤不能营巢繁衍后代，白蚁科属此类。这类白蚁为等翅目中最进化和种类最多的类群，占白蚁种数的3/4，其中大白蚁亚科 Macortermitinae 能培养真菌作为食料，又称菌圃白蚁亚科。

土栖白蚁筑巢于泥土中，巢体在土壤中的深浅因种类而异，有的在土壤的表层，如近扭白蚁 *Pericapritermes nitobei* (Shiraki)，有的在离地表0.5～1.0 m的土层中筑巢，如黄翅大白蚁 *Macrotermes barneyi*，有的在地下2～3 m深的土层中营巢，如黑翅土白蚁 *Odontotermes formosanus*，而土垅大白蚁 *Macrotermec annandalei* 的巢筑在地表上，分布于云南西双版纳的云南土白蚁 *Odontotermes yunnanensis* 筑于地表的土垅巢可高达3 m，黄球白蚁 *Globitermes sulphureus* 的地上垅巢高达1 m多，分布于海南省南部的海角锯白蚁 *Microcerotermes maritimbus* 营筑塔形巢（图版Ⅱ－6，7）。

在非洲区和澳洲区形态各异的土垅巢与自然景观形成了相映成趣的独特热带风光（图4－6）。

1

2

图4－6 澳洲区各种形态的土垅巢（仿 G. F. Hill，F. J. Gay）

1. *Amitermes meridionalis* 的巢；2. *Amitermes vitiosus* 的巢

土栖白蚁除了有翅成虫在分飞季节可离巢飞到地面，短暂离开土壤外，黑翅土白蚁、黄翅大白蚁等土栖白蚁在地面上由工蚁修筑泥被泥线作掩体，工蚁和兵蚁在其中活动，甚至在树干上自下而上修筑泥被泥线可高达数米，工蚁在其中取食老死的树皮。据笔者十多年来在中山大学南校区康乐园的观察，黑翅土白蚁对樟树的老死树皮尤其嗜好，而黄翅大白蚁对松科 Pinaceae 的湿地松 *Pinuc elliottii*、山龙眼科 Proteaceae 的银桦 *Grebillea robusta* 和桃金娘科的白千层 *Melaceuca leucadendra* 等多种树木的老死树皮尤其嗜好。这两种白蚁绝不为害成材的活的园林树木。

还有极少数土栖白蚁自身不筑巢，寄居其他白蚁巢内，如钳白蚁 *Termes winifredae* 常寄居于黑冢乳白蚁土垅内靠近外部的几个小室，将小室隔离，并将蚁道直接引入土壤中，成为寄居巢。

第三节　白　蚁　的　巢

白蚁与其他社会性昆虫如蜜蜂、胡蜂、蚂蚁等一样，筑巢营群栖性生活，巢居性为社会性昆虫的共同特性，也是白蚁的主要生物学特性。了解白蚁巢的功能、巢的类型及巢的结构有助于了解其巢居性的生物学意义。

一、巢的功能

蚁巢是白蚁群体生活的场所、白蚁的“家”，白蚁巢的功能主要有以下四点。

1. 白蚁群体的安全住所

蚁巢有御敌功能，保护群体不受外敌的侵害。蚁巢结构牢固，外敌不易入侵；巢内有兵蚁护卫，保护群体安全。白蚁的不同品级活动范围是不同的，蚁王、蚁后通常不离巢，而工蚁往往要离巢几十米至上百米远的地方去找寻食源，兵蚁常在最需要警卫的地方如刚筑好的分飞孔附近“站岗放哨”。巢是最安全的，无论什么时候，巢内的白蚁数量是最多的，远走的工蚁和兵蚁也一定会回巢的。

2. 抚育幼蚁繁衍后代的场所

较为进化的种类，白蚁巢中有“王宫”，为蚁王、蚁后居住的地方，蚁后在“王宫”中产的卵，由工蚁搬至“育婴室”进行孵化和抚育幼蚁，因此，蚁巢是蚁王、蚁后行生殖功能的场所，也是白蚁自卵孵化为幼蚁，经若蚁分化成各个品级，不断繁衍后代，保持种群延续的场所。

3. 造就良好的生活环境

由于白蚁体表柔软，对栖息场所的温度、湿度、CO_2 浓度有较严格的要求。必须造就利于生存栖息的环境，营巢居住使白蚁能在暴风骤雨和极寒酷热时不受影响。成年巢春夏秋冬，巢内环境相对稳定，如黑翅土白蚁成年巢内温度常在 25～28 ℃，冬季巢周围土温为 9～19 ℃时，巢内温度也不低于 20 ℃，夏季气温高达 35 ℃时，巢温仍维持在 28 ℃以下。据张贞华报道（1987），黑翅土白蚁成年巢巢壳的含水量较其周围土壤含水量高 7.7%。最适宜在含水量 25.1%～30.0% 的黄色粘壤和含水量 20.1%～25.0% 的黄色砂壤中营巢。巢内 CO_2 的含量为 2.7%，比空气中约 0.03% 的 CO_2 含量高很多。

4. 提供食物的“粮仓”

木白蚁科无定型的分散型巢是食居场所，在巢中取食木质纤维，巢既是住所也是“粮仓”，培菌白蚁能在巢内和巢外培养为数众多的菌圃，其中的小白球菌 *Termitosphaeria duthiei* 为白蚁的精良食物。菌圃成为培菌白蚁食物的生产基地和“粮仓”。

二、巢的类型

不同种类的白蚁栖息性是不同的。依据白蚁营巢的环境条件和筑巢的物质材料的不同可分木栖性巢、土木栖性巢和土栖性巢，本章第二节已有论述。

依据白蚁巢体结构的复杂程度，可将白蚁巢分为分散型巢、半分散型巢和集中型巢三种。

1. 分散型巢

较为原始的木白蚁科和草白蚁科原白蚁属白蚁在木中筑巢，结构简单，在木中繁衍后代的场所，为巢之所在地，如栖息在木中的堆砂白蚁属 *Cryptotermes*、生活在活树枝干中的树白蚁属 *Glyptotermes*、新白蚁属 *Neotermes*、生活在潮湿腐朽木头中的原白蚁属 *Hodotermopsis*，均筑此类巢。

2. 半分散型巢

散白蚁属 *Reticulitermes* 的巢是典型的半分散巢，没有定型的巢体，较多白蚁活动的腔室、蚁道纵横连通便成为巢。

3. 集中型巢

台湾乳白蚁、黑翅土白蚁、黄翅大白蚁等较进化类群的巢大而集中，巢体将随着巢群的发育而发展壮大，由小到大、由简单到复杂，台湾乳白蚁的巢有主巢和副巢之分；而黑翅土白蚁和黄翅大白蚁的巢由泥骨架、“王宫”、菌圃构成，在巢的周围还有为数不等的菌圃，由巢体、菌圃和纵横交错的蚁道构成巢居系统。

水利白蚁巢的建立和巢群发展已在第三章中述及，此处不再赘述。

三、巢的结构

蚁巢的结构因种而异，由低等到高等的种类其巢结构由小到大、由简单到复杂。各种水利白蚁的巢体结构详见第三章。

第四节　白蚁的取食习性

白蚁以植物纤维为食，属植食性昆虫。其食物种类有植物类的腐朽木材、干枯林木、老死树皮、木材及其制品、植物纤维及其制品、生活林木、旱地农作物、真菌等，动物类的动物皮毛、蚕丝及其制品、动物骨角、贝壳等。白蚁能为害蛀蚀的物质还有矿物类等，如云母、石膏、玻璃纤维等及化工产品和塑料、合成橡胶、化纤织品、人造皮革等。植物纤维是白蚁最基本的食料和维持生存的物质基础。至于白蚁蛀蚀动物类、矿物类和化工产品类等物质并非生存之必需，而是食物匮缺、营造生存场所、开凿通道之需要，是暂时性的蛀蚀行为。

一、食性的分类

根据白蚁食物的属性可分为两类。

1. 纯木狭食性

这类白蚁非木不食，无木不能生存。白蚁所取食的木包括生活树木、木材和腐木。原白蚁属 *Hodotermopsis* 的山林原白蚁和木白蚁科的种类属这一食性的白蚁。对木材质地的要求因种类而异，又可分为两类。

(1) 干木性。栖息和取食干木材，尤嗜取食干硬的木材及以其制作的家具，如堆砂白蚁属 *Cryptotermes* 的种类。

(2) 湿木性。取食含有一定水分的生活树木或潮湿的木材，甚至腐木，如草白蚁科的山林原白蚁和木白蚁科的树白蚁属 *Glyptotermes*、新白蚁属 *Neotermes* 都属这一类食性。

2. 植物纤维广食性

这类白蚁食性很广，凡具有植物纤维物质的都可取食，其食物包括生活植物、干枯植物、植物制品、真菌等，鼻白蚁科 Rhinotermitidae 和白蚁科 Termitidae 的所有种类都属这一食性。这一食性的白蚁依据其对食物的依赖程度又可分两类。

(1) 全依赖性。完全靠天然的物质维持生命，不能自行培养生产食物，与食物的关系属全依赖性和破坏性，一旦没有天然食物存在，便失去生存条件，如鼻白蚁科属此类。

(2) 生产性。除了取食天然食物外，还能培养真菌作为食料，不全依赖于天然食物。如白蚁科的许多种类属此类。

二、取食方式

由于白蚁各个品级职能高度分化，口器构造特化，取食方式也与口腔构造相适应。白蚁的取食方式有两种。

1. 自主性取食

白蚁的工蚁和缺工蚁品级的若蚁属此类，主动寻找食物，借以口器发达坚硬的上颚，将食物咬碎嚼烂后吞入消化道。

2. 被喂食

白蚁的蚁王、蚁后、兵蚁和幼蚁的口器构造不能直接取食，由工蚁取食经半消化后，再从口里吐出或从肠管末端排出，喂给它们（图4-7），为被动取食，缺乏主动取食的能力。

图4-7　象白蚁属 *Nasutitermes* 的工蚁给兵蚁喂食（仿 Behnke，1977）

据刘智源等（1981）观察，黑翅土白蚁初建巢群的幼蚁的营养由脱翅成虫供给，把体内储存的营养物质从口中吐出饲养第一批幼蚁，因此，在幼蚁孵出的一段时间里，雌雄的脱翅成虫的腹部干瘪、收缩，体形比刚配对时瘦小。

三、对食物的嗜食性

白蚁对各种树木取食的嗜爱程度是不一样的。据笔者多年在广州市中山大学南校区（康乐园）的观察，台湾乳白蚁特别嗜爱取食桃金娘科 Myrataceae 大叶桉 *Eucalyptus robusta*、白千层 *Melaceuca leucadendra*、红胶木 *Tristania conferta*，桑科 Moraceae 的构树 *Broussoneta papyrifera*，豆科 Leguminosae 的凤凰木 *Delonix regia*、南洋楹 *Albizia falcataria*、台湾相思 *Acacia richii*，山龙眼科 Proteaceae 的银桦 *Grebillea robusta*，樟科 Lauraceae 的樟树 *Cinnamomum camphora* 和南洋杉科 Araucaiaceae 的南洋杉 *Araucaria cunninghamii* 等，这些树种的成材树木多有树心巢。而对夹竹桃科 Apocynaceae 的鸡蛋花 *Plumeria rubra*，冬青科 Aquifoliacceae 的铁冬青 *Ilex rotunda*，柏科 Cupressaceae 的圆柏 *Sabina chinensis*，樟科的假柿树 *Litsea monopetala*，山毛榉科 Fagaceae 的栓皮栎 *Quercus variabilis*，千屈菜科 Lythraceae 的紫薇 *Lagerstronemia india*，木兰科 Magnoliaceae 的火力楠 *Michelia macclurei*，桑科的对叶榕 *Ficus hispida*，木樨科 Oleaceae 的白蜡树 *Fraxinus chinensis*，松科 Pinaceae 的马尾松 *Pinus massoniana*、湿地松 *P. elliottii*，罗汉松科 Podocarpaceae 的罗汉松 *Podocarpus macrophyllus*，蔷薇科 Rosaceae 的枇杷 *Eriobotrya japonica*，无患子科 Sapinadaceae 的无患子 *Sapindus mukorossl* 和第伦桃科 Dilleniaceae 的第伦桃 *Dillenia indica* 等树种都不爱取食。广东地区流传台湾乳白蚁喜取食“生樟死松”之说。据最近几年调查，中山大学南校区成材的樟树共有 354 棵，有不少是近百年树龄的大树，由于樟树木质坚硬，白蚁所筑的树心巢不大，往往向高处发展，在树枝上营巢，巢体呈长条形；而樟树木材及其制品很少受白蚁为害。在校园中有马尾松 55 棵、湿地松 286 棵，都是成材老树，生活的松树白蚁不光顾，而松材深受台湾乳白蚁喜爱；而黄翅大白蚁却爱取食湿地松的老死树皮。

戴自荣等（1985）进行了 22 种木材对台湾乳白蚁天然抗性的室内测定，分为4 级，荔枝 *Litchi chinensis*、柚木 *Tectona grandis* 等 8 种为强抗蚁性，檫树 *Sassafras tzumu*、柠檬桉 *Eucalyptus citriodora* 等 9 种为中抗蚁性，黄棉木 *Adina polycephala*、圆柏 *Sabina chinensis* 等 3 种为弱抗蚁性，福建柏 *Fokienia hodginsii*、马尾松 *Pinus massoniana* 等 3 种为不抗蚁性。台湾乳白蚁喜食马尾松等木质松软的木材，而厌食荔枝等木质坚硬的木材。

根据笔者在中山大学南校区的观察，黑翅土白蚁在地面活动时，嗜爱取食南洋楹、樟树等树种的老死树皮，而黄翅大白蚁喜爱取食银桦、湿地松、白千层等树种的老死树皮。

据李栋等（1989）研究，海南土白蚁的食性属广谱性，在堤坝上取食植物较多，但对多种多样的植物，表现出明显的选择性，对草本植物的茅草 *Imperata cylindrica* 和木本植物的粗皮桉 *Eucalyptus pellita* 和沼泽桉 *Eucalyptus rubusta* 的树皮最爱取食。

四、影响取食活动的因素

1. 温度

影响白蚁取食的诸因素中最重要的是温度。根据多年的室外观察，黑翅土白蚁和黄翅大白蚁在气度 10 ℃以下，不见白蚁到地面上活动；当气温达 15 ℃以上可见白蚁离巢到地面上进行取食活动。白蚁最适宜的取食活动的温度为 25 ℃左右。

白蚁的取食量与温度关系密切，在适宜的温度范围内，温度越高取食量越大。据李耀华（1991）对台湾乳白蚁的研究，温度与取食量的关系，可划分为 4 个温度区（表 4－4）。

表 4－4　不同温度区的取食率（据李耀华，1991）

温度区划分	温度范围（℃）	取食率			平均取食倍数
		最低	最高	平均	
不取食温度区	<10，>38	0	0	0	0
微取食温度区	10～20，38	2.27%	3.36%	2.82%	1.00
正常取食温度区	22，28～36	6.22%	9.75%	7.61%	2.70
取食高峰温度区	24～26	14.45%	20.19%	17.32%	6.14

2. 湿度

黑翅土白蚁和黄翅大白蚁离巢到地面取食受到湿度的制约。根据多年的室外观察，在适宜白蚁活动的湿度范围内，气候久旱无雨，很少见这两种白蚁到地面在树干修筑泥被线取食。在广东地区，每年 12 月至翌年 3 月低温季节和 7～8 月高温干旱季节，为土栖白蚁到地面活动的低谷，因此，水利白蚁防治工程的达标验收要避过低温和高温低湿季节，宜在 4～6 月和 9～11 月进行，更能准确地反映实际蚁情。

3. 光

白蚁的取食活动在黑暗的环境中进行。黑翅土白蚁和黄翅大白蚁离巢到地面上取食时需修筑泥被、泥线作掩体遮光，在其中取食。在广西龙州的森林内，5 月中旬阴天时，有时可见土垅大白蚁成群在地面上“游行”。主要由工蚁组成，每个工蚁口含小块树叶带进巢内；须白蚁 *Hospitalitermes* 可在白天到地面成群结队取食活动，都属特例。

第五节　白蚁的活动习性

白蚁的活动习性包括白蚁的昼夜活动节律、活动的季节性和活动范围。

一、昼夜活动节律

绝大多数昆虫的活动，如取食、飞翔、交配等都与昼夜变化规律相吻合，形成利于其生存、繁育，为种的生活习性。因此，在白昼活动的昆虫称为日出性或昼出性昆虫；

在夜间活动的昆虫称为夜出性或称夜行性昆虫。

白蚁的工蚁和兵蚁复眼及单眼已退化至消失，为适应于隐蔽的黑暗生活，离巢外出活动时需修筑泥被、泥线作掩体，有怕光的习性。实验证明，白蚁的工蚁和兵蚁对外界的光刺激有一定的反应能力。将盖有无色玻璃的白蚁巢放置在试验室光线暗淡的角落，白蚁能逐渐适应这种光线，可在玻璃下随意活动；如果用强光照射蚁巢，白蚁便发出报警信号。

黑翅土白蚁和黄翅大白蚁的工蚁不仅白天能在地表或树干修筑泥被、泥线，在黑夜也能进行这一活动，尤其在高温的季节，深夜1~2时取食活动最旺盛。

白蚁有翅成虫的分飞昼夜活动节律具有显著的种的特性，不同的种类分飞时段是不同的（表4-6）。通常每种白蚁分飞时段都比较固定，但不是一成不变的，如台湾乳白蚁便有远离固有时段分飞的数宗特例。深圳南头某公司于2005年10月2日上午10：00有许多有翅成虫分飞（张念桥提供，2005）；李耀华（1987）报道了湖北宜昌数例，分别是9：50、11：15、11：40、14：15、15：47、16：00多。笔者亲自观察到的特例记录如下：2001年4月28日凌晨为中山大学南校区康乐园黄翅大白蚁成虫分飞高峰，清晨，在东北区马岗顶路灯下有许多脱翅的成虫在地面上爬行，并有许多脱落的翅，属正常状态，但同日中午12：00在西北区525号楼外东北侧地面的分飞孔外聚集着许多爬出来的有翅成虫，待飞。

二、活动季节性

白蚁活动受气象因子温度、湿度等影响而产生季节性差异，随着纬度越高差异越显著。台湾乳白蚁在海南和广东湛江地区的为害活动终年不停，而在粤北地区冬季回巢避寒，极少出来活动。在珠江三角洲一带，冬季气温达到15 ℃以上便离巢外出为害，当冷空气入侵时却回巢停止活动。根据多年的观察，在广东，黑翅土白蚁和黄翅大白蚁的工蚁、兵蚁离巢到地面上活动，每年有两个高峰期，上半年的4~6月和下半年的9~11月。冬季活动明显受到气温的制约，当气温回升到15 ℃以上，可见其在树干上新修的泥被、泥线（图版Ⅱ-9）。笔者在中山大学南校区康乐园观察了黑翅土白蚁在冬季的活动情况，记录如下：2000年1月1日在园内的1棵南洋楹 *Albizia falcataria* 树头揭开新筑的泥被后见有200多头工蚁在取食老死树皮活动。2001年1月1~10日，每天的最低气温10 ℃左右，最高气温20 ℃左右，有一棵橄榄 *Canarium album* 树头有黑翅土白蚁自下而上修筑泥被，每天早上观察，都有新的湿润泥被在树干上向上延伸，每天延伸20 cm左右（图版Ⅱ-8）。1月11~17日为入冬以来最低温，最低温度低于5 ℃，不见泥被再往上增长，1月18日气温回升，22~24日最低气温10 ℃以上，又见泥被上端出现新的湿润泥被，23日（农历年初一）下大雨，将泥被冲刷掉，25日晚又进入冬以来第二个寒冷高峰，最低气温7 ℃，最高气温11 ℃，白蚁已回巢。显然，在珠三角地区白蚁的活动将随着气温的升降而出没，没有明显的在巢内越冬现象。

除了气温，湿度对白蚁的活动也至关重要。2002年2月9日至3月10日广州未下过一滴雨，2月15日后气温超过15 ℃，最高达28 ℃，干燥，在康乐园不见黑翅土白蚁和黄翅大白蚁离巢到地面上活动。

白蚁有翅成虫的活动具有季节性，而且具有种的特异性。各种白蚁有翅成虫的分飞活动都有比较固定的季节性，但也有例外，如台湾乳白蚁在广东珠三角地区多在4月下旬到6月中旬分飞。1990年3月18日，在珠海市便见其有翅成虫分飞（聂泮业提供，2007），比正常提早了一个多月；2005年10月2日，在深圳南头某公司见到大量的有翅成虫分飞（张念桥提供，2005），比正常推迟了三个多月。黑翅土白蚁也有类似的情况，在广东珠三角地区4～6月分飞的，而有时在9月仍见其有翅成虫分飞，推迟了一个季度。

三、活动范围

由于白蚁营群栖巢居和活动的隐蔽性，其活动范围受到了限制，只能在巢内的周围进行活动。白蚁巢群的活动范围主要与取食和繁殖有关。巢群的发育和巢群附近食料丰歉等因素直接影响白蚁的活动范围。刚建立的巢群群体中个体数量少、活动范围很小，如黑翅土白蚁初建巢群仅在土表浅层，巢穴系统也很简单，巢内的泥骨架、“王宫”、菌圃均未形成，土中的蚁道短小，在地面活动范围较小。随着巢龄的增长，巢穴系统逐渐完善，结构越来越复杂，巢体往深层发展，巢内的泥骨架健全，“王宫”形成，菌圃发育，蚁道纵横交错，群体旺盛。据胡剑（2007）研究推算，黑翅土白蚁群体的取食距离可达4.2～35.0 m，取食范围为12.9～36.7 m^2。黄翅大白蚁的群体比黑翅土白蚁小，据陈镈尧（1991）在安徽东至县金寺山林场黄岭工区开挖解剖了30个黄翅大白蚁巢群，经过清点成熟巢群的个体数在10万～40万头。黄翅大白蚁取食活动范围比黑翅土白蚁小。

据国外报道，土木栖的台湾乳白蚁，一个巢群便有100万～700万头白蚁，最大的巢群可达1 000万头（Tamashiro等，1990），其活动范围最大可超过100 m。国内各地白蚁防治研究和工程技术人员认为，台湾乳白蚁的成熟群体个数少则几十万，多则100～200万，其取食活动范围离巢体50～100 m。

木栖性的截头堆砂白蚁和铲头堆砂白蚁，群体小，每个群体少的几十头，多的也只有数百头，因此，其活动范围便很小，往往一根木头或一件木家具便有几个巢群共居。

白蚁有翅成虫分飞距离和能飞及的范围受到风力的大小、光源的波长与强度和自然屏障等因素的影响。胡剑等（2007）于2006年3～5月利用红色荧光喷漆标记黑翅土白蚁有翅成虫，并以荧光显微镜检测法测量其分飞距离为319～1 070 m，扩散范围为0.143～0.422 km^2，不过90%以上的有翅成虫分飞距离不超过500 m。同样，白蚁的分飞高度也受到上述因素影响，尤其是风力和光源。根据多年的白蚁防治工作实践，台湾乳白蚁能到35层以上楼宇营巢为害，多是由于其有翅成虫飞入所致。如有风力顶托，白蚁有翅成虫向上飞翔几十米至上百米是可能的。

第六节　白蚁的分飞习性

分飞（又称分群）是指白蚁巢群发育成熟，羽化了的有翅成虫（又称有翅繁殖蚁），在气象条件适宜的时候，离开巢体，爬出分飞孔（又称分群孔），飞向空中的过程。

一、分飞的生物学意义

昆虫在个体发育中成虫羽化，意味着其体态固定，不再发生变化，各种器官已发育成熟，翅已长成，飞行机能健全，是向四周甚至远距离飞行扩散的时期；性成熟，有生殖能力，是繁衍后代的时期。由于白蚁过着隐蔽的巢居群聚生活，活动的范围受到诸多因素的限制，被“禁锢”在比较小的范围内。每年分飞是向四周远处扩散的极好机会。为了适应其生存，利于配对建立新的群体，分飞选择在温暖潮湿的季节进行；为了确保其物种的连续，一个巢群可飞出成千上万头有翅成虫，而且只要有0.1%的有翅成虫能配对建立新的群体，也能保持其物种的延续和繁荣。如黑翅土白蚁分飞的最远距离可达1 070 m，扩散范围达0.422 km^2（胡剑，2007），有利于其找到适宜的环境建立新的群体，繁衍不断。

二、巢群发育成熟的期限

白蚁巢群自建立到发育成熟所经历的时间因种类与巢群所处的环境条件优劣、食料丰歉等因素有关。白蚁的常见种巢群发育成熟的期限见表4－5。

表4－5　白蚁常见种巢群发育成熟期限

种　名	期限（年）	地　区	资料来源
截头堆砂白蚁	7	广东广州	黄珍友等，2009
台湾乳白蚁	8	广东广州	黄亮文等，1983
黑胸散白蚁	7～8	四川成都	潘演证等，1990
黑翅土白蚁	8～10	广东	姚达长，2002
海南土白蚁	4～5	广东湛江	石锦祥等，1987
黄翅大白蚁	5～6	广东	李桂祥，2002

三、羽化与分飞的时间关系

白蚁，只有羽化了的有翅成虫才能飞翔，许多昆虫成虫羽化后，翅展开，体壁硬化，便可飞翔。白蚁却不一样，其有翅成虫羽化后需经过一段时间休整，等待分飞条件成熟，便分飞。羽化后待飞时间的长短因种和气象条件而异（表4－6）。

表4－6　白蚁常见种羽化与分飞时间

种　名	羽化时间（月，旬）	分飞时间（月，旬）	地　区	资料来源
截头堆砂白蚁		4，中～8，中	广东广州	黄珍友等，2009
台湾乳白蚁	4，中～下	4，下～5，上	广东广州	钟登庆等，1982
黑胸散白蚁	3，中～下	4，上～5，中	四川成都	潘演证等，1986

续上表

种　名	羽化时间（月，旬）	分飞时间（月，旬）	地　区	资料来源
黄胸大白蚁	10	翌年 2 ~ 4	湖北宜昌	李耀华，1989
栖北散白蚁	9	翌年 2 ~ 5	天津	南开大学白蚁研究组，1987
黑翅土白蚁	3，下 ~ 4，上	5，中 ~ 7，下	四川珙县	刘源智，1998
海南土白蚁	分飞前 10 ~ 20 天	5，中 ~ 6，上	广东湛江	石锦祥等，1987
黄翅大白蚁	4	5，中 ~ 6，中	安徽东至县	陈镈尧，1981

四、趋光性

白蚁的工蚁、兵蚁、若蚁都怕光，其活动在隐蔽黑暗中进行，为背光性又称负趋光性；而有翅成虫离巢经分飞孔飞向空中时，有明显的趋光性，尤其是在傍晚或深夜分飞的种类都有趋向光源的习性，为正趋光性。几种常见水利白蚁如黑翅土白蚁、黄翅大白蚁和台湾乳白蚁等都属此列。实验证明，白蚁对于波长 3 300 ~ 4 000 Å 的紫外光尤为敏感，有强趋性，如东深供水工程的雁田水库于 1975 年安装了 15 支 25 W 黑光灯，从 4 月下旬至 6 月中旬诱集到黄翅大白蚁有翅成虫 15. 5 kg，计有 29 万多头；1976 年深圳水库设置黑光灯 21 支，在分飞季节诱杀白蚁有翅成虫近 36 kg，约 50 万头。这种做法在水利白蚁防治中曾有过教训，实践证明这一方法是欠妥的，有"引狼入室"之害。因此，广东省水利厅水利白蚁防治管理部门拟定"加强灯光管理，工程体非防洪抢险急需，在白蚁分飞期间不宜开灯"，防止白蚁有翅成虫趋向光源，飞临工程体。

五、分飞的季节性与时段性

白蚁在进化的历史长河中形成了喜温湿怕干寒的习性。白蚁分飞季节性充分体现了白蚁对环境适应的选择性。高温多湿是生存的重要条件，分飞后所建立的新群体子巢，已脱离了母巢，新群体建立的气象条件是温度和湿度都较高的季节，避开寒冷和干热的气候条件。因此，春夏之交是白蚁分飞建立新群体的最佳时期，再加上温度、湿度和气压等气象因素的配合，更利于分飞有翅成虫的存活和新群体的建立。

白蚁常见种类分飞状况见表 4 – 7。

表 4 – 7　白蚁常见种类的分飞季节与时段

种　名	季节（月，旬）	时间（时段）	温度（℃）	相对湿度	气压（毫巴）	地　区	资料来源
截头堆砂白蚁	4，中 ~ 8，下	18：30 ~ 19：30	23. 5 ~ 33	64% ~ 90%	998 ~ 1 008	广东广州	黄珍友等，2004
	4，上	下午至傍晚 19：00 高峰	—	—	—	西沙群岛、永兴岛	高道蓉，1975

续上表

种名	季节（月，旬）	时间（时段）	温度（℃）	相对湿度	气压（毫巴）	地区	资料来源
铲头堆砂白蚁	4，下~6，下	10：00~14：00	—	—	—	广东广州	李桂祥等，1989
台湾乳白蚁	5~7，盛期5月中旬	黄昏	22.1~28.0	51%~90%	993.1~997.0	湖北宜昌	李耀华等，1987
	4~6，盛期5月中旬	傍晚	21.3~27.4	88%~89%	1 007.1~1 009.3	广东广州	钟登庆等，1982
	4，上~5	傍晚	22.9~28.8	73%~96%	1 004.5~1 012.4	海南海口	钟登庆等，1982
黑胸散白蚁	4，下~6，上	11：00~15：00	21	35%~82%	947.99~963.99	陕西西安	张英俊，1964
	4，中~6，上	9：00~13：00	17~20	71%~81%	939.9~1 008.4	河南省舞阳县	王治国，1982
	4，上~5，中	11：00~16：00	17~26	40%~80%	944.1~980	四川成都、宜宾，重庆	潘演征，1986
黄胸散白蚁	2~4，盛期3月中旬	13：00~15：00	10.0~20.7	58%~80%	984.1~1 012.2	湖北宜昌	李耀华，1989
	2~4	12：00~14：00	20	—	999.99~1 006.65	浙江杭州	唐觉等，1959
	2,下~4,中	10：00~16：00	23~27	80%	—	广东广州	黄博廉等，1985
栖北散白蚁	2~5	12：00~14：00	16.7~29.7	28%~76%	1 009.6~1 028.7	天津	南开大学白蚁研究组，1978
黑翅土白蚁	5，下~6，下	18：00~19：47	22以上	80%以上	—	浙江余杭	贺传生等，1985
	3，下~6，下	19：00~20：30	—	—	—	广东广州	陈振耀等
	3，下	—	—	—	—	四川珙县	刘源智等
海南土白蚁	5，中~6，上	11：00~15：30	24~26.8	90%~97%	750~755	广东雷州半岛北部	石锦祥等，1987

续上表

种 名	季节（月，旬）	时间（时段）	温度（℃）	相对湿度	气压（毫巴）	地 区	资料来源
黄翅大白蚁	5，中~6，上	—	≥21	—	1 001.2~1 013.2	安徽繁昌	陈铸尧，1991
	6月5日	—	23.5	94%	1 003.8	浙江宁海	梅向阳等，1984
	5中~7，上	3：50~4：49	≥21	≥80%	—	浙江余杭	贺传生等，1986
	4，下~8，上	1：00~5：00	25~31	70%~85%	992.7~1 001	湖南株洲	钱兴武，1978

六、分飞活动的三个时期

在同一地区，同一种白蚁在每年分飞的季节，依据其有翅成虫分飞的时间与数量可分为始期、盛期（高峰期）和末期三个时期。因为每一巢发育成熟的巢群的有翅成虫不是一次分飞完毕的，而是分几次分飞，而每一次分飞的个体数量也不一样；所有成熟巢群的有翅成虫也不是同时分飞的，有先后之分，加上气象因素的影响，因此，每种白蚁在每年的分飞期内，表现出三个时期。

始期，从始见分飞之日到第一个分飞高峰日的那段时间，巢中的有翅成虫已羽化，分飞孔已筑成，并有兵蚁在孔内把守，当气象条件达到其分飞要求时，工蚁打开分飞孔，有少量有翅成虫爬出，然后飞到空中，趋向光源。

盛期（高峰期），从第一个分飞高峰到及最后一次分飞高峰的那段时间，巢内的有翅成虫已羽化，气象条件适宜，许多巢群的有翅成虫同时大量分飞。

末期，最后一次分飞高峰之日到白蚁分飞的最后之日，在分飞季节内，大部分有翅成虫已飞出，只有少量的在此期分飞。笔者于1995—2011年，在广州中山大学南校区康乐园对台湾乳白蚁的分飞期进行观察，结果如下（表4-8）。

表4-8 台湾乳白蚁的分飞期（广州中山大学南校区，2011）

年份 分期	1995	1996	1997	1998	1999	2000	2001	2002	2003
始见（月.日）	5.3	5.1	5.1	4.25	4.19	5.3	5.1	4.19	4.21
盛期（月.日）	5.19 5.22	5.19 5.26	5.16 5.17	5.6 5.12	5.18 5.19	5.19 5.20	5.17 5.21	5.11 5.15	5.5 5.8
末期（月.日）	6.9	6.14	5.29	5.30	6.11	6.6	5.31	5.27	6.6

续上表

分期＼年份	2004	2005	2006	2007	2008	2009	2010	2011
始见（月．日）	4. 25	5. 6	4. 27	4. 30	5. 5	5. 1	4. 30	5. 12
盛期（月．日）	5. 5 5. 14	5. 17 5. 18	5. 22	5. 5 5. 26	5. 21 5. 25	5. 14 5. 18	5. 7	5. 17 5. 31
末期（月．日）	5. 31	6. 3	6. 29	6. 4	5. 30	6. 5	6. 3	6. 21

七、分飞期的预测预报

任何一种害虫的发生都有一定规律性，笔者通过多年的观察研究，找到对其生长发育和繁殖起主要作用的气象因子温度的有效积温，而有效积温可以预测害虫的发生期。历史资料是预测预报工作的最宝贵财富，要十分注重资料的积累和保存。

有关白蚁分飞期的预测预报研究报道不多，潘演征等（1985）曾在四川成都、宜宾、乐山和重庆四地区对黑胸散白蚁，通过气象资料分析和结合刺槐 *Robinia pseudoacacia* 花期的物候观察进行分飞期的预测，初步取得成效。

害虫发生期的预测预报是害虫防治的一种手段，鉴于白蚁个体发育的特殊性，分飞期的预测预报研究尚少，白蚁分飞期的预测预报必须注重历史资料和气象资料的积累，并将两者联系起来，加以分析，方可得到较准确的预测预报结果。

第七节　白蚁的行为

白蚁的行为多样而复杂。白蚁行为的有些内容已在本章的其他各节有所述及，本节只从趋性、信息传递及防卫行为三个方面加以论述。

一、趋性

白蚁的趋性是物种在长期进化过程中，由于自然选择的结果，具有物种的特性。白蚁的趋性表现在以下三个方面。

1. 趋触性

各种白蚁对营巢物质的质地有一定的选择性，如木白蚁科选择质地木质材料营巢，白蚁科选择一定质地的土壤营巢，当每年有翅成虫离巢分飞后，便找到适宜该种白蚁营巢质地的物质才停留下来选址营巢。

2. 趋光性

白蚁兼具正负趋光性，即有翅成虫通过视觉器官对光的刺激产生向着光源方向活动的反应，而工蚁、兵蚁和若蚁有背光性的负趋光性。在本章第六节“白蚁的分飞习性”中已述及，不再赘述。

3. 趋化性

白蚁通过嗅觉器官对化学物质的刺激所产生的反应。这种习性对于白蚁觅食、求偶、避敌等有重要意义。趋化性对于白蚁防治也有重要意义，利用白蚁对某些化学物质的正趋化性，用诱杀剂杀灭白蚁；同时，利用白蚁对某些化学物质的负趋化性，用驱避剂防止白蚁入侵为害，在实践中广为应用。

二、信息传递

白蚁除了由环境因素如温度刺激直接引起的行为外，还有由白蚁分泌的外激素（信息素）控制的行为。这些信息素有的在同种白蚁间传递信息，信息素引起的行为反应如下。

1. 性行为

白蚁分飞后，经一段时间飞翔而跌落地面，由信息素导致雌雄配对。黑翅土白蚁雌雄脱翅成虫在地面爬行，雌虫会翘起腹部，释放信息素，使雄虫前来求偶，然后，雄虫紧跟雌虫，甚至咬着雌虫腹末在地上爬行，找到适宜的地方钻入泥土。配对后第一天即行交配，一般在晚上 9：00～10：00 时进行，大致过程是，首先雌雄虫互相吮舐或兜圈追逐，然后雌雄虫均6足撑起，腹末向上翘起，两虫腹末对接一起，成一字形（图4－8），并有轻微收缩颤动，交配时间持续 1～2 分钟。台湾乳白蚁的交配方式与黑翅土白蚁相似，交配多在上午进行。

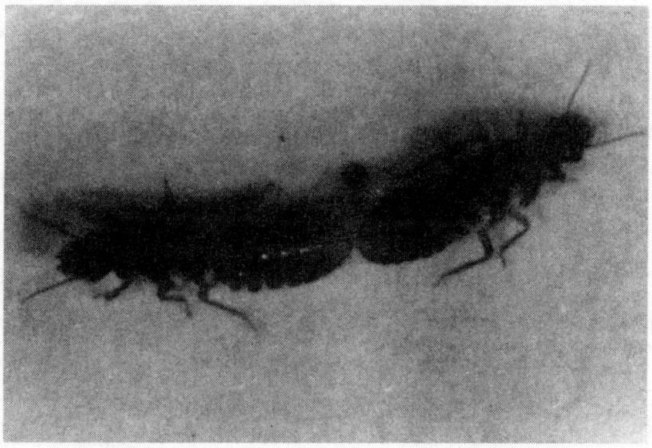

图4－8　白蚁的交配状（仿黄为良等）

2. 跟踪行为

白蚁产生跟踪行为的物质基础是跟踪信息素（跟踪激素）。白蚁的跟踪信息素是由工蚁第五至七节腹面的腹腺一群特化细胞构成跟踪腺（腹腺）所分泌（图4－9）。许多社会性昆虫能分泌跟踪信息素，使群体的活动有条不紊。白蚁工蚁分泌跟踪信息素释放在蚁路上，所有的工蚁和兵蚁都沿着释放轨迹活动。杜桐源等（1982）对黑翅土白蚁跟踪信息素的研究表明，跟踪物质的提取以正烷较好，丙酮和二氯甲烷次之。跟踪物质可能是双链的醇类化合物。从密褐褶孔菌 *Gloeophyllum trabaum* 及其感染的木块提取跟踪信息素类似物的活性物质为顺，顺－3，6－十二碳双烯醇，对台湾乳白蚁、散白蚁和黑翅土白蚁都有较强的跟踪活性。

跟踪激素及其类似物已在白蚁防治中广为应用，广东水利白蚁防治推广应用的药物配方中就加入了跟踪激素类似物，效果甚佳。

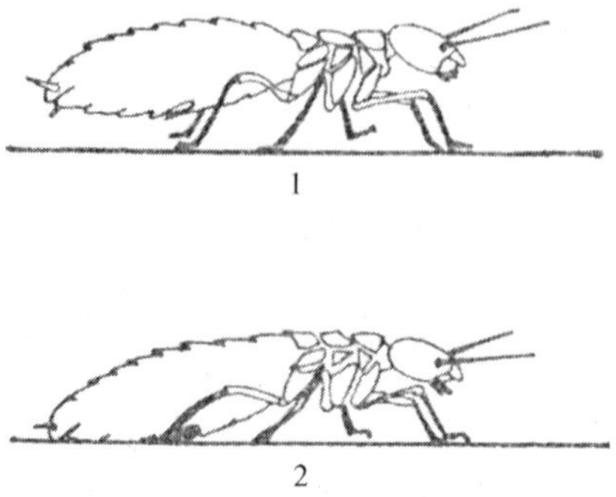

图 4－9　一种白蚁 *Zootermopsis* sp. 示追踪信息素的释出活动（仿 Stuart）

1. 常态；2. 腹部接触地面释出追踪信息素

3. 吮舐和抚育行为

白蚁的工蚁活动可离巢几十米，在蚁道中来回爬行，相遇时，两者用口器和触角相互交接，借以传递信息。白蚁的吮舐抚慰行为早被人们所知，因此，国内不少白蚁研究专家将白蚁称为蟹。白蚁的抚育行为表现在以下四个方面。

（1）护卵育卵。白蚁护卵行为及其效能甚为独特。刚建的群体，蚁王、蚁后护卵极其周到，常把卵衔在口中反复吮舐，然后吐出，并不断搬动卵的位置；当群体不断壮大时，由工蚁司护卵职能，将蚁后在“王宫”内所产的卵搬到适当的地方堆放起来，并时而搬动，时而衔在口中，对卵的胚胎发育和孵化极为重要。如果卵脱离巢群的抚育，在人工培养下，卵不能孵化为幼蚁。

（2）抚育幼蚁，工蚁对幼蚁的照料非常精细，除了把自身消化的食物喂养给幼蚁外，还时常对幼虫的体表进行舐刷清洗。没有工蚁的帮助，1，2 龄幼蚁脱皮的动作都不能独立完成。

（3）工兵蚁吮舐互慰，工蚁对兵蚁以及工蚁相互之间也经常进行舐刷，动作十分细致，往往反复进行数遍。工蚁要将巢内死亡的个体搬离巢群，或吞食尸体。

（4）抚养蚁王、蚁后，工蚁将已消化或半消化的食物喂给不能取食的蚁王、蚁后。

白蚁这一行为特性为其防治所应用，将慢性中毒的药物喷施在白蚁巢内或分飞孔、蚁道中，接触药物的个体在巢群活动时互相吮舐和咬哺达到药物在巢群内传播以致全巢中毒覆灭的效果。

三、防卫行为

白蚁的防卫行为是极其明显的。专司防卫功能的兵蚁品级的存在使防卫体系更加完善。当白蚁巢群受到惊扰时，白蚁会以急跳或用头轻击地面发出声音的方式传递信息。白蚁的防卫方法有三种。

1. 蚁巢防卫

蚁巢是白蚁的“家”，有蚁必有巢，蚁也必归巢，巢也是白蚁的活动中心，因此，巢的结构坚固而严密，尤其较高等的种类，如黑翅土白蚁和黄翅大白蚁的巢体由坚实泥骨架支撑着，巢的核心部位有蚁王、蚁后居住的“王宫”。土垅白蚁的土垅巢形似堡垒（图4－3，图版Ⅱ－6，7）。白蚁造就了防卫系统较完善的巢体，有利其生存。

2. 机械防卫

机械防卫是白蚁防卫的最基本方法，各种白蚁遇到外敌的侵害时必然与之搏斗，通过叮、咬、厮打等方式抵抗入侵者。白蚁分飞时，分飞孔周围结集了许多兵蚁，防卫有翅成虫分飞安全，如受干扰，兵蚁将群起而攻之。

堵洞行为也是白蚁机械防卫的一种方式。如堆砂白蚁属，当群体受到干扰时，兵蚁会以坚硬的头部堵住狭小的洞口，使外敌无法进入；黄翅大白蚁和黑翅土白蚁的巢群受到干扰时，工蚁会搬来泥粒将蚁道封堵。在挖巢时，往往会遇到这种情况。用烟熏法治理黑翅土白蚁，从蚁路将药物攻入蚁巢，常常会发现白蚁以尸体或泥粒将蚁路堵塞。

3. 化学防卫

化学防卫是最常见的白蚁防卫方法。在昆虫中，白蚁的化学武器最完备。Glenn, D. Prestwich（1983）在《白蚁化学防卫》一文中指出：没有任何昆虫能比白蚁拥有如此名目繁多的化学武器，在白蚁中有专门防卫的品级——兵蚁，这是其他昆虫所罕见的。Audre Quennedy 和 Teau Duligne 深入研究了兵蚁的化学腺体结构，指出白蚁化学防卫主要有三种方法：

（1）“叮注”，同时将一种油性有毒的物质引入入侵者的伤口，已经研究的白蚁科和鼻白蚁科 40 多种白蚁中，不同的种类所产生的有毒物质的化学成分是不同的。

1）大白蚁属 *Macrotermes* 兵蚁有大、小兵蚁之分，大兵蚁在“王宫”，负责巢内防卫，小兵蚁在工蚁到巢外取食时当“警卫”，两种兵蚁从囟排出的油性物质，其化学成分相同，但大兵蚁分泌的量是小兵分泌的 500 多倍。这些分泌物质是类似于矿物油或石蜡的碳水化合物，由长链烷和长链烯组成，这些链由连接在一起的二碳醋酸单元构成，含 21～35 个碳原子，

。兵蚁以此种分泌物涂抹在入侵者被咬破的体表，使其血小板凝固，并影响损伤体表的自然恢复。

2）产于非洲的 *Cubitermes* 兵蚁的分泌物不是简单的直链分子，而是属于萜族类的分子，而 *Cubitermes* 能大量合成二萜，其分子结构是：

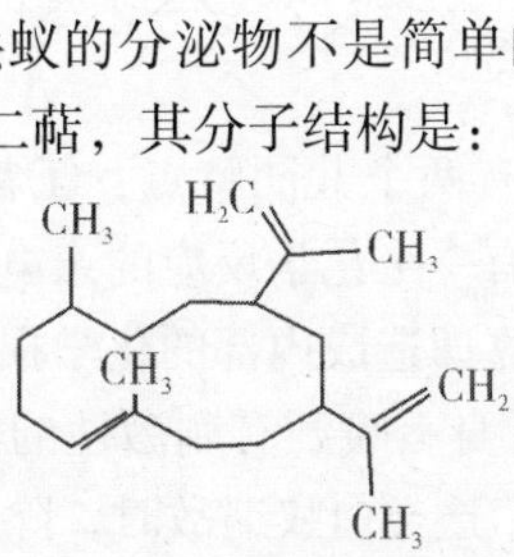

目前，此属 7 种白蚁内发现 16 种以上的二萜，其中至少有 5 种二萜为这些白蚁所特有。

3）产于中美洲和南美洲的 *Armitermes* 兵蚁上颚发达，额部向前突出成象鼻，囟孔分泌液涂在入侵者受伤的体表上，这种分泌液由变化的脂肪酸组成，1 个分子链有22～36 个碳原子。每条链的一端有 1 个羧基，另一端有 1 个羟基，1 条链的两端以脂链的方式连在一起，形成一个分子环：

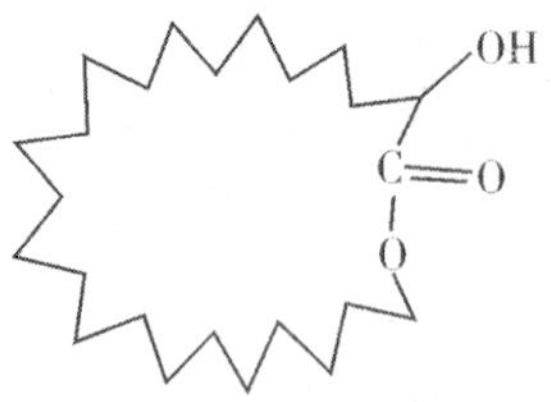

至今所知，含 22～36 个碳原子的大环内酯为 *Armitermes* 和 *Rhynchotermes* 白蚁所特有。这种分泌物涂在入侵者的体表上，不仅阻碍伤口愈合，还能引起中毒。

（2）“涂抹”，鼻白蚁科的有些种类兵蚁的上唇扩大，成短硬的刷，将分泌的有毒物质涂刷在入侵者的体表，造成伤害。这类白蚁的分泌液不仅贮藏在头部，腹部也有大型的贮液囊，有些种类兵蚁的贮液囊十分膨大，其全部容量可超过虫体体重的 35%。Quennedey（1973）记载了非洲的长鼻白蚁 *Schedorhinotermes* 分泌的毒物为乙烯酮，其结构式为：

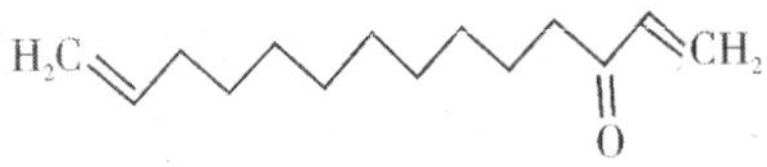

Jan Vrkoc 等报道了广布于热带的原鼻白蚁 *Prorhinotermes* 的分泌毒物为亚硝链烯，结构式为：

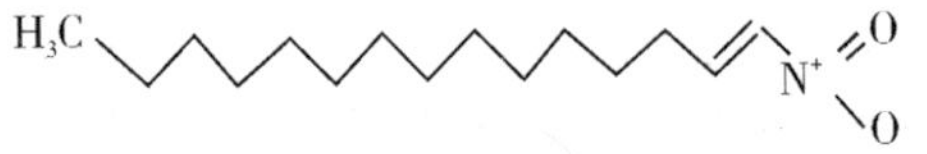

Glenn，D. Prestwich 等报道了南美洲的 *Rhinotermes* 和 *Acorhinotermes* 兵蚁的另一类有毒物质为 β－乙醛酮，结构式分别如下。

Acorhinotermes 为：

Rhinotermes 为：

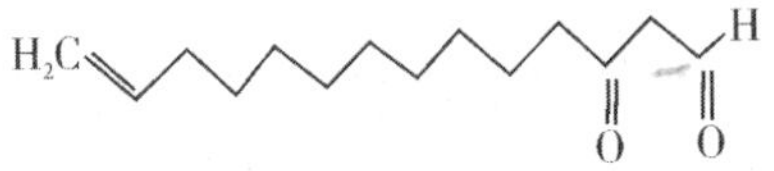

虽然这些毒物分子结构不同，但有两个共同特点：①都是 14～16 碳脂肪酸的衍生物，长碳链，溶于脂；在链的一端都有一个化学反应的亲电子的电子基团，为有毒物质，一旦进入入侵者体表，亲电子基团立即造成内部的化学损害。

（3）“胶喷”，兵蚁在入侵者身上喷洒有刺激性的黏液。遍布于热带地区的象白蚁亚科 Nasutitermitinae 有 500 多种。这类白蚁遇敌时，除了工蚁参加格斗外，兵蚁额部向前突出成象鼻的末端囟孔喷射出一种刺激性的胶状分泌物，奇臭难闻，用以防御敌者的攻击。这种粘性防卫分泌液类似松脂，是单萜痉（溶剂）和其他高分子量的异戊二烯（树脂）的混合物，但白蚁的分泌液不同于松脂，不含一般的树脂酸。Jon C. Clardy 和 Koji Nakanisbi 等命名非洲产一类象白蚁 *Trinervitermes* 分泌的毒物为 Trinerviteres，是二萜分子，由 3 个融合在一起的环组成，碳架不同于任何其已知的自然分子结构，其结构式为：

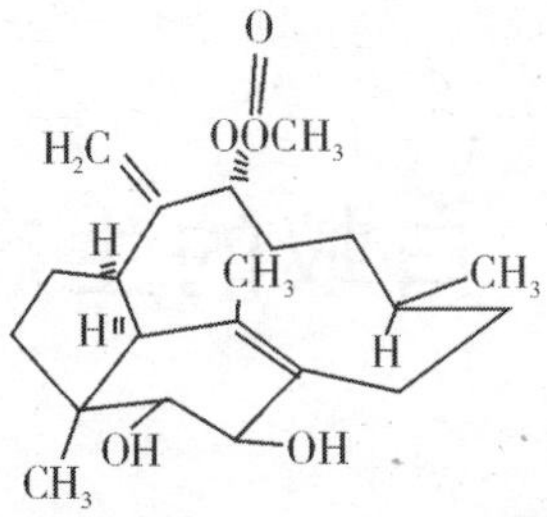

Glenn D. Preotwich 等分离出了 1 种二环二萜和 3 种四环二萜，分别称为 Secotrinervitane，Kempane，Rippertane 和 Longipane，以及其他象白蚁兵蚁的分泌物，总共有 60 种衍生物，其结构与特性大同小异。每种分子有相同的生物合成起源，即单环二萜 Cembrene－A。但同一巢不同个体的兵蚁，同种不同巢群的兵蚁以及同属不同种兵蚁，其分泌液都有不同程度的差异。

“叮注”、“涂抹”和“胶喷”3 种化学防卫物质，不仅防卫方法各有不同，而且分泌液分子化学结构也各有所异，这种差异体现了整个等翅目昆虫在进化道路上的不同方向。白蚁化学防卫相当复杂，有许多问题有待进一步研究。

第五章　白蚁的生态学特性

白蚁是地球人与生物圈中的一员，也是动物食物链中的一环节。白蚁与其所处环境及其他动植物构成错综复杂的生态系统。白蚁在这系统中的功能与作用是其他生物不能替代的。在地球表面广泛存在的、很难消化分解的、其他动物乃至人类无法消化利用的天然物质纤维，白蚁却能取食和消化，成为其维持生命所必需的营养物质，唯有土栖白蚁才能培养的真菌鸡㙡菌，至今人类还不能以实验的方法培养出来、白蚁是陆栖昆虫，1/2 的地球陆地面积有其分布，在我国 2/5 的陆地版图有其踪迹，其多数种类栖息在山林中，以枯枝落叶、伐后树头、树根和生活树木的老死树皮为食，利用地表废物，促进有机物质分解、转化，增加土壤肥力，对加速地球表面物质循环具独特效能。

白蚁是世界性的重要昆虫，但在近 3 000 种白蚁中，对人类社会造成为害的种类不及其种数的 1/50，因此，从地球的生态系统来看，白蚁多数种类是有益的，即使是有害种类，也兼具益与害的两面性，白蚁的为害与其他各类害虫一样是可防可治的。白蚁是不宜消灭的。

第一节　白蚁与土壤的关系

白蚁的栖息地，又称居住地，是指白蚁在自然界中所居住的地方。由于各种白蚁的栖息习性不同，其栖息地也不相同。白蚁的栖息地在第四章第二节中已叙及，不再赘述。

在众多的白蚁种类中，大部分种类的栖息地与土壤有密切关系，尤其为害水利堤坝的黑翅土白蚁、黄翅大白蚁等都是栖息在土壤中，因此，本章着重阐述白蚁与土壤的关系。

土栖白蚁对营巢的土壤有严格的选择，据饶绮珍等（1989）研究，黑翅土白蚁初建幼龄群体保湿能力差，周围土壤含水量高低对其有直接影响，含水量达 22% ~26% 的土壤较适宜配对有翅成虫入土营巢和初建幼龄群体生长发育。在此环境中栖息的亲蚁繁殖力强、产卵多、卵孵化率高、群体生长发育速度快、工蚁发育历期较短，整个巢群长势旺盛。

据张贞华（1987）研究，土栖白蚁巢位的选择不仅与土壤的酸碱度有关，而且与土壤颗粒大小也有一定关系，黑翅土白蚁和黄翅大白蚁喜欢选择淀积土粒作为筑巢的材料。虽然两种白蚁巢外围土壤质地不同，但都选用较细土粒构筑保护层和泥骨架，其中以 <0. 01 mm 的物理粘粒含量最高，其次是 0. 01 ~1 mm 的物理砂粒，最少是 1 ~10 mm 的石砾。物理性粘粒含量在黄翅大白蚁的保护层中为 36. 2% ~48. 4%，在泥骨架为 53. 1% ~53. 5%；而在黑翅土白蚁保护层中为 50. 6%，泥骨架为 52. 2% ~59. 7%。在

物理性砂粒中，粗粉粒在黄翅大白蚁主巢保护层为15%～29.5%；在泥骨架为20%～30%；在黑翅土白蚁巢保护层为31%，泥骨架为28.1%～35.3%。表明两种白蚁均选择<0.05 mm的土粒作为构筑蚁巢的材料，因而巢体的土壤质地要比巢外细，也说明这两种白蚁都从淀积层搬运较细的土粒到腐殖质淋溶层来建巢。从保护层和泥骨架的土壤颜色与淀积层相同和巢内土壤与淀积层土壤的颗粒组成相似，说明两者有相同点。但这两种白蚁对营巢的周围土壤质地的选择却不相同，黄翅大白蚁巢外土壤质地较粗，物理学砂粒占的比重大，而黑翅土白蚁巢外土壤质地较细，物理学粘粒占的比重较小（表5－1）。

表5－1　黄翅大白蚁和黑翅土白蚁巢体内外土壤的机械组成分析表（张贞华，1987）

种类	取样部位			编号	各级土粒含量									石砾含量		
					物理性粘粒<0.01 mm				物理性砂粒0.01～1 mm							
					粘粒 <0.001 mm	细粘粒 0.001～0.005 mm	中粘粒 0.005～0.01 mm	总量	粗粉粒 0.01～0.05 mm	细粉粒 0.01～0.05 mm	中砂粒 0.25～0.5 mm	粗砂粒 0.5～1.0 mm	总量	砾石 1.0～3.0 mm	块石 1.0～3.0 mm	总量
黄翅大白蚁	主巢	保护层		1	25.4%	15.0%	8.0%	48.4%	15.0%	6.08%	13.06%	11.66%	45.8%	5.7%	0.1%	5.8%
				2	20.4%	7.4%	8.4%	36.2%	29.5%	15.4%	18.9%	—	63.4%	—	—	—
		泥骨架		1	28.1%	14.0%	11.0%	53.1%	20.0%	4.79%	11.66%	7.85%	44.3%	2.3%	0.3%	2.6%
				2	27.5%	14.6%	11.4%	53.5%	30.0%	9.0%	7.2%	0.3%	46.5%	—	—	—
	巢外	腐殖质淋溶层	表层土	1	0.8%	16.2%	8.0%	25.0%	10.0%	3.11%	26.04%	21.05%	60.2%	12.3%	2.5%	14.8%
				2	12.0%	3.0%	1.0%	16.0%	29.5%	34.0%	9.3%	4.4%	77.2%	—	6.2%	6.2%
			隔层土	2	13.0%	4.0%	4.0%	21.0%	13.5%	23.4%	16.7%	6.8%	60.4%	—	18.6%	18.6%
		淀积层	隔层土	1	24.7%	8.0%	8.0%	40.7%	16.0%	0.44%	15.63%	9.43%	41.5%	8.0%	9.8%	17.8%
				2	12.5%	4.0%	4.0%	20.5%	14.0%	45.9%	10.1%	9.5%	79.5%	—	—	—
黑翅土白蚁	主巢	保护层		2	25.0%	13.9%	11.7%	50.6%	31.0%	12.8%	5.6%	—	49.4%	—	—	—
		泥骨架		1	35.6%	13.0%	11.1%	59.7%	28.1%	0.44%	4.26%	3.5%	36.3%	4.0%	—	4.0%
				2	26.4%	14.1%	11.7%	52.2%	35.3%	6.0%	6.5%	—	47.8%	—	—	—
	巢外	腐殖质淋溶层	表层土	1	27.4%	13.0%	15.0%	55.4%	24.0%	0.73%	7.07%	6.8%	38.6%	4.3%	1.7%	6.0%
				2	16.6%	12.9%	9.6%	39.1%	30.1%	25.5%	—	1.4%	57.0%	—	3.9%	3.9%
			深层土	1	23.4%	11.0%	17.0%	51.0%	24.0%	14.45%	5.6%	4.2%	48.24%	0.36%	—	0.36%
				2	41.2%	12.8%	10.4%	64.4%	2.3%	10.2%	6.8%	2.7%	22.0%	13.6%	—	13.6%
		淀积层	隔层土	1	33.4%	14.0%	14.0%	61.4%	26.0%	2.34%	5.86%	2.30%	36.5%	1.2%	0.9%	2.1%
				2	27.8%	12.6%	10.5%	50.9%	15.0%	6.3%	—	—	21.3%	27.8%	—	27.8%

第二节　白蚁与气候因素的关系

气候对白蚁具有极其重要的生态学意义，不仅直接影响白蚁本身，对其生态环境也有很大影响。气候因素在一年中有规律的周期变化，形成了白蚁在一年中的活动规律，如白蚁有翅成虫的分飞规律是白蚁在进化的过程中，对气候周期变化的适应和选择形成的。

气候因素包括温度、湿度与降水、光照、气压、气体等。

一、温度

白蚁是喜温性昆虫。昆虫的最适温度一般在 18 ~ 27 ℃，而白蚁的最适温度略偏高。温度是对白蚁影响最重要的气象因素，不仅直接影响白蚁的生殖、发育、取食、分飞等生命活动，还限制了白蚁的地理分布，因此，绝大多数种类只分布在热带、亚热带地区。白蚁的不同种类对温度的要求不同，有的只生存在热带地区，如梯头大白蚁 *Macrotermes trapezoides*；有的栖息于热带、亚热带地区，如台湾乳白蚁；有的可分布至温带地区，如栖北散白蚁。

为害水利工程的主要种类黑翅土白蚁和黄翅大白蚁虽然巢筑在土层中，受温度的影响较小，但温度对其生命活动的影响是多方面的。

1. 对初建群体的影响

黑翅土白蚁和黄翅大白蚁刚配对入土的初建群体，栖息在土表，巢体结构简单，温度对其影响较为直接。黑翅土白蚁配对入土后约 7 天开始产卵，卵期 40 天左右，第一批产的卵经 80 天左右出现工蚁，待工蚁达到一定数量而且兵蚁出现后才筑路离巢觅取食物。在自然界中，黑翅土白蚁初建巢群的最初几个月的温度都在其最适温度范围内，对其生殖发育不致造成有害的影响，随着巢群发育，巢群在土壤中不断向深处延伸，经 3 ~4 个月后，巢体已在离土表深度达 10 cm 以上，能安全度过第一个冬天。据饶绮珍等（1987）研究，在实验室内，温度对黑翅土白蚁初建群体亲蚁卵的形成与发育及产卵量有密切关系（表 5 –2）。

表 5 –2　温度对白蚁产卵量的影响（饶绮珍，1987，广州）

温度（℃）	不同培养时间（天）的平均产卵量（粒）					
	10	20	40	50	70	90
15	0	0	0	0	0	0
20	15. 25	34. 75	40. 20	58. 75	61. 33	69. 00
25	24. 00	56. 00	66. 40	71. 50	92. 00	123. 80
28	25. 25	40. 75	73. 00	91. 75	99. 00	131. 00
30	26. 50	40. 00	66. 40	69. 25	87. 75	108. 40
33	30. 00	37. 25	60. 60	65. 67	—	80. 60

实验表明，6种温度条件下配对饲养90天的亲蚁产卵量有显著差异，在25～28 ℃，黑翅土白蚁繁殖力最强，产卵量最高，这一温区是此种白蚁初建群体发育的最适温度范围。

2. 对巢体影响

黑翅土白蚁和黄翅大白蚁巢在较深层的土中，气候变化，无论是低温还是高温，对其影响不甚明显，黑翅土白蚁巢内温度常保持在24～28 ℃最适温度状态，当冬季巢外围土温降至9～16 ℃时，巢内的温度也不低于20 ℃；夏季巢外围土温度超过40 ℃时，巢温也不超过28 ℃。因此，在自然界中，严寒或酷热，对土壤深层的巢体影响不大。

台湾乳白蚁营巢的场所多样，受温度的影响较显著，在寒冷的冬天，通过群体回巢结集、封闭通气孔；在炎热的夏天，开启通气孔、个体分散活动、多汲水分等方法使巢内温度保持相对稳定。

栖北散白蚁在严冬进入10 cm以下的土壤中越冬。堆砂白蚁无成形的巢体，受温度的直接影响，因此，这类白蚁只分布在气温变化较小的偏热带地区。

3. 对地面活动的影响

黑翅土白蚁和黄翅大白蚁的工蚁和兵蚁离巢到地面活动受到温度的限制。白蚁离巢的主要目的是取食。泥被、泥线是白蚁地面活动的标志，据荆江大堤（1969）报道，3月土壤20 cm深的土温平均为17.9～25.5 ℃，泥被、泥线修筑十分旺盛；7～8月，干旱，20 cm土层温度达30.6～32.3 ℃，泥被、泥线显著减少；9月，土温降至27.7 ℃，又临雨季，泥被、泥线又增多；11月以后，土温降至11.9 ℃时，不再出现泥被、泥线。地表20 cm深处土温在12～27 ℃以及土壤水分充足时，为黑翅土白蚁修筑泥被泥线的适宜条件；土温低于10 ℃和高于30 ℃，都不利于修筑泥被泥线。黄翅大白蚁的地面活动情况与黑翅土白蚁相似。

二、湿度

水是生命活动的基础。白蚁的一切新陈代谢都是以水为介质（载体），营养物质的运输、代谢产物的输送、废物的排除、激素的传递等都只有在液态下才能实现。水分不足或缺水将导致生命活动的中止，乃至死亡。

1. 获得水分的途径

白蚁所需的水分从环境中获得，其途径有：①从食物中取得水分，这是最普通最主要的一种方式；②通过吸水线取得水分，如台湾乳白蚁往往有专门通往水源的吸水线；③分布于非洲干旱地区草原的筑垅象白蚁 *Trinervitermes*，在其巢底部向下修筑40～50 m深的垂直隧道，吸取地下水（图5－1）；④利用体内代谢水，通过体内贮存的营养物质氧化而获得水，白蚁处于休眠或不取食时，体内水分的供给主要靠代谢水。

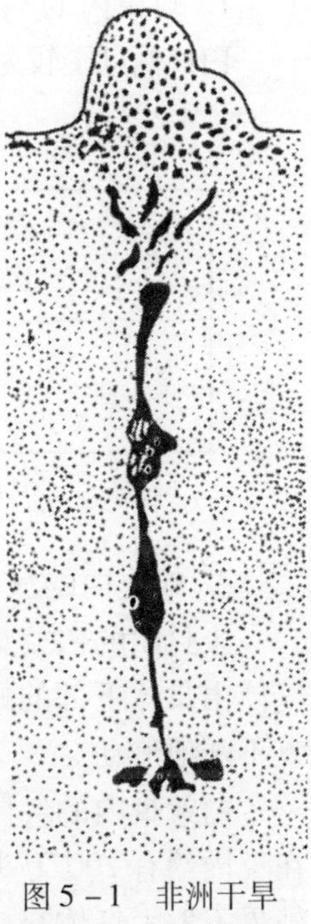

图5－1　非洲干旱地区筑垅象白蚁 *Trinervitermes* 蚁巢剖面观，有1深井，从土丘到达地下水位（仿卡尔・冯・弗里施）

2. 土壤含水量对初建群体的影响

黑翅土白蚁和黄翅大白蚁配对成虫入土营巢对土壤含水量有一定要求，据饶绮珍等（1987）的室内试验，黑翅土白蚁初建群体，保湿调湿的能力差，其周围土壤含水量高低产生直接影响，12%以下含水量严重影响亲蚁的正常生活；含水量12%～14%的土壤，已配对繁殖蚁入土营巢受阻，产卵量低，群体发育缓慢，死亡率高；含水量22%～26%的土壤较适宜配对亲蚁入土营巢，亲蚁产卵量多，孵化率高，群体生长发育快，群体长势旺盛。土壤含水量16%以下和28%以上，对初建巢群的生长发育不利。

黑翅土白蚁和黄翅大白蚁分飞繁殖季节正值春夏之交，气候温暖、雨水丰富，有利于配对繁殖蚁入土营巢，这是生物在进化过程中对环境的适应。在广东，3～6月，自然条件下土壤的含水量能满足土栖白蚁入土营巢的需求。

3. 蚁巢的湿度

蚁巢内的空气湿度因白蚁种类而异，在干硬的木材里筑巢的堆砂白蚁栖息场所的湿度较低。台湾乳白蚁巢体含水量33%左右。在土壤中筑巢的黑翅土白蚁巢腔内的空气湿度很大，可达95%～100%。

三、气体

1. 蚁巢内的 CO_2 含量

白蚁栖息于较为封闭的蚁巢中，巢内气体组成的显著特点是 CO_2 含量很高（表5－3）。

表5－3　各种白蚁巢内 CO_2 含量*

种　名	CO_2 含量
台湾乳白蚁	0.5%～6.5%
非洲黑塚白蚁	4%～5%
大白蚁	0.6%～2.8%

*空气中 CO_2 的含量为0.03%。

2. 蚁巢内的气体交换

半封闭的白蚁巢内与外界的气体交换问题，Doflein（1908）认为，土栖白蚁的新鲜气体由巢体下部的蚁道或松土进入巢腔，有害气体由上部孔口排出，巢内的空气自下而上不断地流动。

白蚁巢内的气体不断流动交换是毋庸置疑的事实，研究表明，一个中型大白蚁巢，在巢内约有200万头个体，20小时内最少要消耗240 L氧气或1 200 L空气，若巢内与外界不发生气体交换，巢内的氧气几小时内便耗尽，而只有巢内外的气体不断流动交换，才能使巢内的 CO_2 保持在2.7%。中国的土垅大白蚁和非洲的土垅大白蚁巢内存在良好的通风结构，在土垅巢内空气流速为2 mm/s，在巢腔仅为0.15 mm/s。无疑，巢外土壤深层的黑翅土白蚁亦有完备的通风系统，才能保持巢内气体的相对稳定。

台湾乳白蚁的通气孔是用来调节巢内空气、温度和湿度的装置，为微小的、排列不规则的、数量不定的、离巢体不远的开口。

四、光

白蚁群体中不同品级对光的反应不同，有正趋光性和负趋光性之分。

1. 正趋光性

正趋光性俗称趋光性。白蚁的有翅成虫具有完全发育的感光器官复眼和单眼，与其他许多昆虫一样对波长 3 300～4 000 Å 的紫外光有强的趋性。分飞时有趋向光源的习性，如黑翅土白蚁、黄翅大白蚁、台湾乳白蚁等傍晚或深夜分飞都有这一习性。而有些白蚁，如海南土白蚁、黄胸散白蚁、铲头堆砂白蚁、黄球白蚁 *Globitermes sulphureus* 则在白天进行分飞活动。

2. 负趋光性

负趋光性俗称背光性。白蚁的工蚁和兵蚁的复眼及单眼退化，离巢外出活动要修筑泥被作掩体，惧光，避光而行，为负趋光性。

英国学者 Skaife（1954）以实验证明，工蚁、兵蚁虽然单眼、复眼退化，但能感觉到光的种类和强弱，并对某种光有适应能力。用蓝色和红色玻璃放于蚁巢的各一边，遮住蚁巢，将白蚁置于强光下，巢内的白蚁都集中在红玻璃下，将玻璃对换位置，白蚁便放弃原来的小室，再次集中在红玻璃的小室内。如果用摄影暗室的红灯或黄灯，照射盖有无色玻璃的蚁巢，白蚁仍然正常活动；如果将盖有无色玻璃的蚁巢放置在实验室光线暗淡的角落，白蚁能逐渐适应这种光线，在玻璃下随意活动；如果以强光照射蚁巢，白蚁便能发出警报信号。实验证明，尽管白蚁的工蚁、兵蚁感光器官退化，但对外界光的刺激有某些反应能力。

第三节　白蚁与生物因素的关系

生物因素包括白蚁的食物、共生物、蚁客和天敌。

一、食物

白蚁的食物在第四章第四节已有介绍，本节着重介绍土栖白蚁与真菌的关系。

1. 培菌白蚁

白蚁科大白蚁亚科 Macrotermitinae 中的大白蚁属 *Macrotermes*、土白蚁属 *Odontotermes* 和小白蚁属 *Microtermes* 等都能建造菌圃培养真菌作为其食料，因此，大白蚁亚科又称菌圃白蚁亚科。种类白蚁所取食的真菌有两类，一类是由白蚁用特殊的方法培养的，另一类非经白蚁特殊培养的。

2. 菌圃

菌圃是培养真菌的基地，并为培菌白蚁不断地提供丰富的食物，成为这类白蚁的“粮仓”。菌圃的来源说法不一，Mukerji 和 Mitra 等认为，菌圃由白蚁的粪便堆集而成；而 Bathelier，Grasse，Noirot 等则认为菌圃是白蚁用木材、叶片或干草嚼碎加入唾液制成的。

大白蚁类的巢内都有菌圃，其数量、形状、大小和色泽因种而异。黑翅土白蚁蚁巢中的菌圃数量最多，为半球形，菌圃孔为圆筒形，巢体及其附近的菌圃表面颜色深，为紫褐色，远离巢体的菌圃色稍淡，为灰白色。黄翅大白蚁蚁巢菌圃的数量比黑翅土白蚁少，其形状呈不规则块状，菌圃孔为长形，且菌圃上的白球菌的个体比黑翅土白蚁菌圃上的大，但数量少。

菌圃为质松、多孔、海绵状疏松组织，当巢壁湿度大时，能吸附大量水分，而干燥时，便可放出适当的湿气。由于菌圃上白球菌的发酵能释放热量，所以菌圃又是巢内温湿度的调节器，使蚁巢能维持一定的温度和湿度，适宜于卵和若虫的发育成长。同一种白蚁的菌圃，巢体中的比较大，而且菌圃群由泥骨架和泥片支撑着。

菌圃表面密布小球菌，初为乳白色，后为微黄色，早年被认为是小白球菌 *Termitosphaeria duthei*，现已证实为鸡纵菌 *Termitomyces* 的一个发育阶段。该小白球是合轴分叉的菌丝交织而成，菌丝透明，不具色素。而在废巢内菌圃萎缩，小白球罕见，菌圃上却密布交织成网状的鹿角菌 *Xylaria* spp. 的菌丝。

大白蚁亚科除圆胸珠白蚁 *Sphaerotermes sphoerothorax* 外，其他种的菌圃上都长了菌丝，这些菌丝又互连生出许多小白球，分布于菌圃内外的凹凸面上，小白球似乎是由许多分生孢子状的细胞聚生在一根短柄上，最大直径为 1. 25 mm。我国这类蚁巢菌圃中的真菌种类尚未系统鉴定，仅据周家炽报告，云南白蚁巢内菌圃表面生长的小白球菌是 *Termitosphaeria duthei*。

早年间，研究白蚁的学者认为这些小白球菌是幼蚁和工蚁的食料。近来，有不同看法，小白球菌虽然偶有突然在短期内被吃光的现象，但平时很少被白蚁吞食，因此，有些人认为小白球菌不是白蚁的主要食物。Heim 认为小白球菌与白蚁的营养没有有机联系，而是由于偶然的原因被白蚁带入巢内，又由于菌圃上的条件适宜，才在上面寄居，对于白蚁不仅毫无用处，而且是累赘。平时白蚁是不吃真菌的，只是当真菌生长过分茂盛，对于白蚁有所妨碍时才被吞食。Grasse 及 Noirot 也部分同意 Heim 的意见，认为真菌生在菌圃上，只不过因为菌圃是适宜的培养基，但指出在工蚁及若蚁的消化道内发现有少量的孢子和菌丝，说明真菌可能提供某种维生素等重要物质。另外，Sands（1956）用分离饲养发方法，比较白蚁在有真菌和无真菌的食物上的存活期限，结果表明白球菌是维持这类白蚁所必需的，并推测其中可能含维生素等生长必需的因素。蔡邦华等（1964）将黑翅土白蚁和菌圃放在玻璃缸内饲养时，白蚁总是密集于真菌丰富的菌圃内，而在含真菌较少的菌圃内，白蚁也很少。

3. 真菌种类

据陈宛如等（1986）研究，黑翅土白蚁菌圃上真菌的种类颇多，共有 55 种，已鉴定的有 33 种（表 5－4）。

表5－4　黑翅土白蚁菌圃上真菌名录（陈宛如等，1986）

藻菌纲　Phycomycetes

（1）总状毛霉 *Mucor racemosus* Fres.

（2）毛霉 *Mucor* sp.

子囊菌纲 Ascomycetes

（3）黑柄炭角菌 *Xylaria nigripes*（KI）Sace

（4）叉状炭角菌 *Xylaria furcata* Fr.

（5）笔状炭角菌 *Xylaria sanchexii* Lloyd.

（6）皱柄炭角菌 *Xylaria kedhae* Lloyd.

（7）球毛壳 *Chaetomium globosum* Kunze ex Fr.

担子菌纲 Basidiomycetes

（8）小白球菌 *Termitosphaerta duthiei*（Berk）Ciferri.

（9）鸡枞花 *Podabrella microcarpa*（Berk & Br）Sing

半知菌类 Fungi imperfecri

（10）绿色木霉 *Trichaderma viride* Pers ex Fr.

（11）康宁木霉 *Trichoderma koningii* Oudem.

（12）淡紫青霉 *Penicillium lilacinum* Thom.

（13）单轮青霉 *Penicillum* sp.（Monoverticillata.）

（14）对称二轮青霉 *Penicillium.* sp.（Biverticillata-Synme-trica）

（15）不对称青霉 *Penicillum* sp.（Asymmetrica）

（16）拟青霉 *Paccilomyces* sp.

（17）黄曲霉 *Aspergillus flavus* Link.

（18）灰绿曲霉 *Aspergillus glaucus* Link.

（19）曲霉 *Aspergillus* sp.

（20）顶端头孢霉 *Cephalosporum acremomium* Corda

（21）粉红单端孢霉 *Trichothecium roseum*（Bull.）Link.

（22）刚毛菌 *Lacellina* sp.

（23）新月弯孢霉 *Curvularia lunata*（Walker）Beedijn.

（24）镰刀霉 *Fusarium* sp.

（25）葡萄孢霉 *Botrytis* sp.

（26）多节孢 *Nodulisporium* sp.

（27）多主枝孢 *Cladosporium herbarum*（Psrs）Link.

（28）链二孢 *Bispora* sp.

（29）链格孢 *Alternaria* sp.

（30）盾壳霉 *Coniothyrium* sp.

（31）革壳孢霉 *Catinula* sp.

（32）鲜壳孢 *Zythia* sp.

（33）盘多毛孢 *Pestalotia* sp.

白蚁与真菌间的关系引起许多科学家的兴趣。Konig（1779）、Smeathman（1781）最早报道白蚁与真菌的关系，Sjostedt（1896）、Haviland（1896）、Petch（1906，1907）等都有不少研究报告。我国微生物学家周家炽曾于20世纪40年代期间在云南地区对白蚁蚁巢内真菌的种类、名称、分布及生长规律也做了深入调查研究，系统地介绍了白蚁蚁巢内真菌研究历史和它们之间的关系，并且对于白蚁巢其他真菌，如鸡㙡菌等的生长规律也做了介绍，很多工作对现在仍有很好的参考价值。

4. 常见真菌

在与培菌白蚁有关的真菌中，鸡㙡菌和鹿角菌被研究得比较详细，这两种真菌都被认为是很好的巢位指示物。

鸡㙡菌属 *Termitomyces* Heim 是 Heim（1941）针对与白蚁共生的伞菌提出的。本属种类分布于非洲、亚洲和大洋洲的热带、亚热带地区，与大白蚁亚科的某些种类的分布相一致。目前，本属已描述25种、1变种、1变型。1977年，Heim将本属分为2个亚属，真鸡㙡菌亚属 *Eutermitomyces* 和早熟鸡㙡菌亚属 *Praetermitomyces*。

以下4种真菌的形态生物学主要依据刘智源等（1998）、饶绮珍（1991）等的研究报告描述。

（1）鸡㙡菌 *Termitomyces albuminosus*（Berk）Heim（图5－2），是白蚁伞菌属的伞菌。生长于活蚁巢上。菌盖直径很大，可达十几厘米，菌柄肥大，假根为菌柄的地下部分，一般长为20～60 cm，最长80 cm以上，连接在菌圃红豆状的白色“菌头”上，“菌头”为圆锥形有细长根与鸡㙡菌假根相连。鸡㙡菌对于温度要求较低。每年开始出现与5月下旬。其盛期在6月上旬至7月下旬，末期为8月上旬至10月上旬。生长始期的菌圃温度20 ℃。生长方式分期分批，每个菌圃一次长出1～3朵。产生鸡㙡菌圃的深度可超过80 cm，60 cm深以内的菌圃最多，约占85%。鸡㙡菌生长与蚁巢发育有关，单腔有菌巢从未发现鸡㙡菌的生长。当蚁巢发展到上位少腔时期，开始产生鸡㙡菌；蚁巢发展到下位腔时期，为产生鸡㙡菌盛期；而蚁巢发展到层积多腔时期，鸡㙡菌的产生渐趋减退。

据陈宛如等（1989，1990）报道，鸡㙡菌的组织培养证明，在黑翅土白蚁巢菌圃上长的小白球菌 *Termitosphaeria duthei* 是鸡㙡菌的一个阶段。白蚁巢内 CO_2 浓度很高，白蚁和小白球菌都具有忍耐高浓度 CO_2（15%）的能力，当环境条件和气候因素适宜时便发育成鸡㙡菌。在广东地区，此菌多在有树木遮阴的低矮黄黏土堤坝上，巢深1 m以内的巢上长出，多在高温多雨的6～7月才能找到。鸡㙡菌刚出土呈圆锥形，经1～2天逐渐展开成伞形，顶部中央突出，初为白色，后转灰黄色。1～2朵为多，晴天暴晒2～3天萎缩。

（2）三踏菌 *Termitomyces* sp.（图5－3），属白蚁伞菌属的另一种伞菌，也是生长于活蚁巢上。由于形态与鸡㙡菌相似，所以常被混淆，但两者有很大区别。三踏菌直径一般在10 cm以下，菌柄纤细，假根长一般20～30 cm，最长在40 cm以内。“菌头”为半球形，无细长根与假根相连。三踏菌对于温度要求高，每年开始出现于7月下旬，其盛期在8月上、中旬，末期为8月下旬至9月上旬。生长始期的菌圃温度为25 ℃，生长方式为一次长出，一个菌圃能长出5～35朵。同一蚁巢的各菌圃长出三踏菌的时间基本上一致，因此地下巢集中的地方，地面上可集中大量的三踏菌，一群可达100朵以上。地下巢分散的地方，地面上的三踏菌便分成几群，常见的有三群，因此得名“三踏菌”。当蚁巢发展到下位少腔巢时期，才开始产生三踏菌。蚁巢发展到层积多腔巢时期，为生产三踏菌的盛期。产生三踏菌菌圃的深度均在40 cm以内，且三踏菌又多产生于成熟巢群，而成熟巢群的菌圃又多在较深的土层内，所以三踏菌一般在林内较为罕见。在广东尚未见有关三踏菌的报道。

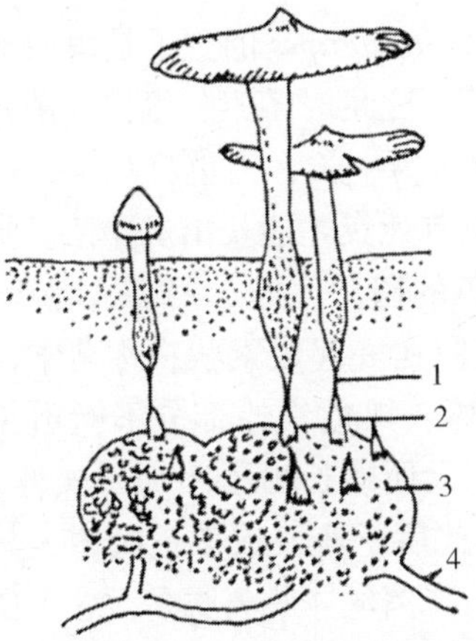

图5-2　鸡纵菌（仿刘源智）

1. 细长根；2. 菌头；3. 菌圃；4. 蚁道

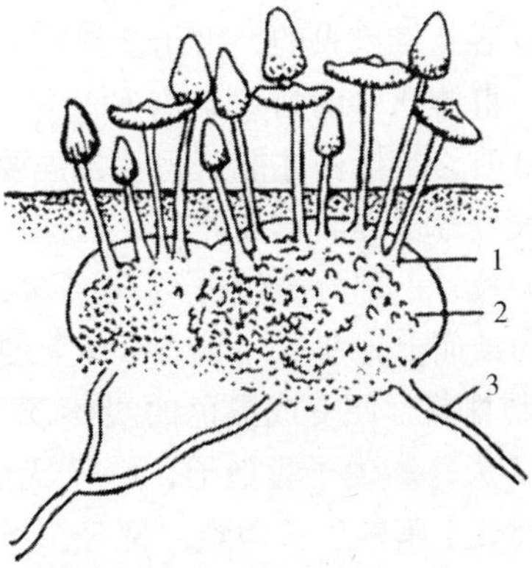

图5-3　三踏菌（仿刘源智）

1. 菌头；2. 菌圃；3. 蚁道

（3）鸡纵花 *Termitomyces microcarpus*（Berk et Br.）Heim，是白蚁伞菌属的一种小型伞菌。菌盖灰白色，直径1.2 cm，中部尖。菌柄白色，细长，全长（包括假根）5～10 cm，生长期7～8月。群生，每群数十朵至上百朵。在每群鸡纵花下方都有白蚁活动，并有白蚁寻食道相通。鱼卵状的菌丝体堵满寻食道，由此追寻，可找到通向蚁巢的主蚁道，有些鸡纵花本身就从主蚁道上长出，因此鸡纵花被认为是蚁道生长出的真菌指示物。在广东尚未见有关此菌的报道。

（4）鹿角菌 *Xylaria nigripes* Klotz，又名炭棒菌、地炭棍等，属于子囊菌纲，球壳角菌目，鹿角菌科，鹿角菌属的一种鹿角状真菌子实体，是死亡巢群的指示物。自然死亡、压烟灭蚁或喷药、喷施灭蚁灵药物死亡的黑翅土白蚁蚁巢，其菌圃未腐烂前可产生菌核。直径2～10 cm，一个菌圃上可产生多个菌核。5～10月，当菌圃周围土温在20 ℃以上时，菌核中菌丝完成营养生长后，形成鹿角状或棍棒状的子实体，从蚁巢中长出地面，呈丛状分布。鹿角菌有很强的穿土能力，最深可在4 m以下土层地蚁巢中长出地面。地表鹿角菌分布面积越大，地下蚁巢范围也越广，蚁巢的位置也越深。

据李栋等（1990）报道，鹿角菌、炭棒菌、针形菌（图版Ⅳ－2）等白蚁死巢长出的真菌，可以在红黏土、沙壤土和黄黏土等各种土内生长，一般在2 m左右深度的死亡和衰亡蚁巢中都可产生菌核，生长假根，并穿越土层到地面，长出子实体。在室内蚁巢中的生长条件是，巢温在24～26 ℃、室温20～29 ℃、大气温度30 ℃左右，土壤含水量（巢围）在12%～22%范围内、巢内相对湿度90%～94%、室内相对湿度98%～

100%，而且蚁巢必须处于衰亡时期，巢内的白蚁和共生物衰亡，巢内 CO_2 浓度下降，鹿角菌失去抑制因子后就能在蚁巢内迅速生长发育。在野外，蚁群死亡的蚁巢内，其菌圃未腐烂前产生菌核，一般在夏秋之间。鹿角菌由菌核、假根、子实体三部分组成。菌核表面有许多皱褶，假根通常由菌核两端生长出来，则出生的假根末白色、灰白色。长出地面的子实体，随着时间推移颜色由浅变深，子实体由细小变粗大，高达 2～20 cm 不等，直径在 0.5 cm 左右，若不被破坏，成熟期均呈黑色，一年可多次出子实体，有的可在 2～3 年内连续长出。

据饶绮珍等（1991）报道，白蚁巢内的炭棒菌 *Xylaria nigripes* 的孢子是由白蚁和巢内的蚁客携带入巢的，由于炭棒菌是好氧性真菌，在氧气充足时菌索长得快，菌丝分枝茂盛。群体旺盛的活蚁巢内 CO_2 浓度高，抑制了炭棒菌的生长，当巢群死亡，CO_2 浓度降低时，炭棒菌才能获得生长需要的氧气，因此，只有死巢才能长出炭棒菌。炭棒菌的生长发育过程大致如此：死亡的白蚁巢首先长出白色的菌丝，经 1～2 天，菌丝长出羽状分枝，一部分菌丝再经 3～4 天，长出棉絮纤维交织在一起成索状物称菌索，菌索链续向地面上方生长，经 5～6 天便成内部充实的炭棒，黑色炭棒部分不断增长，到 14 天整株菌索便变成黑色的炭棒，若条件适宜，2～4 天便能长出子座（子实体），再经1～2 天，产生子囊孢子，1～3 天后孢子成熟释放，此后子座又成黑色炭棒，其端部可继续分生菌丝生长菌索。部分菌丝密集成菌核，逐渐与菌丝体脱离联系，悬于白蚁菌圃壁上或菌圃上，直径 2～10 cm，重 3～50 g。翌年 6～10 月，当菌圃周围的土温达 20 ℃以上时，菌核上形成棍棒状的子实体，出土，散生或丛状分布。四川、云南等地视炭棒菌菌核为补气中药，药名称乌灵参或鸡纵蛋。

二、共生物

1. 共生物的作用

共生物是指寄居在白蚁消化道中的单细胞生物，帮助白蚁分解和消化食物中的纤维物质，而在白蚁消化道中获得营养，两者形成相互依存的互利共生关系。

在等翅目昆虫中，除了白蚁科多数种类外，其他白蚁的后肠内部有大量的单细胞原生动物，包括鞭毛纲、肉足纲、孢子纲和纤维纲，鞭毛纲大多属鞭毛目和超鞭毛目。此外，还有细菌。这些微生物的种类极其繁多，经鉴定有学名的原生动物便有 300 种。同种白蚁的肠内有许多种微生物，而不同种白蚁则有不同的微生物种，有严格的相关性，可借此用于白蚁的种类鉴定。

实验证明微生物为白蚁存活所必需，据 Cleveland（1926）研究，如果将白蚁置于 36 ℃高温下，使其饥饿 24 小时，或把白蚁放在高压力氧气中，就可以消灭肠内的鞭毛虫，而不伤及白蚁本身。这些失去鞭毛虫的白蚁，照样喂以纤维素，但不能被消化利用，白蚁最终饿死。如果经高温处理后再与正常的个体接触，让其在正常的个体身上重新获得鞭毛虫，这些经过高温处理后的白蚁仍然能正常生活下去。

2. 纤维素消化作用机理

白蚁每次脱皮，肠内的共生微生物也随脱皮而丧失。为此，必须与群体内的其他个体保持密切联系，通过互相喂食或吞食其他个体排出的分泌物，而重新获得肠内共生的微生物。只有重新获得共生物后，才能进行正常的代谢作用。美国学者用电子显微镜研究了散白蚁肠内共生的五个属鞭毛原生动物，发现这些鞭毛虫的表面膜上有一种原核生物附着，主要是螺丝体和杆状细菌，没有细胞核结构的低等生物包括蓝绿藻、细菌、立克次氏体、黏菌、螺丝体等。鞭毛虫和原核生物组成一体，有消化纤维和固氮能力，因此，白蚁肠内原生动物，可能不能直接消化纤维素，而是原核生物帮助原生动物消化纤维素。

3. 各种白蚁消化道原生动物

据目前研究报道，我国5种白蚁消化道内共生物鞭毛虫共有17种（表5-5）。

表5-5　5种白蚁消化道内的鞭毛虫（据黄复生，2000）

白蚁种名	鞭毛虫种名
截头堆砂白蚁	*Devescovina axiomaculata* *Foaina acontophira* *F. grassii* *Stephanympha helumbium*
台湾乳白蚁	*Holomastigoides hartmanni* *Spirotrichonympha leidy* *Pseudotrichonympha grassii*
尖唇散白蚁 *Reticulitermes aculabialis*	*Pyrsonympha grandis* *Dinenympha exilis* *Spirotrichonympha pulchella* *Microspirotrichonympha porteri* *Trichonympha agilis* *Eucornonympha chinensis*
黑胸散白蚁	*Pyrsonympha grandis* *P. madesta* *Dinenympha exilis* *D. poyteri* *Holomastigites elongatum*
黄胸散白蚁	*Pyrsonympha grandis* *P. modesta* *Dinenympha exilis* *D. poyteri* *Holomastigites elongatum* *Microspirotrichonympha porteri* *Trichonympha agilis* *Teranympha mirabilis*

白蚁科多数种类消化道中没有此类共生的原生动物，所取食的纤维素如何消化分解仍未完全解谜，有人认为这类白蚁消化道中的细菌有消化纤维的功能，或者由肠壁细胞分泌消化纤维素酶消化纤维。已有实验证实土白蚁和大白蚁含有分解纤维素的酶，能将纤维素分解为葡萄糖。

三、白蚁客

白蚁客又称食客，是寄居在白蚁巢内的无脊椎动物。这类动物以白蚁巢内的废物或白蚁的排泄物为食，不仅不危害白蚁的正常生活，有时对白蚁还有帮助。非洲黑塚白蚁是好客之典型，对生活在其巢中的白蚁客蝇的幼虫，与蚁后一样受到工蚁的喂育。

1. 白蚁客与白蚁的关系

由于白蚁巢结构独特，与外界保持相对独立，巢内处于半封闭状态的生态环境，不仅适合于白蚁生活，也吸引了许多昆虫纲和蛛形纲为主的无脊椎动物与其共同生活在一起，和平相处。较原始的白蚁蚁巢简单，其食客的种类和数量都不多。在较进化的白蚁种类中，特别是具有菌圃的白蚁种类，巢体结构复杂，不仅食客种类丰富，而且数量也很多。这些白蚁客长期生活在白蚁巢中，已成为白蚁巢内生态系统中的重要成员。由于长期寄居白蚁巢内，形态与环境相适应，因此，有些白蚁客的体形发生了特大的变化，成为形态奇特的白蚁客（图5－4）。这类客居于白蚁巢内的昆虫，对白蚁及其蚁巢更富于依赖性，成为“典型蚁客”。

Kistner，D. H.（1969）将白蚁巢内数量较多的食客称为“专性蚁客”（obligatory termitophiles），把那些具有特殊体型的食客称为“典型蚁客”（typical termitophiles），如膨腹型（physogastry）和鲎型（limulid）等。

2. 白蚁客的种类

台湾乳白蚁巢内的白蚁客有弹尾目、鞘翅目、双翅目和直翅目等昆虫。

林善祥曾专门研究白蚁巢内的弹尾目昆虫，指出目前已知白蚁巢内的弹尾目昆虫共有5科、20属、30多种。

李参与1975—1997年在浙江各地对于白蚁巢内的食客进行了较为深入的研究，在山林原白蚁、黑胸散白蚁、台湾乳白蚁、屏南象白蚁、黑翅土白蚁和黄翅大白蚁6种白蚁巢内，采到30多种食客，隶属于节肢动物门3纲、9目、16科。其中昆虫纲最为丰富（表5－6）。

表5－6　蚁客的分类地位及寄居的白蚁巢（李参，1981，浙江）

门	纲	目	科	蚁巢
节肢动物门 Arthropod	多足纲 Myriopoda 倍足亚纲 Diplopoda	—	—	黄翅大白蚁
	蛛形纲 Arachnoida	蜱螨目 Acarina	食菌螨科 Anoetidae	黑翅土白蚁、山林原白蚁
		蜘蛛目 Araneida	微蛛科 Micryphantidae	黑翅土白蚁
		脚须目 Pedipalpida	裂蝎蛛科 Schizomidae	黄翅大白蚁
	昆虫 lnsecta	弹尾目 Collembolo	长角蛛科 Entomobryidae	黑翅土白蚁
		缨尾目 Thysanura	土鱼科 Nicoletidae	黑翅土白蚁
		蜚蠊目 Blattaria		黑翅土白蚁
		双翅目 Dipera	膨腹蝨蝇科 Termitoxeniidae	黑翅土白蚁
			蚤蝇科 Phoridae	黑翅土白蚁、台湾乳白蚁、山林原白蚁
		鞘翅目 Celeoptera	步甲科 Carabidae	黄翅土白蚁
			蚁甲科 Pselaphidae	黄翅土白蚁
			苔甲科 Scydmaenidae	黄翅土白蚁
			拟步甲科 Tenebrionidae	黑翅土白蚁
			隐翅虫科 Staphylinidae	黑翅土白蚁、台湾乳白蚁、山林原白蚁、黄翅大白蚁、黑胸散白蚁、屏南象白蚁
			叩头虫科 Elateridae	黑翅土白蚁
			短鞘简蠹科 Atractoceridae	黑翅土白蚁

3. 三种典型食客的形态描述

（1）膨腹蟚蝇 *Termitoxenia* sp.（图5－4）。体小，雄虫体长1.2 mm、体宽0.5 mm，雌虫体长2.2 mm、体宽1.1 mm；头、胸部暗褐色，腹部淡黄色或乳白色；头部触角的柄节、梗节短，鞭节球状，淡黄色端部有一细长的芒；复眼圆形，位于头的两侧；口器向前突出，为一吸收式口器特化的摄食器官；胸部与头部等长，3对足细长，善于爬行，跗节5节，细弱，淡黄色，爪2个；前翅退化，成为扁平的棒状物，两侧缘多毛；后胸的平衡棍退化消失；腹部肥大，分节不明显；体表有排列整齐的短毛；爬行时腹部可翘起，向背前方弯曲。

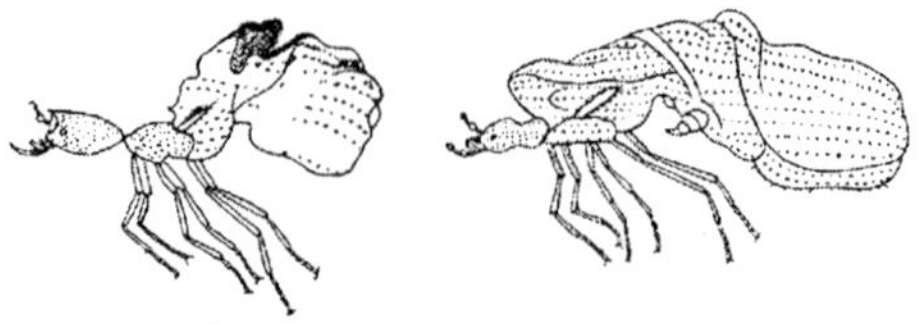

图5－4　膨腹蟚蝇 *Termitoxenia* sp.（仿李参）

1. 雄虫；2. 雌虫

（2）短角蚩形隐甲 *Termitodisus* sp.（图5－5）。体小，体长2.2～2.8 mm，体宽1.0～1.1 mm；头扁平，近三角形，完全隐藏与前胸背板之下；复眼深褐色，椭圆形；触角呈棒状，11节，略短于前胸背板长；前胸背板半圆形，淡黄褐色；小盾片较大，约与头等宽；两鞘翅短，后侧角有齿状突出，后翅大，膜质，透明，平时折叠于鞘翅下；3对足短，淡黄褐色，跗节5节，爪2个；腹部背面可见8节，腹面可见7节，1～5腹节两侧有尖角突出，且具坚硬毛丛，腹部末端呈锥形，6～7节后侧缘有长而密的刚毛。

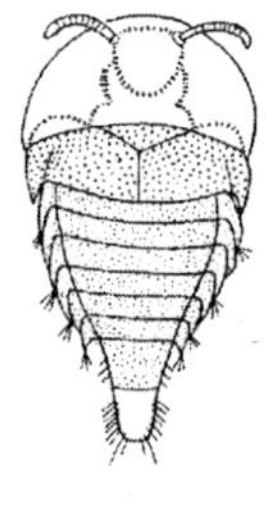

图5－5　短角蚩形隐翅甲 *Termitodisus* sp.（仿李参）

（3）长角蚩形隐翅甲 *Discoxenus* sp.（图5－6）。体较大，体长4.2～4.8 mm，体宽1.3～1.4 mm；头扁形，触角长丝状，11节，长于前胸背板长，触角每节端部有5～6枚毛，轮生；两复眼位于头的前缘；口器咀嚼式，开口于头的下方；前胸背板半圆形，黄色；中胸小盾片三角形，宽大于头宽；两鞘翅棕褐色，后侧角成尖角状，两后翅平时折于鞘翅下；3对足黄色，善于爬行，基节扁宽，转节短，三角形；腿节扁平，胫节细长，外侧有2～4枚刚毛，跗节5节，细长，爪2个；腹部呈长圆锥形，背面可见8节，腹面可见7节，各腹节两侧及后缘具长刚毛，腹末端淡色，密生刚毛。

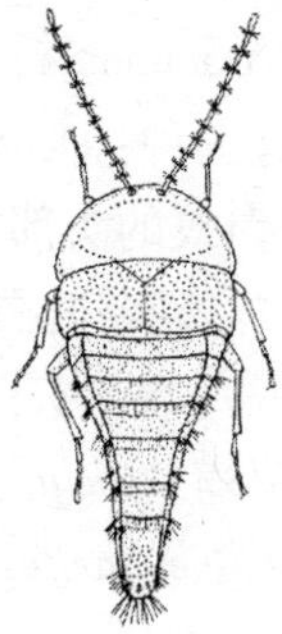

图5-6　长角鲎形隐翅甲 *Discoxenus* sp.（仿李参）

四、天敌

在自然界中，对白蚁有敌害作用的生物称为白蚁的天敌，主要有三类：①病原微生物，昆虫病毒、细菌、真菌；②无脊椎动物，原虫、线虫、蜘蛛、昆虫；③脊椎动物，两栖类、爬行类、鸟类和哺乳动物。

鉴于白蚁既营巢群居生活，又常离巢活动，因此，按其天敌的活动场所可分两大类，巢内的寄生性天敌和巢外的捕食性天敌。

1. 巢内的天敌

白蚁巢内的天敌主要是昆虫病毒、细菌、真菌等寄生性的病原微生物。这些寄生性天敌能使白蚁致病、死亡，甚至全巢覆灭。有60多种病原微生物能使白蚁在实验室内致死。巢内还有捕食性螨类。

（1）细菌。宋晓刚（1994）报道，孢子细菌 *Serratia marcascens* 被白蚁带入巢内，在24小时后引起100%的白蚁死亡，因该细菌能产生毒杀白蚁的赤色素。在美国卡罗纳南部，把含有该菌孢子的液体散布于土壤，能有限制白蚁活动的效果，若把孢子液体涂满木板也能制止白蚁入侵。此种细菌的寿命最少可达8个月，且有传播能力，对防治白蚁能起到一定的作用。

（2）真菌。有人研究过食虫菌 *Entomophthora coronata* 对黄胸散白蚁 *Reticulitermes flavipes* 的致病性和组织病理学，以此菌接种白蚁，经48小时，死亡率达97%，从白蚁尸体的切片中可以看到这种食虫菌分生孢子的发芽管穿透了白蚁的表皮，并稠密地生长在白蚁的组织内。菌丝侵入白蚁的表皮后，能继续侵入肌肉组织，发芽管引起的穿孔大小在2~4 μm之间，分生孢子的发芽管明显侵入白蚁的口腔、咽、食道和体内的其他部位。整个白蚁脑腔横切片上也充满着菌丝体，发芽分生孢子的菌丝首先危害脂肪组织和肌肉组织，32小时后，其他组织也遭到破坏，随后引起白蚁真菌病，最终死亡。

有些真菌专门以白蚁为寄主，这些真菌通常为外寄生。白蚁寄生菌和冯氏菌是白蚁特有的寄生菌。这些真菌会引起白蚁外骨骼呈盘形损伤。在澳大利亚的澳洲白蚁室内饲养群体，如有白蚁寄生菌损害的白蚁比健康白蚁存活率低，而且木材消耗也少。

对白蚁能产生较高毒力的菌种有黄曲霉 *Aspergillus flavus*、腐木真菌 *Lentinus lepidus*，其次有白僵菌 *Beauveria bassiana*、食虫菌 *Entomophthora coronata* 等。

（3）螨类。捕食性螨类属蛛形纲 Arachnoida，蜱螨目 Acarina 动物。在我国南方潮湿地区，台湾乳白蚁巢内常见的螨类有三种：*Acotyledon lishimei*，*A. absoloni* 和 *Hypoaspis hrolyi*。这些紫色或白色的螨，叮咬白蚁的头部和体躯，对 1 头白蚁体表有 10 多头螨叮咬，吸吮白蚁的体液，致使白蚁死亡。衰弱的白蚁巢群更易孳生螨类。有人在饲养花胸散白蚁 *Reticulitermes fukienensis* 时，发现数十头白蚁被螨捕食致死，经查有大小 12 种螨，大者为木螨 *Caloglyphus*，小者为菌螨 *Anoetus*，后者杀蚁能力更强。此外，一种菌螨 *Anoetus myrnicarum* 也能致使 *Reticulitermes lacifugus* 大量死亡。

2. 巢外天敌

白蚁巢外的天敌以捕食性为主，包括蜘蛛、昆虫、两栖类、爬行类、鸟类和哺乳类。通常低等动物以见蚁捕食为主，很少专性找寻白蚁捕食，而高等哺乳类有专性找寻白蚁甚至破巢捕食。

（1）非专性的见蚁捕食天敌。白蚁在巢外活动，尤其在白蚁分飞季节，离巢的有翅成虫，在爬出分飞孔后，在飞翔过程中或跌落地面后都有许多天敌捕之为食。

蜘蛛类的圆蛛科、球腹蛛科、幽灵蛛科、皿网蛛科、漏斗网蛛科、跃蛛科和其他结网蜘蛛，结造成圆网、皿网、漏斗网、三角网和各种形状的蜘蛛网，落网的白蚁有翅成虫便成为其猎物。

昆虫类中能捕食白蚁的昆虫有蜻蜓、螳螂、蠼螋、步甲、隐翅虫、食虫虻、蚂蚁和胡蜂等。由于白蚁的工蚁、兵蚁在隐蔽的场所里活动，被昆虫捕食的机会不多，偶尔可见蚂蚁捕捉白蚁的情景。在台湾乳白蚁、黑翅土白蚁和黄翅大白蚁的有翅成虫分飞时，落地的有翅成虫被步甲、蚂蚁捕食的场面时常可见。

两栖类，在广州中山大学南校区康乐园，蟾蜍捕食分飞后落地的白蚁有翅成虫如台湾乳白蚁、黑翅土白蚁和黄翅大白蚁，在分飞的当天晚上随处可见。在两栖类动物中，除蟾蜍外，饰纹姬蛙、弹琴蛙、黑斑蛙、林蛙、青蛙、泽斑蛙、斑腿树蛙等都能捕食白蚁。曾有人解剖过 100 多只无尾两栖类，胃里都有白蚁的工蚁、兵蚁或有翅成虫。蛙类捕食能力强、食量大，一只蟾蜍可捕食有翅繁殖蚁 20 多头，一只姬蛙可捕食工蚁、兵蚁 100 多头。

爬行类，有一种盲蛇，专门捕食白蚁。这种蛇是世界上蛇类中最小的一种无毒蛇，体重只有几克，体长约 10 cm，眼睛极度退化，平时多潜伏在泥土中或砖石、缸钵下，穴居，过着奇特的隐居生活，通常在夜间或雨后出来捕食白蚁。

鸟类，有许多捕食白蚁鸟类，据张岚等（1984）调查，在我国云南省便有 17 种鸟类能捕食白蚁，经解剖，胃内白蚁所占比例见表 5－7。

哺乳类，蝙蝠。

表5-7　捕食白蚁的鸟类种名及其捕食量（杨岚等，1984，云南）

鸟类种名	胃中白蚁所占百分比
金腰燕 *Hirundo daurca nipalensis*	59.1%
小白腰雨燕 *Apus affinis subfurcatus*	53.3%
黑腹燕鸥 *Sterna melanogaster*	51.7%
灰胸鹪莺 *Prinia hodgsonii confusa*	29.4%
姬啄木鸟 *Picumnus innominalus malayorum*	29.0%
棕腹柳莺 *Phylloscopus s. subaffinis*	28.6%
橙斑翅柳莺 *Phylloscopus p. pulcher*	20.0%
冠鸦 *Melophus lathami*	19.5%
粉红山椒鸟 *Pericrocotus r. roseus*	17.4%
大山雀 *Parus major commixtus*	11.6%
红嘴相思鸟 *Leiothrix lutea yunnanensis*	此后胃中食物白蚁只占10%以下
黑春尾 *Dicrurus macrocercus cathoecus*	
棕胸佛法僧 *Coracias benghalensis affinis*	
家燕 *Hirumdo rustica guttutalis*	
黑翅雀鹎 *Aegithina tiphic philipi*	
大杜鹃 *Cuculus canorus bakeri*	
粟背伯劳 *Lonius c. collurioides*	

（2）专性寻找捕食天敌。有多种哺乳动物能主动出来破巢捕食白蚁，如穿山甲、针鼹、大蚁熊、土豚、犰狳、鸭嘴兽、食蚁兽等，穿山甲（又称鲮鲤），可生活在白蚁旧巢腔中，夜间出洞觅食；也可在地表或树干上扒开白蚁泥被、泥线觅取白蚁为食。当天气炎热时，松开鳞甲，散发出特殊气味招引白蚁，当身上爬附了许多白蚁时，则闭合鳞甲爬进水中，再松开鳞甲，使白蚁浮出水面，张口食之。在寒冷季节，能挖取白蚁巢，破巢取食巢里的白蚁。土豚常用其钩形的利爪捣毁蚁巢，并以其长舌舔食白蚁。南美洲的大蚁熊，以其大爪刨开白蚁巢，取食白蚁。一只鼩鼱24小时吞食500多头工蚁和兵蚁。

更有趣的是，非洲黑猩猩捕食白蚁方法甚为高明，20世纪60年代初，美国人珍妮·古多尼成功地拍摄了黑猩猩捕食白蚁的镜头，当黑猩猩发现白蚁后，不是捣毁蚁巢取食白蚁，而是以草、棍或细枝条从小洞口伸进蚁巢，当白蚁爬满伸进去的草、棍或枝条时，取出舔食。据报道，被取食的白蚁有 *Macrotermes* 属和 *Pseudocomthotermes* sp.。

据张贞华、郦培尧（1982）在浙江省调查了黑翅土白蚁的巢外天敌（表5-8），结果表明，无脊椎动物以蜘蛛最丰富，有19科46种，其中6科12种为主要天敌。昆虫以翘尾隐翅虫、步行虫（步甲）、蚂蚁和蠼螋为主要天敌。脊椎动物以蟾蜍、姬蛙、泽蛙等无尾两栖类最多。蟾蜍捕食有翅成虫数量最多，其次是泽蛙；姬蛙捕食工蚁、兵蚁数量最多，其次为蟾蜍和泽蛙，一只体长2.3 cm、体重2.2 g的姬蛙捕食工蚁和兵蚁多达109头。

表5－8　黑翅土白蚁捕食性天敌优势种类（张贞华等，1982，浙江）

捕食性天敌名称		被捕食白蚁品级	
科　名	种　名	工蚁、兵蚁	有翅繁殖蚁
蜈蚣科 Scolopendridae	少棘蜈蚣 *Scolopendra subspinipes*	+	
圆蛛科 Araneidae	角突圆蛛 *Araneus cornuta* Clerck		+
	叶斑圆蛛 *Araneus sia* Strand		+
	黄斑圆蛛 *Araneus ejusmodi* Bose. et Str.		+
	大腹圆蛛 *Araneus ventricosa*（L. Koch）		+
漏斗蛛科 Agelenidae	机敏漏半蛛 *Agelena difficilis* Fox		+
华盖蛛科 Linyphiidae	花腹盖蛛 *Nereine radiata* Walckener		+
猫蛛科 Oxyopidae	斜纹猫蛛 *Oxyopes sertatus* L. Koch		+
管巢蛛科 Clubionidae	斑管巢蛛 *Clubiona maculata* Song et Chen		+
狼蛛科 Lycosidae	黑腹狼蛛 *Lycosa auribrachialis* Schenkel	+	+
	拟环狼蛛 *Lyxosa psendoanulata*（Boes. et Str.）	+	+
	沟渠豹蛛 *Pardosa laula* Karsch	+	+
	丁纹狼蛛 *Pardosa T－insignita* Boss. et Str.	+	+
隐翅虫科 Staphylinidae	翘尾隐翅虫（拟名）	+	
步甲科 Carabidae	步甲（未定名）	+	
蚁科 Formicidae	多刺蚁 *Polyrhachis* sp.（未定种）	+	
食虫虻科 Asilidae	食虫虻（未定种）		+
蜓科 Aeschnidae	蜻蜓 *Anax* sp.（未定种）		+
蠼螋科 Labiduidae	蠼螋 *Labidura riparta*	+	
蟾蜍科 Bufonidae	大蟾蜍中华亚种 *Bufo b. gargartzans* Vantor	+	+
姬蛙科 Microhylidae	饰纹姬蛙 *Micropyla ornata*（Dumer et Bibron）	+	
蛙科 Ranidae	弹琴蛙 *Rana adenopleura* Boulenger		+
	日本林蛙指名亚种 *Rana l. japonica* Guenther		+
	黑斑蛙 *Rana nigromaculata* Halowell	+	+
	泽蛙 *Rana limnocharis* Boie.	+	+

续上表

捕食性天敌名称		被捕食白蚁品级	
科　名	种　名	工蚁、兵蚁	有翅繁殖蚁
石龙子科 Scincidae	铜石龙子 *Sphenomarphus indicus*（Gray）	+	
夜鹰科 Caprimulgidae	夜鹰 *Carprimulgus indicus* Latham		+
燕科 Hirundinidae	金腰燕 *Hirando durica* Linne		+
蝙蝠科 Vespertilionidae	普通伏翼 *Piptstrellus abramus* Temminck		+
鼩鼱科 Soricidae	臭鼩鼱 *Suncus murinus*	+	

注：表中“+”表示被食品级。

第六章　水利堤坝白蚁防治的药物学基础

害虫防治史与人类社会的文明史同步发展。在远古时代，当人们受到害虫骚扰时，以捕捉、拍打的方式防治之。中国、埃及、希腊等文明古国的人民最早与害虫打交道。公元前1200年，中国人会在晚上点燃香蒿熏杀蚊虫。我国使用砒霜拌种防治害虫已有1 000多年历史了。科学的飞速发展，害虫防治也跟上了科学发展的步伐，到17世纪后期18世纪初期，害虫的防治药物与防治技术都有迅速发展，除虫菊、鱼藤、烟草、苦木等杀虫植物开发应用外，砷化物也广泛应用，农业耕作技术防治、物理防治、生物防治、法规防治应运而生。到20世纪40年代，DDT和六六六杀虫剂的生产与广泛应用，同时，一系列有机氯杀虫剂，如狄氏剂、氯丹、毒杀芬等生产、应用发展很迅速。此时，为有机氯和有机磷杀虫剂生产、应用的鼎盛时期，曾为害虫防治起着极其重要的作用，也产生了不少问题，害虫产生抗药性，对人畜有伤害，害虫再增猖獗，不少次害虫上升为主要害虫，等等。因此，人们对害虫防治的理论与实践进行了反思，提出了害虫综合治理的防治策略。

第一节　害虫防治的策略与方法

一、害虫综合治理的含义

目前全世界一致公认，对害虫的防治应采用“综合治理”的策略，其含义大致是：

（1）不彻底消灭害虫，把害虫造成的经济损失压到一定程度便可，容忍一部分害虫存在，以维持物种和生态多样性，利于生态平衡。

（2）不单纯采取某一种害虫防治方法，而是采用多种防治方法的配合。

（3）要从经济效益、社会效益和生态效益全盘考虑。

（4）操纵害虫生态系统来治理害虫。害虫的生态系统是害虫生存的有机环境（生物群落）和无机环境（土壤、水分、空气、气象条件等）的统一体，采用适时适度的施用化学农药、保护天敌、治理害虫、改变耕作制度、改良耕作技术等方法来操纵生态系统防治害虫。

二、害虫防治方法

害虫防治方法归纳起来有下列四种。

1. 化学防治

化学防治，是利用化学药物的毒性来防治害虫，是当前国内外防治害虫应用最为广泛的方法，其优点如下。

（1）收效快，如使用方法得当，可在短期内把虫口密度压低。

（2）对害虫的各种虫态，成虫、蛹、幼虫、卵都可收到杀虫效果。

（3）适用范畴广泛，少受气候条件、地理区域、作物品种等因素的影响。

（4）化学杀虫剂具有广谱性特点，一种药剂能杀死多种害虫，当然包括天敌在内的益虫也不例外。

（5）化学药物防治害虫机械化程度高。

但是，化学防治也存在许多缺点。

（1）在杀灭害虫的同时，也杀死了害虫天敌和益虫，破坏了生态平衡，致使害虫再次猖獗。

（2）有些剧毒的化学杀虫剂对人畜毒性很大，时有人畜中毒、死亡事故发生。

（3）大量使用化学药物，经雨水冲刷流失；在生产过程中产生的废气、废水、废渣污染环境，从而使水生生物减少；农产品的农药残留，残毒在人体中积累，引发疾病。

（4）长期使用一种杀虫剂防治一种害虫，容易产生抗药性。

（5）使用不当，施药失时，药量失度，对农作物会产生药害。

在害虫综合治理中，化学防治仍占有重要地位，在选用化学杀虫剂时，必须首先考虑人畜和环境的安全，合理地使用高效低毒化学农药。

2. 生物防治

生物防治，是利用某些生物或生物的代谢产物来控制有害动、植物种群或减轻其危害程度的方法，生物防治内容包括以下五个方面。

（1）利用天敌昆虫（寄生性和捕食性昆虫）防治害虫。

（2）利用病原微生物（昆虫病毒、细菌、真菌）防治害虫。

（3）利用其他动物（原虫、线虫、蛛形纲等无脊椎动物和鱼类、两栖类、鸟类、哺乳类等脊椎动物）防治害虫。

在哺乳动物中，众所周知，穿山甲（鲮鲤）*Manis pentadactyla* 是森林白蚁的克星。

（4）应用害虫不育技术。不育技术包括遗传不育、辐射不育和化学不育，往往通过辐射和化学不育手段实现遗传不育之结果，达到治理害虫之目的。

（5）应用昆虫信息素防治害虫。

3. 植物检疫

检疫，最初的含义是隔离，防止瘟疫从一地传到另一地。

植物检疫，是国家或地区间为预防植物及其产品携带的危险性有害生物传进或传出，危及农林业生产而以法律或法规的形式进行隔离和控制。

在我国，农业部于 2007 年 5 月 28 日颁布并实施的 862 号公告，“中华人民共和国进境植物检疫性有害生物名录”（昆虫）中，白蚁有乳白蚁 *Coptotermes* spp.（非中国种）、麻头堆砂白蚁 *Cryptotermes brevis*（Walker）、小楹白蚁 *Incisitermes minor*（Hagen）和欧洲散白蚁 *Reticulitermes lucifugus*（Rossi）等。我国应把这些有害物种拒于国门之外。

4. 物理防治

物理防治，是采用物理的方法治理害虫或改变其物理环境，创造一种对害虫有害或阻隔其入侵的方法，常用的方法有：

（1）高温杀虫。

（2）低温杀虫。

（3）缺氧（窒息）杀虫。

（4）利用光能或利用昆虫的趋光性治虫。

（5）利用高频和微波加热快速杀虫。

（6）利用电离辐射直接治理害虫。

（7）辐射不育治理害虫。

第二节　杀虫剂的分类

杀虫剂种类繁多，按其化学成分可分为以下十类。

一、无机杀虫剂

无机杀虫剂是以天然矿物质为原料的无机化合物。这类属矿物性的杀虫剂用于防治害虫已有悠久历史，早在1 000多年前，我国人民使用砒霜拌种防治害虫。常用的无机杀虫剂有三氧化二砷、五氧化二砷、砷酸钙、磷化钙、硫酸铜、氟化物、甘汞、硼酸、硼砂、硫磺、石灰等。

二、有机氯杀虫剂

有机氯杀虫剂是一类含氯元素的碳氢化合物。此类杀虫剂是一类最早人工合成的杀虫剂。20世纪40年代至70年代，这类杀虫剂在全世界得到广泛应用，为防治农林业害虫和医学昆虫起过重要作用。1930年，全世界疟疾病袭击了1 000多万人，使300万人丧生。瑞士化学家米勒博士发现并合成了高效杀虫剂DDT，1939年他阐明了DDT的杀虫特性，1942年开始投入生产，首先用于杀灭蚊子，1945年已广泛应用，为杀灭疟疾的传播媒介，控制疟疾病的流行起了重要作用，因此，1948年他获得诺贝尔生理学与医学奖。1940年，另一个有机氯杀虫剂六六六在英国和法国问世。与此同时，发展了一系列的六氯环戊二烯类杀虫剂，如艾氏剂、狄氏剂、氯丹、毒杀芬等。

常见的有机氯杀虫剂有DDT、六六六、五氯酚、毒杀酚、狄氏剂、艾氏剂、灭蚁灵、氯丹、林丹、七氯等。此类药物杀虫广谱、高效、稳定性好、残留长，直接对人畜的毒性较低，原料易得，合成简便，价格低廉，使用甚广。

有机氯杀虫剂大多属持久性有机污染物（persistent organic pollutants，简称POPs），我国自2009年5月17日起禁用。

三、有机磷杀虫剂

有机磷杀虫剂是在第二次世界大战期间发展起来的。由于有机磷杀虫剂具有许多有机氯杀虫剂所不具备的特点，所以发展极其迅速。这类杀虫剂具杀虫效力高，有些品种还有内吸作用；除少数剧毒品种如对硫磷（1605）外，大多数品种毒性较低；在高等动物体内无积累中毒危险；使用浓度低等优点。第一个有机磷杀虫剂是特普 TEPP（O，O，O，O－四乙基焦磷酸酯）于 1938 年问世。对硫磷（1605）和甲基对硫磷（甲基 1605）于 1944 年开始使用。按其化学结构，有机磷杀虫剂可分四类。

（1）磷酸酯，磷酸分子中的 3 个氢原子被有机基置换后生成的化合物称为磷酸酯，如敌敌畏、久效磷等。

（2）硫代磷酸酯，磷酸分子中的氧原子（及羟基）被硫原子置换后生成的化合物称为硫代磷酸酯，如毒死蜱（dursban）、对硫磷、辛硫磷、马拉硫磷、乐果等。

（3）膦酸酯，磷酸分子中的羟基被有机基置换，在分子中形成 P—C 键，称为膦酸，膦酸中羟基的氢原子再被有机置换，生成膦酸酯，如敌百虫。

（4）磷酰胺，膦酸分子中的羟基被氨基置换，生成磷酰胺，如甲胺磷、乙酰甲胺磷等。

常用于杀灭医学昆虫蚊、蝇、蚤、臭虫、蟑螂和蜱满类的有机磷杀虫剂有敌百虫、倍硫磷、马拉硫磷、双硫磷、辛硫磷、二嗪磷（地亚农）、毒死蜱、喹硫磷、杀虫畏、皮蝇磷、溴硫磷、碘硫磷、杀螟硫磷、敌敌畏、甲基嘧啶磷和乙酰甲胺磷等。

四、氨基甲酸酯类杀虫剂

1947 年从研制西维因（Siven，胺甲萘）入手，开始对氨基甲酸酯杀虫剂进行了研究。西维因于 1956 年问世以来，合成的氨基甲酸酯类杀虫剂已有百多种。氨基甲酸酯类杀虫剂是含有氨基甲基团的酯类化合物（$R-O-CONH_2$），具有以下杀虫特点。

（1）抑制胆碱酯酶活性，阻止正常神经传导，引起整个生理生化过程失调，致使害虫死亡。这类药物在动植物体及土壤中，能较快地分解为无害物质。

（2）这类杀虫剂的多数品种速效、击倒快、持效期短、选择性强，对成虫的毒效高于幼虫。

（3）毒性差异大，多数品种属低毒性，如仲丁威，其分子结构接近天然有机物，在自然界中易分解，残留量低；少数品种为高毒性，如克百威。

（4）增效性能多样，不同结构类型的同类药混合使用，对抗药性害虫有增效作用。

此类杀虫剂的常用品种有残杀畏（残虫畏）、灭多畏（万灵）、仲丁威（巴沙）、呋喃丹（克百威）、西维因、叶蝉散（异丙威）、抗蚜威、甲萘威、噁虫威、二氧威、混灭威、猛扑因、双乙威、双丙威（除蝇威）、乙苯威等。

五、拟除虫菊酯类杀虫剂

除虫菊 *Chrysanthemum cinerariaefolium* 是菊科菊属植物。1840 年，在南斯拉夫的达尔马堤亚地区发现一种白花除虫菊具有较高的杀虫毒力，在除虫菊花中含杀虫物质除虫菊素 1.5%。拟除虫菊酯是根据天然除虫菊中的杀虫有效成分除虫菊素的化学结构人工合成的类似物，其主要杀虫特点是高效、广谱、低毒、残留低，但容易产生抗药性。拟除虫菊酯杀虫剂可分为光不稳定性菊酯和光稳定性菊酯两大类。

（1）光不稳定性拟除虫菊酯，有丙烯菊酯、胺菊酯、苄呋菊酯、炔呋菊酯、萘醚菊酯等，主要用于防治室内卫生害虫。

（2）光稳定性拟除虫菊酯，有溴氰菊酯（凯素灵、敌杀死、凯安宝）、氯氰菊酯（灭百可、兴棉宝、安绿宝）、顺式氯氰菊酯（高效灭百可、奋斗呐、高效安绿宝、高效氯氰菊酯）、氰戊菊酯（杀灭菊酯、速灭杀丁、来福临）、二氯苯菊醚酯、甲氰菊酯（灭扫利）、联苯菊酯、三氟氯氰菊酯（功夫）、氟氯氰菊酯（百树菊酯）、醚酯菊酯（多来宝）等，适用于防治农、林、建筑物的害虫。

六、氯化烟碱类杀虫剂

此类杀虫剂是根据烟碱的杀虫作用人工合成的新烟碱类杀虫剂，最早开发的有吡虫啉（imidacloprid）。继吡虫啉之后又开发出吡虫清（acetamiprid）。这类杀虫剂具高效、低毒、安全、广谱之特点，尤其对刺吸性口器害虫特别有效。

七、酰基脲类杀虫剂（亦称苯甲酰脲类杀虫剂）

这类杀虫剂可抑制昆虫几丁质的合成，故也称特异性昆虫生长调节剂，如氟铃脲（hexaflumuron）、除虫脲（diflubenzuron）、定虫隆（chlorfluazuron）等。

八、吡唑类杀虫剂

如氟虫腈（fipronil，锐劲特），杀虫广谱，对害虫以胃毒作用为主，兼有触杀和内吸作用，有效期长。

九、有机氟杀虫剂

如氟虫胺（sulfluramid）、伏蚁腙（hydramethylnon）。

十、熏蒸剂

如溴甲烷、磷化铝、硫化钙、氯化苦、硫酰氟等。

第三节　杀虫剂对害虫的毒杀方式及作用机理

杀虫剂进入虫体的途径有从体壁、口腔和气门进入，这是杀虫剂进入害虫体内的必经途径。杀虫剂对害虫的毒杀作用主要有触杀、胃毒、熏蒸和内吸作用。

一、触杀作用

杀虫剂接触到害虫体壁后，从体壁进入体腔和血液中，并输送到体内组织中去，破坏其内部组织和神经系统，致使害虫中毒死亡，这种杀虫方式称为触杀作用，具有触杀作用的杀虫剂为触杀剂，如敌敌畏、乐果、西维因、溴氰菊酯等。这类药剂对咀嚼式和刺吸式口腔的害虫都有很好防治效果，但对具有蜡质保护体表的效果较差。

因为昆虫的体壁、感觉器官及神经系统细胞的组织外膜均为脂质结构，触杀作用的杀虫剂应具有亲脂性，或具有一定的水、油分配能力，才能浸润其体壁，进入体内，经过血液输送到受作用的组织，以毒杀害虫。

二、胃毒作用

凡是能同食物一道进入害虫消化道中的杀虫剂，经过肠道吸收后使害虫中毒死亡的称胃毒作用，具有胃毒作用的杀虫剂为胃毒剂，如砷酸钙、砷酸铅、亚砷酸、敌百虫、氟硅酸钠、灭蚁灵等。这类杀虫剂适用于防治咀嚼式口器的害虫，如白蚁、蝗虫、鳞翅目幼虫、鞘翅目害虫等。

三、内吸作用

杀虫剂通过植物的根、茎、叶等器官吸收传导至植株的上部，或由种子吸收传导至幼苗，又不妨碍植物生长，而传导到植物各部位的药量，足以使为害该部位的害虫中毒死亡，这种杀虫方式称内吸作用，具有内吸作用的药剂称内吸剂，如吡虫啉、乐果、倍硫磷、乙酰甲胺磷等。内吸剂的使用方法有喷洒、涂杆、种子处理、土壤处理和根部处理等。内吸杀虫作用对刺吸式口器的害虫，如蚜虫、介壳虫、蝽象等的防治效果较好。

四、熏蒸作用

利用一些有毒的杀虫剂，在常温、常压下气化或分解产生有毒气体，通过害虫的呼吸系统进入体内，致使害虫中毒死亡，这种杀虫方式称熏蒸作用，具有熏蒸作用的药剂称熏蒸剂，如溴甲烷、磷化铝、磷化锌、氯化苦、硫酰氟、敌敌畏、硫黄等。这类药剂主要用于防治仓库害虫，在密闭条件下把害虫熏死。必须经过专业培训方可实施这种杀虫技术。

除上述四种外，还有驱避、拒食、引诱作用的药剂以及利用性信息素、不育剂、昆虫生长调节剂等来治理害虫。

第四节　杀虫剂的毒性

杀虫剂的毒性是指杀虫剂对人、畜、禽等具有的毒害作用。各种杀虫剂对人、畜、禽的毒性是很不相同的。根据对动物作用的程度和时间的关系，杀虫剂的毒性可分为急性毒性、亚急性毒性、慢性毒性三种。

一、急性毒性

急性毒性是指一次供试动物一定剂量的杀虫剂，使动物在短时间内出现中毒症状或引起死亡。急性毒性分口服毒性、经皮接触毒性和吸入毒性。急性毒性的测定是以24～48小时杀虫剂引起供试动物50%死亡的剂量来衡量，即以LD_{50}（致死中量，mg/kg）或LC_{50}（致死中浓度，mg/L或g/m^3）表示，LD_{50}（或LC_{50}）愈大，表示该杀虫剂毒性愈小，杀虫剂毒性分如下五级（表6－1）。

表6-1 杀虫剂毒性分级（卫生部、农业部1991年颁布）

级 别	经口 LD_{50}（mg/kg）	经皮 LD_{50}（mg/kg）4小时	吸入 LC_{50}（gm/m^3）2小时
剧毒	<5	<20	<20
高毒	5~50	20~200	20~200
中等毒	50~500	200~2 000	200~2 000
低毒	500~5 000	2 000~5 000	2 000~5 000
微毒	>5 000	>5 000	>5 000

二、亚急性毒性

在3个月以上时间内，连续给供试动物口服或接触一定剂量的杀虫剂所引起的中毒现象，中毒的症状，往往需要一个过程，最后表现与急性中毒类似，也可引起局部病理变化。

三、慢性毒性

慢性毒性是指至少6个月内，连续给供试动物口服微量杀虫剂，观察动物外表有无中毒症状，内部组织有无影响，有无积累，有无致癌、致畸、致突变及对后代的影响。

第五节 杀虫剂的剂型

杀虫剂的原药是由工业原料通过合成工艺路线产出的产品，由有效成分和杂质组成，一般有效成分含量较高，杂质的量控制在一定范围内。固体的原药称为原粉。液体的原药称为原油。在现有的杀虫剂中，以原药施用的很少，敌百虫、硫酸铜、溴甲烷等少数品种可直接使用或加水稀释后使用，绝大多数原药必须经过一定加工程序变成不同形态后方可使用，这种形态称为剂型，有以下10多种，逐一介绍，括号内的英文字母为该剂型代号。

一、乳油

乳油（EC）是杀虫剂中的主要剂型之一，具有效成分含量高，药效好，使用方便等优点。乳油由杀虫剂原药、溶剂（二甲苯、甲苯、苯、甲醇、乙醇、丁二醇、已烷、正已烷、氯仿、四氯化碳等）和乳化剂（阴离子型、阳离子型、非离子型和两型乳化剂四种）组成，有些乳油还加入少量的助溶剂和稳定剂。溶剂的用途主要是溶解和稀释杀虫剂原药，帮助乳化分散、增加流动性等。乳油加水后成为白色的乳状液。

杀虫剂乳油要求外观清澈透明、无颗粒、无絮状物，在正常条件下储藏不分层、不沉淀，并保持原有的乳化性能和药效。乳油加到水中应有较好的分散性，并有足够的稳定性。即在一定时间内不产生沉淀，不析出油状物。稳定性好的乳油，油球直径一般为0.1~1 μm。当乳油加到水中后，搅匀后呈透明或半透明状态，油球直径一般为0.1 μm

以下，称可溶性乳油。常用的乳油杀虫剂有80%敌敌畏乳油、2.5%溴氰菊酯乳油等。

二、可湿性粉剂

可湿性粉剂（WP）是由杀虫剂原药、填充料和湿润剂混合加工而成。粉粒细度指标要求98%通过200目筛。湿润剂用皂角、茶枯等，含量为制剂总量的8%～10%。如果采用有机合成湿润剂（如非离子型或阴离子型），其用量为制剂总量的2%～3%。可湿性粉剂加水稀释，用于喷雾。常用的可湿性粉剂有溴氰菊酯的可湿性粉剂（凯素灵），氯氰菊酯的可湿性粉剂（奋斗呐）。

三、颗粒剂

颗粒剂（G）是由杀虫剂原药、载体和助剂混合加工而成。粒度一般为10～80目。颗粒剂用于撒施，具有使用方便、操作安全、应用范围广及延长药效等优点，如1.5%辛硫磷颗粒剂。

四、水剂

水剂（AS）主要由杀虫剂原药和水组成，有时加入少量的防腐剂、湿润剂和染色剂等。

五、悬浮剂

悬浮剂（S）又称胶悬剂（flowable formulation），是一种可流动的制剂。由杀虫剂原药、分散剂、乳化剂等混合磨碎而成，药粒直径为0.1～1 μm，使用时兑水喷雾，如20%除虫脲悬乳剂、2.5%溴氰菊酯悬浮剂、5%高效氯氰菊酯悬浮剂等。

六、超低容量喷雾剂

超低容量喷雾剂（ULVA）又称油剂（oil solution），由杀虫剂原药和溶剂混合加工而成，有些还加入少量助溶剂和稳定剂。这种制剂专供超低容量喷雾机用，或飞机超低容量喷雾，不需稀释而直接喷雾，如25%敌百虫油剂、25%杀螟松油剂、50%敌敌畏油剂等。

七、可溶性粉剂

可溶性粉剂（SP）由水溶性杀虫剂原药和少量水溶性填充料粉碎而成的水溶性粉剂，有时还加入少量表面活性剂。细度指标要求90%通过80目筛，使用时加水稀释即可喷雾，如80%敌百虫可溶性粉剂、50%杀虫环可溶性粉等。

八、微胶囊剂

微胶囊剂（MC）由杀虫剂原药（囊芯）、助剂、囊皮（人工合成或天然高分子化合物）制成。微胶囊剂属于缓释剂类型，胶囊直径为40～50 μm，具有延长药效（比乳油剂延长2～3倍）、高效杀虫剂低毒化、使用安全等优点。该制剂为可流动的悬浮体，使用时兑水稀释，如25%甲基对硫磷微胶囊剂。

九、烟剂

烟剂（S）由杀虫剂原药、燃料（如木屑粉）、助燃剂（氧化剂如硝酸钾）、消燃剂（如陶土）等制成的粉状物。烟剂主要用于防治森林、仓库、温室、卫生等害虫，如2.5%百菌清烟剂。

十、其他剂型

除了上述剂型外，还有水乳剂（EW）、胶体剂（CF）、气雾剂（AE）等剂型。

第六节　杀虫剂的使用方法

化学杀虫剂的使用，选用适当的剂型和相应的使用方法，是十分重要的。只有正确地选用杀虫剂及其剂型、使用恰当的施药方法，才能达到有效、安全和经济的效果。常用的杀虫剂使用方法有如下六种。

一、喷粉法

喷粉是最简单的施药方法。使用喷粉器或喷粉机将粉剂杀虫剂均匀地喷撒到农作物或害虫体上。

二、喷雾法

凡是能和水作用的杀虫剂，如乳油、乳粉、可湿性粉剂和可溶性制剂，当加入一定量的水混合调制后，即能成均匀的乳状液、悬浮液和溶液等，利用喷雾器使药液形成微小的雾点，均匀地喷洒到农作物或防治对象上。

三、毒饵法

毒饵法广泛应用于防治白蚁、地下害虫、蝇类、蟑螂等害虫和鼠类。利用害虫、鼠类喜食的饵料和杀虫剂拌和而成，引诱其取食，以达到毒杀之目的。

四、拌种、浸种和浸苗法

拌种是用粉剂杀虫剂和种子在干燥的情况下拌和均匀，也可将药液喷洒在摊开的种子上，作搅拌使种子表面均匀覆盖上药剂，这种用药方法称拌种法。一般用于防治害虫蛀食种子和苗期病虫害。

浸种和浸苗法是将种子（或块茎）、幼苗浸入在一定浓度的药液中，过一段时间取出，达到消灭种子、幼苗表面或内部病虫之目的。

五、土壤处理

就是把杀虫剂撒在土面或土层中，预防害虫入侵，新建房屋的白蚁预防和有些农业害虫的防治都采用此方法。

六、熏蒸法

利用熏蒸杀虫剂产生的毒气，在密闭条件下杀灭仓储害虫和堆砂白蚁属等害虫。

除上述几种主要方法外，还有烟雾、超低容量喷雾、涂抹、毒环等使用方法。

第七节　防治白蚁的主要杀虫剂

自古以来，我国南方人已积累了许多防治白蚁为害的经验，在许多古建筑中，顶梁柱的基部用花岗岩柱作基础，木柱不直接与土壤接触，达到理想的防白蚁效果。在应用化学药物防治白蚁方面，利用亚砷酸防治白蚁也有一段很长的历史了。随着科学的发展、社会的进步，人们对各类化学杀虫剂的研制、使用以及对人类和自然环境的影响有了较全面的认识，不断地推陈出新，淘汰劣者，新型的高效低毒杀虫剂不断产生。回顾几十年来白蚁防治所使用过的化学药剂，介绍如下。

一、无机类

1. 三氧化二砷（arsenic oxide）

分子式：As_2O_3；分子量：197.84。

三氧化二砷又称砒霜，纯白色结晶粉末，无臭，没有特殊气味，升华点为192 ℃，微溶于水，溶解度为2%～4%，不溶于有机溶剂，但有碱液中溶解并形成亚砷酸盐。在酸性介质中会缓慢氧化，局部生成砷酸。

小鼠急性口服LD_{50}值为34.4～63.5 mg/kg，大鼠为180～200 mg/kg。对人的最小致死量为2 mg/kg。

灭白蚁用的剂型为粉剂，加润滑剂滑石粉35%、警戒剂氧化铁红5%。

在广东，利用三氧化二砷灭治白蚁已有近百年历史。白蚁防治从业人员普遍认为，此药是灭杀家白蚁最理想的药物。虽然长期使用此药灭治白蚁但还没有发生过从业人员和客户人员中毒及伤亡事故，鉴于三氧化二砷是白色结晶粉末，无臭，无特殊气味的剧毒药物，对人及哺乳动物的毒性极大，贮存和使用都必须十分小心并严格管理。据报道，此药有致皮肤癌作用，寻求其替代药物已迫在眉睫。

2. 亚砷酸钠（sodium arsenate）

分子式：Na_3AsO；分子量：159.2。

纯品为白色结晶末，工业品为褐黄色或深褐色粉状固体，由氢氧化钠（NaOH，分子量：39.99）与三氧化二砷反应制得，比重为2.0～2.5，溶于水、乙醇和甘油。

小鼠急性口服LD_{50}值为10～50 mg/kg。对蚁、鼠、蝇、地下害虫有很强毒杀力，可加工成水剂（10%～20%）、饵剂（灭蚁用者以1份药、20份麸皮、4份饴糖，加水16份调匀、晾干即可）等，属高毒杀虫剂，已不用于白蚁防治。

二、有机氯类

1. 灭蚁灵（mirex）

分子式：$C_{10}Cl_{12}$；分子量：546。

灭蚁灵的化学名称为十二氯五癸烷，是由六氯环戊二烯在氯化铝的存在下二聚而成的白色粉末，熔点485 ℃；不溶于水，溶于苯、四氯化碳、二甲苯等溶剂；硫酸、硝酸和盐酸等都不能影响其稳定性。

大白鼠急性口服LD_{50}雄鼠（306 ± 71）mg/kg，雌鼠（600 ± 102）mg/kg。大白鼠口服致死最低量306 mg/kg。兔急性经皮LD_{50}800 mg/kg。灭蚁灵在环境中的半衰期达10年（沉积物中），在空气中，灭蚁灵可通过光照被转化从而加大其毒性。

灭蚁灵为慢性胃毒杀虫剂，接触活性很小，被广泛用于防治白蚁、蚂蚁及蟑螂。1959年，由Allied化学公司推广使用。我国于1968年引进，主要用于白蚁及蚂蚁等害虫的灭治。此药，在我国南方的水利白蚁防治中曾发挥过重要作用。灭蚁灵粉剂中灭蚁灵原粉含量为50% ~70%，其余为填充剂如滑石粉等，有时也加入警戒剂。灭蚁灵也可配制成0.5% ~1%的毒饵灭杀白蚁及蚂蚁等。灭蚁灵是一种十分稳定的有机氯杀虫剂，在土壤中的半衰期达10年之久，可在动物体内尤其在脂肪组织中积累，同时可引起动物肝脏癌变，绝大多数国家已禁止使用（美国在1978年已禁用）。我国已于2009年5月17日起禁用。

2. 氯丹（chlordane）

分子式：$C_{10}H_6Cl_8$；分子量：409.78。

工业品氯丹为琥珀色稠状液体，比重为1.56（60 ℃），沸点为175 ℃（267 Pa）；不溶于水，可溶于大多数有机溶剂。工业品氯丹含有60% ~75%氯丹异构体，其余为七氯、六氯和三氯等。杀虫活性较好，对哺乳动物的毒性较低。改进生产的氯丹工业品，含有顺式体70%，反式体25%和七氯1%，对酸或碱稳定。

急性口服LD_{50}值，大白鼠457 ~590 mg/kg、小白鼠430 mg/kg、鸡220 mg/kg、兔100 mg/kg、绵羊500 ~1 000 mg/kg、仓鼠1 720 mg/kg；大白鼠急性经皮LD_{50} 580 mg/kg。人类口服致死最低量估计为40 mg/kg。小白鼠腹腔注LD_{50}射致死最低量240 mg/kg，大白鼠腹腔注射LD_{50}343 mg/kg致死；兔静脉注射LD_{50}致死最低量10 mg/kg。大白鼠口服150 ppm反式体两年，与对照鼠没有差异，但是低浓度长期口服，肝脏发生阻碍。

触杀和胃毒性杀虫剂。其杀虫毒力和残效都介于DDT和六六六之间，迟效。氯丹在土壤中可持续存在至少20年，在20世纪八九十年代，在我国此药广泛用于新建房屋白蚁预防工程。

目前，大部分发达国家已禁用氯丹等有机氯杀虫剂的使用。美国环保局（EPA）把氯丹列入B2级人类可致癌物质。国际癌症研究机构（IARC）也把氯丹作为2B类致癌物质。日本、美国分别于1987年、1988年禁用氯丹，澳大利亚、墨西哥也分别于1995年、1998年禁止使用氯丹。此外，美国生产商1997年5月自动宣布停止在美国本土及其他国家生产氯丹。我国经贸委1999年1月22日发布的6号令已将氯丹列为2000年年底淘汰的产品。2001年5月，世界上包括中国在内的90多个国家签署了旨在控制和消除 POPs 污染影响的《斯德哥尔摩公约》，首批列入公约清单的 12 种化学品中就有氯丹、灭蚁灵、艾氏剂、狄氏剂、异狄氏剂和七氯。我国于 2009 年 5 月 17 日起禁用氯丹。

三、有机磷类

1. 毒死蜱（乐斯本，chlorpyrifos）

分子式：$C_9H_{11}Cl_3NO_3PS$；分子量：350.6。

纯品为白色颗粒状结晶，有硫醇臭味，熔点为 42～43.8 ℃，蒸气压为 2.5 mPa（25 ℃），易溶于大多数有机溶剂。常温下稳定，在中性和弱酸性介质中较稳定，在强碱性水溶液中易分解，铜离子可促进其分解。

雄大白鼠口服急性致死中量（LD_{50}）为 163 mg/kg，雌大白鼠的口服急性致死中量（LD_{50}）为 135 mg/kg；兔经口急性致死中量（LD_{50}）1 000～2 000 mg/kg。

毒死蜱属中等毒性杀虫剂。对眼睛有轻度刺激，对皮肤有明显刺激，长时间接触会产生灼伤。在试验剂量下未见致畸、致突变、致癌作用。对鱼和水生动物毒性较高，对蜜蜂高毒。

毒死蜱是一种具有广谱杀虫活性的杀虫剂，有触杀、胃毒和熏蒸作用，无内吸作用。1965 年发现其杀虫活性，同年由陶氏公司推广应用，自 20 世纪 60 年代中期进入市场以来，毒死蜱研制出 800 多种制剂，用于白蚁、蚊虫、蟑螂等卫生害虫的防治，也可用于果树、庭院植物上的害虫防治。美国约有 2 000 万家庭平均每年至少使用 1 次毒死蜱。

毒死蜱是北美地区作为氯丹替代物广泛用于白蚁防治的药物。在我国南方各省（市、区）曾广泛用于新建房屋白蚁预防工程。1999 年，美国 24% 的毒死蜱用作白蚁控制，每年约 1 000 吨。由于毒死蜱对婴、幼儿的神经系统和肝脏代谢系统有严重危害，2000 年 6 月 8 日美国环境保护署（EPA）根据美国联邦政府有关法令，禁止毒死蜱用于家庭和公众活动场所的害虫防治，并限制其在食品生产中的使用。

使用此药时，必须注意：①不能与碱性杀虫剂混用。②该药对黄铜有腐蚀作用，喷雾器用完后，要立即冲洗干净。③该药对蜜蜂和鱼类高毒，使用时注意保护蜜蜂和水生动物。为保护蜜蜂，应避开作物开花期使用。④如中毒，应立即送医院治疗，并可注射阿托品解毒；不可引吐。

2. 辛硫磷（phoxim）

分子式：$C_{12}H_{15}N_2O_3PS$；分子量：298。

纯品为浅黄色油状液体，常温下工业品为浅红色油物。可溶于醇类、酮类、芬香烃类溶剂。高温下易分解，光解速度快。50% 辛硫磷乳油为棕褐色油状物。

辛硫磷属低毒级杀虫剂，雄大白鼠的口服急性致死中量（LD_{50}）为 2 500～5 000 mg/kg，小白鼠的口服急性致死中量（LD_{50}）为大于 2 500～3 000 mg/kg，雄大白鼠经皮急性致死中量（LD_{50}）为大于 1 000 mg/kg。对鱼有毒，对蜜蜂有接触、熏蒸毒性。

辛硫磷是一种广谱、低毒、低残留有机磷杀虫剂，杀虫谱广、速效性好、残留期短、遇光易分解。对人畜毒性低，对鱼类、蜜蜂和天敌高毒。对害虫以触杀和胃毒作用为主，无内吸作用，但有一定的熏蒸作用和渗透性。能抑制害虫胆碱酯酶的活性，使其中毒死亡。

1968 年发现辛硫磷的杀虫活性，同年由陶氏公司推广应用。用于预防白蚁土壤处理时，通常添加八氯二苯醚作增效剂，比例为辛硫磷 18%、八氯二苯醚 12%。土壤处理使用浓度与剂量为，水平屏障用 1% 药液 4 L/m^2，垂直屏障用 1% 药液 5 L/m（以深度 30 cm 计，若超过此深度，用量按比例递增）。

四、氨基甲酸酯类

仲丁威（巴沙，扑杀威，fenobucarb）

分子式：$C_{12}H_{17}NO_2$；分子量：207.3。

纯品为无色结晶，熔点为 32 ℃，工业品熔点为 28.5 ~ 31 ℃，液体为淡蓝色或淡粉色，有芳香味，沸点为 112 ~ 113 ℃。25 ℃时蒸汽压为 0.533 Pa，20 ℃时在水中溶解度小于 0.01 g/L，丙酮中 2 000 g/L、甲醇中 1 000 g/L、苯中 1 000 g/L，在碱性和强酸介质中不稳定，在弱酸介质中稳定，受热易分解，对光照稳定。

对人、畜低毒。大白把鼠急性经口致死中量（LD_{50}）为 410 ~ 625 mg/kg，大白鼠急性经皮 LD_{50} >500 mg/kg。在试验剂量范围内，对动物无致突变、致畸、致癌作用。

对鱼低毒，对害虫有强烈触杀作用，兼有一定内吸作用。对多种农业害虫及家庭卫生害虫有效。

1963 年，德国拜耳公司首先推荐作为杀虫剂。本品用于预防白蚁的剂型有 15% 的白捕特微胶囊（BaktopMC，日本住友公司产品）。土壤处理使用浓度与剂量；水平屏障用 0.15% ~ 0.3% 药液 4 L/m^2；垂直屏障用 0.15% ~ 0.3% 药液 5 L/m（以深度 30 cm 计，若超过此深度，用量按比例递增）。

五、拟除虫菊酯类

1. 氯菊酯（除虫清，二氯苯醚菊酯，苄氯菊酯，克死命，permethrin）

分子式：$C_{21}H_{20}Cl_2O_3$；分子量：391.3。

纯品为白色晶体，略具芳香味，工业品为黄棕色黏稠液体，熔点为 34 ~ 39 ℃，沸点为 198 ~ 200 ℃。25 ℃时蒸汽压为 4.53×10^{-5} Pa，25 ℃时溶解度：水中 0.07 ppm，已烷中 1 kg/kg，甲醇中 250 g/kg，对热稳定。在酸性介质（pH4）中稳定，在碱性介质中分解较快。

大白鼠的口服急性 LD_{50} 为 2 000 mg/kg，小白鼠的口服急性 LD_{50} 为 600 mg/kg。本品是一种广谱杀虫活性的杀虫剂，有触杀和胃毒作用，无熏蒸和内吸作用。对高等动物毒性低和刺激性小，可用于防治卫生害虫及多种叶类作物上的害虫；对人、畜低毒。

Kard 等（1998）报道，1978 年、1980 年用 1% 氯菊酯处理土壤，持效达 5 ~ 15 年。

国外预防白蚁的氯菊酯产品主要有 FMC 的 Dragnet FT（有效成分 36.8%）及 Prelude（有效含量 25.6%）。推荐用于建筑物预防白蚁水平屏障处理的浓度与剂量为 0.5% 的药液 4 L/m^2，垂直屏障处理为 0.5% 药液 5 L/m（以深度 30 cm 计，若超过此深度，用量按比例递增）。

2. 氯氰菊酯（灭百可，兴棉宝，安绿宝，赛波凯，cypermethrin）

分子式：$C_{22}H_{19}Cl_2NO_3$；分子量：416.3。

原药为黄棕色至深红褐色黏稠液体或固体。

不溶于水，能溶于一般有机溶剂。在丙酮、环己酮、氯仿中溶解度大于0.45 kg/kg，乙醇中337 g/L，热稳定性强，当温度超过220 ℃时，分解也较缓慢。

大白鼠的口服急性LD_{50}为247～500 mg/kg，小白鼠的口服急性LD_{50}为250～400 mg/kg。本品对皮肤、眼睛有轻度刺激作用，有触杀和胃毒作用，无熏蒸和内吸作用，是一种广谱性的杀虫剂；此药对人、畜毒性中等，对鱼类毒性大，对蜜蜂、家蚕高毒。

氯氰菊酯对光、热稳定。对粉蠹、长蠹及白蚁等木材害虫有较好的防治效果。用于室内木材，持效一般在7年左右。通常使用的方法是用0.3%～0.6%的乳剂，将木材在其中浸渍10～20分钟，或用0.3%～0.6%药液喷、涂木材表面，对已使用10年以上的旧木构件，每平方米木材表面用药液400 mL；对使用10年以下的新木构件，每平方米木材表面用药液250 mL。

用于建筑物预防白蚁水平屏障土壤处理的浓度与剂量为0.3%～0.6%浓度的药液4 L/m^2；垂直屏障为0.3%～0.6%浓度的优越5 L/m（以深度30 cm计，若超过此深度，用量按比例递增）。

产品剂型：国内为10%乳油；国外为30.6%乳油（Prevail TC）及25.3%乳油（Demon TC）。

3. 溴氰菊酯（敌杀死，凯素灵，凯安宝，deltamethrin）

分子式：$C_{22}H_{19}Br_2NO_3$；分子量：505.2。

纯品为白色斜方形针状晶体，原药为无气味白色粉末。常温下几乎不溶于水，溶于丙酮、二甲苯等大多数芳香族溶剂。在酸性介质中较稳定，在碱性介质中不稳定。对光稳定，在玻璃瓶中暴露在空气和光照下，两年无分解现象发生。溴氰菊酯乳油外观为透明状黄色液体。

溴氰菊酯属中等毒性杀虫剂。原药大白鼠急性经口LD_{50}为138 mg/kg，经皮急性LD_{50}大于2 940 mg/kg。乳油制剂大白鼠急性经口LD_{50}为535 mg/kg，经皮急性LD_{50}大于1 782 mg/kg。对皮肤无刺激作用，对眼睛有轻度刺激作用，但在短期内即可消失。三代繁殖试验和神经毒性试验未见异常。在试验剂量内对动物未见致癌和致突变作用。对鱼类及水生生物高毒，对蜜蜂和蚕剧毒，对鸟类毒性较低。

制剂有2.5%乳油（Decis 2.5EC）、2.5%可湿性粉剂（K-Othrin）及25%克蚁灵悬浮剂（Kordon 250 SC，法国安万特环境科学公司产品）。建筑物预防白蚁用0.125%浓度药液。水平屏障用4 L/m^2；垂直屏障用5 L/m（以深度30cm计，若超过此深度，用量按比例递增）。灭治白蚁用0.05%的粉剂，如Deltadust（AgrEvo产品）。

4. 联苯菊酯（天王星，虫螨灵，氟氰菊酯，bifenthrin）

分子式：$C_{22}H_{22}ClF_3O_2$；分子量：422.9。

原药为浅褐色固体，熔点为68～70.6 ℃，25 ℃时蒸气压为0.024 mPa。25 ℃时溶解度：水中0.1 ppm，丙酮中1.25 kg/kg，氯仿、二氯甲烷、甲苯中89 g/L。

大白鼠的口服急性 LD_{50} 为 54.5 mg/kg，兔经皮急性致死中量 LD_{50} 大于 2 000 mg/kg。对鼠、兔皮肤无刺激作用，对眼睛也无刺激作用。此药属中等毒性杀虫剂，对鱼、水生昆虫等水生动物高毒，对蜜蜂中毒，对鸟类低毒。

本品特点：①具有很高的灭白蚁效力；②性质稳定，药效持久；③不易流失，无内吸作用；④对人、畜安全，不污染环境；⑤不含氰基，对皮肤无刺激作用。

在美国，Kard 用 0.062% 的联苯菊酯处理土壤，预防白蚁达 7 ~ 14 年。

在澳大利亚的试验表明，经联苯菊酯处理的土壤，在完全暴露自然环境情况下，10 年内无白蚁侵入。

联苯菊酯产品有 FMC 的 Biflux TC（有效成分 25.1%）及 Talstar（有效成分 7.9%）。

用于建筑物预防白蚁水平屏障的浓度与剂量为 0.06% ~0.12% 药液 4 L/m^2；垂直屏障为 0.06% ~0.12% 药液 5 L/m（以深度 30 cm 计，若超过此浓度按比例递增）。

5. 氰戊菊酯（速灭杀丁，敌虫菊酯，杀虫菊酯，杀灭菊酯，戊酸氰菊酯，异戊氰菊酯，fenvalerate）

分子式：$C_{25}H_{22}ClNO_3$；分子量：419.9。

纯品为黄色透明油状液体，蒸气压为 0.037 mPa（25 ℃）。溶解度：水中（2 ℃）小于 1 mg/L，（23 ℃）丙酮中、氯仿中、二甲苯中、乙醇中、环己酮中大于 1 kg/kg。

大白鼠的口服急性（LD_{50}）为 451 mg/kg，大白鼠经皮急性致死中量（LD_{50}）大于 5 000 mg/kg。对皮肤、眼睛有轻度刺激性，对人、畜毒性中等，对鱼和水生动物毒性大，对鸟类毒性小。

制剂有 20%、30% 乳油。用于预防白蚁的剂型有 24.5% 飞乳油（Tribute EC，AgrEvo 产品）。土壤处理使用浓度与剂量：水平屏障用 1% 药液 4 L/m^2，垂直屏障用 1% 药液 5 L/m（以深度 30 cm 计，若超过此深度，用量按比例递增）。

此药于 1976 年由日本佳友化学公司开发，也是目前我国产量最高的拟除虫菊酯类农药。

6. 氟氯氰菊酯（百树得，百树菊酯，cyfluthrin）

分子式：$C_{12}H_{20}Cl_2O$；分子量：391.3。

纯品为黏稠液体的、部分结晶的琥珀油状物，无特别气味。熔点为 60 ℃；微溶于水，易溶于丙酮、甲苯和二氯甲烷；在酸性条件下稳定，在碱性（pH）大于 7.5 条件下易分解。

大白鼠的口服急性 LD_{50} 为 500 mg/kg，大白鼠经皮急性 LD_{50} 为 5 000 mg/kg。本品是一种广谱杀虫活性的杀虫剂，有触杀和胃毒作用，作用迅速。对人、畜毒性低，对蜜蜂和家蚕高毒。可用于防治卫生害虫、多种叶类作物上的害虫及木材害虫。

国外用于预防木材害虫的氟氯氰菊酯产品主要有 Bayer 公司的 Tempo 20 WP（有效成分 20%）及 Tempo SC（有效成分 11.8% ~20%）。使用时用 0.05 ~0.1 药液喷、涂地面上用木材表面。

7. 用于防治白蚁的其他拟除虫菊酯类

（1）氟硅菊酯（silafluofen），产品有日本除虫菊株式社 5% 硅白灵乳油。

(2) S-氰戊菊酯（esfenvalerate），产品有日本住友工作株式会社5%霹杀高悬浮剂。

(3) 顺式氰戊菊酯（高氰戊菊酯来福灵，esfenvalerate），顺式氰戊菊酯除了具有氰戊菊酯相同的药效特点、作用机制、防治对象外，其杀虫活性要比氰戊菊酯高出4倍。产品有日本住友化学工业株式会社生产的5%霹杀高悬乳剂。

六、氯化烟碱类

吡虫啉（imidacloprid）

分子式：$C_9H_{10}ClN_5O_2$；分子量：255.7。

纯品为白色结晶，工业品为棕黄色或棕色结晶状固体。熔点为143.8 ℃（结晶式1）、136.4 ℃（结晶式2），20 ℃蒸气压为200 mPa，20 ℃溶解度：水中0.5 g/L、二氯甲烷中50～100 g/L、异丙醇中1～2 g/L，pH 5～11稳定。

大白鼠口服急性致死中量LD_{50}为450 mg/kg，大白鼠经皮急性致死中量LD_{50}大于5 000 mg/kg。大白鼠吸入LC_{50}（4 h）大于5 223 mg/kg。对兔皮肤和眼睛无刺激作用，对动物未见致癌、致畸和致突变作用。

本品属于硝基亚甲基类内吸性杀虫剂，具有触杀、胃毒和内吸作用，是烟酸乙酰胆碱酯酶受体的作用体。吡虫啉是新一代氯化烟碱类杀虫剂，具有广谱、高效、低毒、低残留，害虫不易产生抗药性，对人、畜、植物和天敌安全等特点。用于预防白蚁土壤处理的剂型有75%的水溶性粉剂（Premise 75 WSP，Bayer公司产品）。使用浓度与剂量：水平屏障用0.05%～0.1%的药液4 L/m^2，垂直屏障用0.05%～0.1%药液3 L/m（以深度30 m计，若超过此深度，用量按比例递增）。由于吡虫啉对白蚁无驱避作用，白蚁经过药物处理带时，毫无感觉，故能较彻底消灭整个白蚁群体。

七、酰基脲类

1. 氟铃脲（hexaflumuron）

分子式：$C_{16}H_4Cl_2F_6N_2O_3$；分子量：461.1。

无色固体。熔点为202～205 ℃，25 ℃蒸气压为0.059 mPa。20 ℃溶解度：水中0.059 mg/L、甲醇中11.9 mg/L。

大白鼠的口服急性致死中量（LD_{50}）＞5 000 mg/kg，大白鼠经皮急性致死中量（LD_{50}）＞5 000 mg/kg。本品是昆虫几丁质合成抑制剂，能抑制昆虫表皮几丁质的合成，使害虫在蜕皮或变态过程中死亡。具有高效、广谱、低毒，对天敌安全等特点。对高等动物毒性极低。目前用于白蚁防治主要与诱饵混合，做成0.5%毒饵，产品有陶氏益农公司的Recruif AG及Recruit Ⅱ，前者用于室内地上部分白蚁诱杀，后者用于室外地下部分白蚁诱杀。

2. 除虫脲（diflubenzuron）

分子式：$C_{14}H_9CLF_2N_2O_2$；分子量：310.7。

纯品为白色结晶，工业品为米黄色或黄色结晶。熔点为210～230 ℃，25 ℃蒸气压小于0.013 mPa；20 ℃溶解度：水中0.1 mg/L、丙酮中6.5 mg/L，25 ℃二甲基酰胺中

104 g/L；稳定性：100 ℃下储存1天后分解率<0.5%，50 ℃下储存7天后分解率<0.5%；该固体对日光稳定。对人、畜毒性低。大白鼠的口服急性致死中量（LD_{50}）>4 640 mg/kg，小白鼠口服急性致死中量（LD_{50}）>4 640 mg/kg，兔经皮急性致死中量（LD_{50}）>2 000 mg/kg，本品为脲类杀虫剂，具有胃毒和触杀作用，主要抑制昆虫表皮几丁质的合成。用于诱杀白蚁诱饵含除虫脲0.25%。产品有ENSYSTEX公司的LABYRINTH BAIT。

八、吡唑类

氟虫腈（锐劲特，fipronil）

分子式：$C_{12}H_4C_{12}F_6N_4OS$；分子量437.2。

纯品为白色粉末，熔点为200～201 ℃，25 ℃蒸气压为3.0×10^{-4} mPa。20 ℃溶解度：水中2 mg/L、丙酮中大于50%。

大白鼠的口服急性致死中量（LD_{50}）为97 mg/kg，大白鼠经皮急性致死中量（LD_{50}）大于2 000 mg/kg，大白鼠吸入LC_{50}（4h）大于0.682 mg/L。对兔皮肤和眼睛无刺激作用。在推荐用量下，对人、畜和鱼类、鸟类、作物较安全。

氟虫腈是一种全新的苯基吡唑类杀虫剂。杀虫谱广，具有触杀、胃毒和内吸传导作用。其杀虫机制是阻碍昆虫γ-氨基丁酸控制的氯化物代谢。防治对菊酯类、有机磷类和氨基甲酸酯类农药已产生抗性的害虫，有很好的防效。

氟虫腈对白蚁无驱避作用，白蚁虽然可取食药物处理过的木材或经过药物处理带，却毫无感觉，最后导致整个白蚁群体死亡。

用于预防白蚁土壤处理的剂型有Aventis Group的9.1%悬浮剂（TERMIDOR SC）和2.5%乳油（Termidor 25 EC）。使用浓度与剂量：水平屏障用0.06%～0.125%的药液4 L/m^2，垂直屏障用0.06%～0.125%药液5 L/m（以深度30 m计，若超过此深度，按比例递增）。

九、有机氟类

1. 氟虫胺（sulfluramid）

分子式：$C_{10}H_6F_{17}NO_2S$；分子量：527.2。

原药为白色晶状固体，熔点为96 ℃，沸点为196 ℃，25 ℃蒸气压为0.057 mPa；25 ℃溶解度：不溶于水、二氯甲烷中18.6 g/L、甲醇中883 mg/L；稳定性：50 ℃条件下稳定期大于90天。

大白鼠的口服急性致死中量（LD_{50}）为543 mg/kg。本品对皮肤无刺激性，对鸟类高毒，对水生生物毒性较大。

氟虫胺对昆虫的主要作用是影响昆虫的呼吸代谢。用于防治白蚁、蚂蚁及蟑螂，诱杀剂中氟虫胺含量0.01%，如美国FMC公司的Firstline GT BAIT白蚁诱杀站。

2. 伏蚁腙（hydramethylnon）

分子式：$C_{25}H_{24}F_6N_4$；分子量：494.5。

TC伏蚁腙为黄色到橙黄色；熔点为185～190 ℃，25 ℃蒸气压为0.027 mPa；25 ℃

溶解度：水中0.005～0.007 mg/L、丙酮中360 g/L、氯苯中390 g/L、乙醇中72 g/L、甲醇中230 g/L、二氯甲烷中170 g/L；稳定性：在45 ℃条件下稳定期90天。

雄大白鼠的口服急性致死中量（LD_{50}）1 131 mg（TC）/kg，雌大白鼠为1 300 mg/kg；兔经皮急性致死中量（LD_{50}）大于5 000 mg/kg。对兔皮肤无刺激作用，对眼睛有可逆刺激作用。

本品对昆虫的作用主要是影响昆虫的呼吸代谢，用于防治白蚁、蚂蚁及蟑螂，诱杀剂中伏蚁脎含量1%～2%。美国氰胺（American Cyanamid）公司的Subterfuge病原诱杀剂，伏蚁脎含量为2%。

十、熏蒸剂

1. 溴甲烷（bromomethane）

分子式：CH_3Br；分子量：95。

纯品在常温下为无色气体，沸点为－93 ℃，稳定、不可燃。

溴甲烷是一种高效熏蒸剂，在常温下是无色略带甜味的气体，一般都压缩成液体，使用时旋开钢瓶阀门，溴甲烷气体自动喷出。具有强杀虫活性，可用于空间熏蒸，消灭各种仓库害虫、木材害虫（包括干木白蚁）。使用剂量：夏天，20～30 g/m^3；冬天，30～40 g/m^3。

溴甲烷对人、畜高毒。大白鼠急性经口LD_{50}为21 mg/kg。溴甲烷属高毒熏蒸杀虫剂，施药人员必须经过严格的技术培训，施药时必须佩戴有效的防毒面具。

2. 磷化铝（aluminiumphosphide）

分子式：AlP；分子量：58。

为灰黑色或带黄色的高熔点晶体粉状。干燥时稳定，遇水发生激烈反应放出磷化氢气体。

磷化氢气体是由类似碳化硅气味的气体，沸点为－87.4 ℃。在空气中可自燃，爆炸极限为26.15～27.06 g/m^3。磷化氢具有高杀虫活性，可用于空间熏蒸，消灭各种仓库害虫、木材害虫（包括干木白蚁）。

国产磷化铝产品的磷化铝含量为56%，使用剂量为5～10 g/m^3。

大白鼠急性口服LD_{50}值为50～100 mg/kg，在熏蒸时，每立方米空气中有10 mg硫化氢时，人逗留6小时就会中毒，当含量达500 mg时，则逗留30～60分钟即可致死。磷化铝是重要的熏蒸剂，对人、畜高毒，施药人员必须经过严格的技术培训，施药时必须佩戴有效的防毒面具。

第八节　木材的防腐与防虫

在建筑物中的木构件常会发生腐朽和虫蛀的情况，如门框、窗框、木柱、木架、木家具等发生腐朽或虫蛀。木材腐朽是微生物侵害的结果，主要是真菌和细菌两类微生物侵害所致。为害木材的真菌有霉菌、变色菌和腐木菌三类。霉菌和变色菌都属子囊菌纲和不完全菌纲的真菌；木腐菌多属担子菌纲中伞菌科和多孔菌科的真菌。木腐菌生长发育的适宜条件是温暖、高潮湿、养料丰富和充足的空气。在我国南方，厕所、厨房的木门、木窗遭木腐菌破坏非常普遍。

木材除了受真菌为害外，另一个破坏因素就是虫蛀。害虫在木构件和家具中蛀食，形成虫道和虫眼，不仅影响木构件的强度，还影响其美观。为害木构件和家具害虫有白蚁、天牛、长蠹、粉蠹、小蠹、窃蠹、象甲和吉丁虫等。

采用有毒的化学药剂处理木材，防止虫、菌为害，从而延长木构件和家具的使用寿命。这类化学药剂通常称为木材防护剂。

作为木材防腐剂，除了高效的防虫防腐功能外，还必须具备如下条件：①使用安全，对人、畜安全及对环境无害；②在木材中有良好的渗透性；③没有副作用，如对金属、木材无腐蚀作用；④具有持久及稳定的防菌防虫效能；⑤对木材的特性如强度及胶着性及油漆性不产生不良的影响；⑥价格便宜且取材容易。

木材防腐剂一般可分为水溶性及有机溶剂性两大类。

水溶性防腐剂是指能溶于水的对败坏木材的生物有毒性的无机（或有机）盐类物质。此类防腐剂的特点是：①价格低廉；②处理后木材表面干净，无刺激气味，不影响胶着性及油漆性；③不会增加木材可燃性。

水溶性防腐剂主要分固定性盐（fixing salts）及非固定性盐（non - fixing salts）两类。

一、固定性盐类（fixing salts）

固定性盐类防腐剂是指防腐剂使用后能固定于木材中，减少因雨、水的冲刷而流失。常见的固定性复合盐类防腐剂有以下六种。

1. 酸性铬酸铜（acid-chromium-copper，简称 ACC）

药液渗入木材后，铜即与铬盐生成不溶性的铬酸铜，沉积于木材细胞中，当真菌侵入后分泌酸性酶液时，药物又变成溶解状态而起杀菌作用。

用于预防白蚁时，使用剂量为：非接触土壤木材 >4 kg/m^3、接触土壤木材 >6.4 kg/m^3。处理可用高压、真空法。

2. 铜铬砷合剂（chromium-copper-arsenic，简称 CCA）

CCA 是世界上古老和最著名的水溶性复合防腐剂，这种防腐剂浸注到木材后能很快互相作用，生成不溶于水的化合物，固定于木材纤维上，不为雨水或土壤水分所流失。CCA 可用于电线杆、轨枕、坑木、桩木、桥梁木结构，室内外建筑用材等的防腐、防虫（包括防白蚁）处理。美国已于 2004 年 1 月 1 日起，禁止 CCA 木制品在庭院、各类公共场所使用。

3. 氨溶砷酸铜（ammonical-copper-arsenic，简称 ACA）

氨溶砷酸铜发明于 20 世纪 30 年代。20 世纪 60 年代以前，ACA 中所含的砷为三价砷。由于三价砷对人畜毒性大，有致癌危险，所以在 20 世纪 60 年代末改用五价砷。此药是一种不需利用铬盐固着的防腐剂，主要成分是轻氧化铜、氧化砷、醋酸和氨水。利用氨水来缓冲砷酸铜的沉淀和防止铜对处理设备的腐蚀性。待药液进到木材内，氨液挥发，形成了难溶的砷酸铜，沉积于木材细胞中。ACA 防腐剂对木材的真菌、昆虫（白蚁）及海生钻孔动物均有相当的毒效，可用作室内、室外用木材的防腐、防虫（白蚁）。

用于预防白蚁时，使用剂量为：非接触土壤木材 >4 kg/m^3、接触土壤木材 >6.4 kg/m^3。处理可用高压法、真空法、热冷槽法。

4. 铵溶砷酸锌铜（ACZA）

ACZA 于 1984 年由 ACA 改进而来，即在原来 ACA 中加入锌元素，而相应减少了在水溶性氨溶液中砷含量，增加 ACZA 的持久力和减少腐蚀性。

用于预防白蚁时，使用剂量为：非接触土壤木材 >4 kg/m^3，接触土壤木材 >6.4 kg/m^3。处理可用高压法、真空法、热冷槽法。

5. 季氨铜铵（ACQ）

ACQ 于 1992 年首先在加拿大使用。ACQ 最大的特点是二烷基二甲基氯化铵（DDAC）取代对人类、环境毒性较大的铬、砷化物。铜化物作为 ACQ 的主要成分，虽然对某些真菌有较强的毒性，但单独处理到木材内部后很容易流失。此外，铜对抗木材白蚁的能力较弱，而 DDAC 对多种木材腐朽菌有出色的抗菌效能，并且能有效防治白蚁等多种木材害虫。另外，DDAC 可通过离子交换的形式固着在木材细胞上，有一定的抗流失能力。故铜离子与 DDAC 结合使两者更完美。在不少国家（如日本、加拿大等），ACQ 已逐步推广取代 CCA。

ACQ 用于预防白蚁时，使用剂量为：非接触土壤木材 >4 kg/m^3、接触土壤木材 >6.4 kg/m^3。处理可用高压法、真空法。

6. A 型氨杂戊环硼铜（CBA－A）

CBA－A 用于预防白蚁时，使用剂量为：非接触土壤木材 >4 kg/m^3、接触土壤木材 >6.4 kg/m^3。处理可用高压法、真空法、冷热槽法。

二、非固定性盐（non-fixing salts）

这类防腐剂中盐类注入木材后，基本上保持原来的性质不变，没有抗流失性能。硼化物、氟化物、砷化物等属这一类防腐剂。

1. 硼化物（boron）

以硼作为木材防腐剂的最早记载是 1913 年 Wolman 发明的铬－硼防腐剂。因为硼酸盐具有杀菌、杀虫和阻燃的性能，所以，20 年后，硼被提出作为铬酸铜防腐剂中的一种成分。由于硼酸盐兼有杀菌和杀虫的性能，因此单独使用也是一种有效的防腐剂。硼化物对人和畜无毒害、无色、无臭、渗透性能好、价格便宜，因此很多国家都使用硼作为木材防腐剂。用作木材防腐剂的硼化物主要有硼砂和硼酸，其性质如下：

（1）硼砂。分子式：$Na_2B_4O_7 \cdot 10H_2O$；外观：无色半透明晶体或白色结晶末。比重：1.73；熔点：75 ℃（急剧加热）。稍溶于冷水，较易溶于热水，微溶于乙醇。

（2）硼酸。分子式：$H_3B_4O_3$；外观：无色微带珍珠光泽的三斜明晶体或白色粉末。比重：1.435；熔点：185 ℃（分解）；溶于水、乙醇、甘油和乙醚。

硼砂防菌效果不如硼酸，但防治天牛、长蠹和粉蠹的效果好。硼砂在防治变色菌也非常有效。硼酸对金属有强烈的腐蚀作用，故一般与硼砂混合使用。硼化物对青霉 *Penicillium* spp. 和木霉 *Trichodermas* spp. 这些表面霉菌效果较差。目前国际上主要使用八硼酸二钠（disodium octaborate tetrahydrate，$Na_2B_8O_{13}4H_2O$）作防腐防虫剂。用该化合物15%药液喷雾、涂刷木材表面或注射，可防治白蚁等多种木材害虫。

2. 氟化物（fluorides）

历史上氟曾经是最重要的木材防腐剂的元素之一。在欧洲一些国家中常用氟化物单体或与其他药剂混合作为木材防腐剂。氟化物的氟化钠、氟化钾、氟硅酸钠、氟硅酸锌、氟硅酸镁和一些双氟化合物。

氟化物是无色无味的药剂，不污染木材，所以很适宜作建筑材料的防腐剂。在欧洲的一些国家中常用于防菌和防治木材害虫的幼虫。双氟化合物因为渗透性好，用涂刷或喷洒法就能透入木材深部，多用于表面处理。常用氟化钠处理建筑材和坑木，为防止被水冲刷流失最好与铬盐混合使用，或将处理后的木材密堆，用塑料薄膜覆盖1~2周，促进药剂渗入木材深部。另外，也可将氟化物与其他盐类混合成浆膏，用来维修电杆和枕木。目前，氟化钠和氟硅酸盐已很少单独使用，多与其他药剂混合使用。

3. 砷化物

砷化物是一种有毒的无机化合物，是昆虫的胃毒剂，同时也有杀菌作用，常用的含砷防腐剂主要是CCA。用于防腐剂的砷化物有五氧化二砷、砷酸、砷酸氢二钠。

（1）五氧化二砷。分子式：As_2O_5；外观：白色无定型固体。比重：4.086。溶于水成砷酸，在水中的溶解度为83.8 g/100 g。五氧化二砷是由三氧化二砷用硝酸或双氧水等氧化制得。

（2）砷酸。分子式：H_3AsO_4；外观：无色透明晶体。比重：2.0~2.5。溶于水、乙醇和甘油。砷酸由三氧化二砷或砷与硝酸或双氧水氧化而来。

杀虫剂是有毒的化学物质。尽管各类杀虫剂的毒性不同，如果在生产、运输、储存、配药、使用时不慎，都会通过皮肤、呼吸道和消化道等途径进入体内，引起中毒，甚至造成死亡。因此，杀虫剂从生产、运输、储存、配药到使用的各个环节都必须有高度的安全意识，都应执行《危险化学品安全管理条例》，防止中毒事故发生。

从事生产、使用杀虫剂的工作者，必须采取有效的措施，严防中毒事故的发生。只要掌握有关杀虫剂的毒性、理化特性，弄清中毒的原因和途径，加强防护设施，人为因素造成的中毒事件是完全可以避免的。如发生化学药物中毒事故，应按照该药物中毒的救治方法进行救治。

第七章　水利堤坝白蚁的防治技术

水利堤坝白蚁防治与房屋白蚁防治因为害的白蚁种类及其生活习性不同，防治的目标也不尽相同，因此，水利堤坝白蚁防治有一套区别于房屋白蚁防治的技术。在广东，水利堤坝白蚁防治始于新中国建立初期的20世纪50年代。珠江三角洲为江河水网地带，堤围众多，因洪水决堤时有发生，不少是因白蚁为害所致。新中国成立后，各级政府及水利部门已注意到这一问题，在北江大堤等大中型堤围1954年联围前，一些重点提防开始实施堤坝白蚁防治工作。20世纪50年代后期的“大跃进”年代，广东与全国其他地区一样兴建了许多大、中、小型水库，到70年代，除了江河堤围遭受白蚁为害外，许多水库堤坝白蚁为害也日益严重。为此，探索堤坝白蚁防治技术已刻不容缓。广东省水利（水电）厅经过长期的探索研究，逐步完善了一套适于水利堤坝白蚁防治的“找、标、杀，找、标、灌，找、杀（防）”的“三环节8程序”系统技术。

第一节　国内常用的水利堤坝白蚁防治方法

我国南方10多个省（市、区）水利工程的土坝受到白蚁为害。各地都积累了许多防治经验和防治方法，归纳起来，常用的方法主要有以下四种。

一、挖巢法

根据白蚁的外露特征，沿蚁道追挖巢体；开沟截路，沿蚁路挖巢；钻探挖巢。经总结多年的挖巢经验，沿分飞孔追挖蚁巢较普遍应用。在追挖过程中，当出现岔路或多条蚁路时，蚁道口径大、拱高，工蚁和兵蚁活动频繁、兵蚁比例高、蚁道口封堵速度快的为通往巢体的蚁道。挖巢时，要连续追挖，直至抓获蚁王、蚁后，并及时回填土，分层夯实。根据分飞孔追挖蚁巢，准确率高，为灭蚁的重要手段，各地都有应用。挖巢法治理水利白蚁是一种原始方法，费工多、劳动强度大、灭蚁速率低；如挖巢后回填不实，不再灌浆，仍会出险，因此，有些省（区）已禁止使用此法灭蚁，特别是在汛期和可能危及堤坝安全时绝对禁止挖巢灭蚁。

二、熏蒸法

熏蒸灭蚁法在各地也曾广为应用，用熏蒸剂（或烟剂）化学杀虫剂，通过蚁道注入蚁巢，杀灭白蚁。

1. 六六六粉烟雾剂灭蚁

20世纪50～70年代，应用此法灭蚁较多，因六六六粉属持久性有害污染物，近三十年已不再应用此法灭蚁。

方法是，用杀虫剂可湿六六六粉 72%、燃烧剂氯酸钾 21%、助燃剂香粉 7%配成熏烟剂，装入熏烟器内，用导火线插入药剂中，使用时，将熏烟器的输烟管的射嘴插入已准备好的蚁道，然后点燃导火线，药物立即燃烧，使烟雾通过蚁道进入蚁巢，熏死白蚁。

2. 磷化铝熏杀白蚁

方法是，将每片重 2 g 的磷化铝放入已染湿棉球的玻璃管内，立即将玻璃管开口端插入刚挖出的主蚁道中，以湿土密封玻璃管周围。为了加快反应速度，防止白蚁堵塞蚁道，可在放湿棉球的玻璃管端，用酒精灯加温 10 ~ 30 分钟，即可反应完毕。然后，快速取出玻璃管，密封蚁道口，经 3 ~ 5 天，可将巢内白蚁全部杀灭。化学反应式：$AIP + 3H_2O = AI\ (OH)_3 + PH^{\uparrow}$（剧毒气体）。

3. 硫酰氟薰杀白蚁

硫酰氟（SO_2F_2）是我国 1976 年引进的熏蒸杀虫剂，为一种压缩液体，沸点为 −55 ℃。气化过程产生很大压力，可达 1 820 个大气压，使白蚁来不及堵塞蚁道已被杀死。硫酰氟比空气重 2.88 倍，加上气化过程产生的压力，可使药物迅速进入地下的白蚁巢穴系统，毒杀白蚁。在广东台山圹田水库主坝、清远神石坝、清远三嘉堤和梅县铁坑水库主坝，共进行了 17 个黑翅土白蚁巢群试验解剖观察，药杀的最大距离为 20.6 m，巢体入土最大深度为 3.40 m，巢体最大为 100 cm × 80 cm × 50 cm，巢群中菌圃最多 36 个，每巢施药 0.7 ~ 1.5 kg，不分季节，熏蒸超过 2 天便可杀灭整个巢群。

由于硫酰氟工业品经液化需用钢瓶入装，施药人员必须佩戴有效的防毒面具，因此，此法熏杀白蚁只用于研究性试验，难于推广应用。

三、灌浆灭蚁法

灌浆灭蚁曾是某些地区治理堤坝白蚁的主要方法之一，将灭杀白蚁药物掺入浆液中，在杀灭白蚁之同时也充填了白蚁巢腔、菌圃腔和蚁道，灌浆方式有三种。

1. 均匀布孔防渗灌浆灭蚁

在坝体上布置足够密度的灌浆孔，就能在坝内造成一道连续的泥浆。灌浆孔的布置，可在坝轴线布一排孔，通常分三序施工逐渐加密。一序孔距 20 m；二序间插在一序中，孔距 10 m；三序间插在二序中，孔距 5 m，孔深按防渗灌浆要求。如单纯进行防治白蚁灌浆，可在下游坝肩布一排孔，分二序施工，一序孔距 10 m，二序孔距 5 m，孔深 5 ~ 7 m，即可形成连续浆脉。白蚁为害特别严重的坝段，可在下游坝坡适当地段 1 ~ 2 排孔，分二序施工，最终孔距 5 m，孔深 3 ~ 5 m。泥浆灌注时的孔压力表压力控制在 0.5 kg/cm^2 以下。一般要进行三次以上的复灌。

2. 蚁路压力灌浆灭蚁

首先找到白蚁的主蚁道，运用压力灌浆机，把掺有灭蚁药的泥浆调好，从蚁道口灌入蚁路、菌圃和蚁巢。

3. 锥探压力灌浆灭蚁

采用钻头 20 ~ 30 mm，钢筋直径 16 ~ 20 mm、长 3 ~ 5 m，沿着堤坝坡顶打孔锥探，一般孔距和行距（水平距离）均约为 2 m，桉梅花形排列，孔深 2 ~ 4 m，从锥探时打孔难易和有无明显的掉锥感来判断是否有蚁道、菌圃或蚁巢。若疑似白蚁巢穴系统，要及时进行灌浆，以防工蚁、兵蚁堵塞浆孔。

因为灌浆灭蚁，在浆液掺入灭蚁药物，如五氯酚钠、可湿性六六六、敌敌畏、氯丹等，会对环境和水质造成污染，近三十年已不再应用此法治理蚁患了。

四、诱杀法

诱杀法是指用白蚁喜食的饵料引诱大量白蚁来取食，然后进行药物灭杀，先引后杀。早期所用的药物有 DDT、六六六、砒霜等，20 世纪 80 年代以后采用灭蚁灵。

诱杀法是指用白蚁喜食的桉树皮、甘蔗渣等和灭蚁灵按一定比例制成诱饵条，投放在分飞孔、泥被泥线等位置，引诱白蚁取食，以达到灭杀白蚁、引杀同步进行的目的。

自 1987 年 3 月在杭州市召开的南方地区堤坝白蚁防治工作座谈会后，应用灭蚁灵诱饵条杀灭水利堤坝白蚁已为各地广泛应用。

除了上述四种方法外，在急寻防治新方法的情况下，于 1975—1979 年广东水电厅在清远县和 1981—1983 年在梅县做过堤坝深层毒土防治白蚁的试验，选用当时广为应用的有机磷杀虫剂对硫磷（又称 1605）粉剂 6% 拌干砂 94%，用钢锥锥孔，孔距 0.5 m，孔深 0.6 ~ 2.0 m，孔位呈梅花形分布，用直径 16 ~ 18 mm、长 4 m 的钢筋打孔，然后将药砂灌入孔中，最后注入清水，使药液渗入土中，封口。效果见表 7 - 1 和表 7 - 2。

表 7 - 1　对硫磷深层毒土预防堤坝白蚁试验（清远县，赖宗明等）

水库名称		施药前情况	施药时间（年.月.日）	检查时间（年.月.日）	检查情况
迎嘴水库		试区设诱坑 15 个，9 个有蚁	1976. 2.26—3.20	1976.3.26	昆虫死亡，白蚁减少
				1976.4.8	无白蚁活动
				1976.4.10	诱坑无白蚁
				1976.12.6	深 2.9 m（施药 0.6 m）蚁巢蚁全死，菌圃融化
				1980—1985	分飞期无蚁活动
大罗山水库		坝坡有泥被泥线，木电杆及木材被蚁蛀食	1979 11.20—12.15	1980.3	无白蚁活动，木电杆木材无蚁蛀
				1980 年后	历年分飞期无蚁活动
七星岗堤	一区	堤坝有分飞孔施药 128 m^2	1979.10.27—10.28	1979.11.4	蚁道，主巢蚁全死菌圃霉烂
	二区		1979.10.27—10.30	1979.11.7	菌圃发霉，主巢边发霉，淋水少蚁未全死已衰废

续上表

水库名称		施药前情况	施药时间（年．月．日）	检查时间（年．月．日）	检查情况
长冲水库	一区	坝坡有分飞孔施药80 m^2	1979.11.10	1979.11.18	挖剖见空腔3处已白霉，无蚁
	二区		1979.11.12	1979.11.20	挖槽深1 m、长3 m，未见主蚁道
				1980—1985	一、二药区均无分飞孔

表7－2 对硫磷深层毒土防治堤坝白蚁效果（梅县，赖宗明等）

水库名称	施药时间（年．月．日）	施药前情况	检查时间（年．月．日）	施药后情况
清径水库	1981.7.10	坝坡堆松木，白蚁蛀食	1981.9.5	未见白蚁活动
大窝水库	1982.2.9	坝坡白蚁活动多，设诱坑12个，都有白蚁蛀食	1982.4.20—5.10	坝坡及诱坑均无白蚁活动，1985年再次检查，仍无白蚁活动
石子岭水库	1980.4.15	设诱坑36个均有白蚁，坝坡分飞孔2个	1980.6.10—6.20	36个诱坑无白蚁蛀食，解剖菌圃5个已发霉，1981年仍无白蚁活动
礤头水库	1983.11.11	迎水坡漂浮物白蚁蛀食，上下游坡有大量泥被泥线	1983.11.27—11.29	1985年再次检查，均无白蚁活动

第二节　水利堤坝白蚁防治技术的探索研究

新中国成立后，广东省水利堤坝白蚁防治工作开始走上有组织有领导的道路。自20世纪50年代初起，北江大堤等大中型堤围在1954年联围前已开始迈步。1960年，在湖北沙市召开了全国第一次白蚁防治经验与学术交流会，此后，广东一些堤防重点县开始注意白蚁防治工作。1964年，清远县科委邀请广东昆虫研究所李始美专家举办了50人参加的学习班，同时，筹建白蚁防治研究所协助该县水电局开展堤坝白蚁防治工作。1965年，清远县迎嘴水库开展黑光灯诱杀白蚁有翅成虫和毒土防治堤坝白蚁的经验广为我国南方多省（区）应用。当时广泛应用的锥探挖巢、灌药液药浆、熏烟灭蚁等治理堤坝白蚁方法，虽然落后于防治堤坝白蚁的形势，但是也解决了一些水利堤坝白蚁问题。20 世纪 70 年代后期，结合各地的堤坝白蚁防治经验，尽管已总结出“找、挖、杀、灌”较有效的防治方法，但仍存在许多问题，投入大、收效微，严重污染环境；黑光灯诱杀预防已成为“引狼入室”之害；基层未健全防治队伍，更缺乏自上而下的防治管理机构，仅依赖社会上房屋白蚁防治人员和有关科研单位，防治工作未能正常铺开，蚁害愈来愈严重；随着兴建的土堤坝越来越多，治蚁任务越繁重，以致到了“三环节 8 程序”技术已取得有效应用的 80 年代，仍发生如 8607 号台风和 1987 年“6. 5”洪水的白蚁祸害事故。五六十年代建成的大批堤坝至七八十年代，堤坝龄已达 10 ~30 年，按堤坝白蚁生活史，蚁害进入猖獗高峰期。鹤地、高州、雁田、杨梅、角洞、合溪、铁岗等一批水库相继于 1970—1975 年因蚁患漏水出现险情，险象环生。1970 年 9 月，横江中型水库垮坝冲毁整个公社，原因无从分析，很多水库令下游群众人心惶惶。部分大中型水库不得不长期限制蓄水控制运行，影响经济效益和社会效益，这才引起人们重视，逐步把白蚁防治工作纳入各级水利部门的议事日程。

一、总结经验，吸取教训

水利堤坝白蚁的防治经过长期探索，试用过多种药物，应用过多种防治方法，对当时广泛应用的挖巢灭白蚁法、熏烟或灌药灭白蚁法、灌浆灭白蚁法和劈裂灌浆治白蚁法四种白蚁防治方法进行了总结、评价，各种方法都有严重缺陷。挖巢灭蚁法是投入大、既费工又损伤堤坝、留有隐患的落后方法。熏烟或灌药灭蚁法，灭蚁效果差，污染环境，对施工者的人身安全有害。灌浆灭蚁法是无法杀灭白蚁的，广东北江大堤和广州市管辖水库曾轮番灌浆，但白蚁仍然为害，即使从分飞孔或挖到主蚁道灌浆，因工蚁堵路以及白蚁巢穴系统复杂，浆液也灌不到巢体。劈裂灌浆治白蚁法为后期推广的灌浆技术，因为坝体的白蚁巢中穿坝蚁道仅占 20%，80% 不穿坝的巢体蚁道，既灭不了白蚁，也充填不到浆液；就 20% 穿坝蚁道因工蚁堵路浆灌不进，即使是死巢，因巢穴系统结构特殊、充填度差，如陆丰县赤砂水库经灭杀白蚁已长出碳棒菌的几个死巢，进行劈裂灌浆，经解剖验收，所有的死巢腔连一点泥浆的痕迹都没有。

对以往治理水利堤坝白蚁的工作进行认真的总结、反思，寻求新的防治技术已成为水利白蚁防治各级管理部门以及工程技术人员的新课题，任重而道远。1975 年，广东省水电局借全国第三次白蚁防治经验交流与科研协作会在广州召开，并以东深供水工程雁田水库为现场之东风，组织科研队伍、开展探索性研究，为广东水利堤坝白蚁防治迈出新的一步。

二、开展探索研究

自 1975 年 9 月 3 ~9 日全国第三次白蚁防治经验交流与科研协作会在广州召开，并以东深供水工程雁田水库为现场起，广东省水电局领导要求工管处派专人分管白蚁防治工作。1976 年 11 月，在清远召开同样内容会议，布置白蚁防治工作，广东省水电局与广东省昆虫研究所和省水电设计院协作开展对白蚁为害调查及灭杀白蚁试验。此间，了解到早在 1972 年绍兴会议时，上海白蚁防治研究所等单位推广灭蚁灵灭蚁技术在广东水利系统尚属空白，其他行业也少问津。本来原药在 20 世纪 50 年代从美国引进时广东也获样品试验，乃因致死时间长而未推广。其实，针对白蚁习性，慢性药剂灭白蚁正是致死量少又彻底的优点所在。1977 年便购进 20 kg 灭蚁灵原粉分到重点地区，梅县、惠阳、清远、湛江、肇庆、广州各 2 kg；鹤地、高州、龙颈、镇海、万亩水库和陆丰、高明县各 1 kg，广东省水电局 1 kg。梅县地区率先试验后认为效果好，又自行购进 70 kg，梅县水电局在县管小密水库试用后再灌浆治理，使原蚁害漏水水库提高蓄水位；1980 年在程江河堤解剖发现死巢发霉后长出菌丝形成鹿角菌，各地试点均证实灭蚁灵灭白蚁没有工蚁堵路现象，对白蚁无驱避作用，从而确立了灭蚁灵作为当时水利白蚁防治的首选药物。

1979 年，将电测找巢技术列入省水电科技重点项目，同年在清远举办全省工管科负责灭治白蚁工作人员的电测学习班，并交流各地治蚁经验，从而使管理部门真正下力气组织各课题组在生产第一线开展电测。同时，与广东省昆虫研究所李栋等合作，以分飞孔找巢技术和灭蚁灵及由广东省昆虫研究所戴自荣提出、后由钟登庆等完成的硫酰氟等灭蚁药剂试验研究，初步形成了堤坝白蚁探查和防治技术的各单项课题探索研究、筛选应用状态。

1980 年 9 月，全国第四次白蚁会议在福州召开前后，江西永修县林科所等林业部门以灭蚁灵配制毒饵用于林业白蚁防治试验成功，同时证实死巢真菌（梅县俗称鹿角菌）长出地面现象，这与原设想灭蚁后找菌（后统一称碳棒菌），对巢灌浆充填巢洞思路进一步得到论证。林业白蚁灭后无需灌浆，只作为灭蚁效果衡量，但水利白蚁对巢充填灌浆是治理白蚁技术的关键。此后，决定采用诱饵法和找碳棒菌分析巢位灭蚁灌浆方案，并深入现场反复观察研究。1982 年，采用广东省昆虫研究所的改进型毒饵，在高州、鹤地等 7 座大中型水库试用，解剖效果最高的剂型仅达 62.5%，随后用广东水电厅试点梅县、鹤地和万亩水库的李国亮、庞朝芬和张社林分别自选饵料配制的诱饵，效果都达 90% 以上。1983 年，确定以鹤地剂型为基础，再改进成为 DB 堤坝型灭蚁诱饵，统一生产供应各地。

1979 年立项至 1984 年 6 年间，开展对堤坝白蚁探查和防治技术研究，取得了以 DB 型诱饵对分飞孔投饵灭蚁阶段成果。然后，找碳棒菌判断巢位，供以对巢灌浆，并在用 DB 型诱饵诱杀堤坝周围蚁源等技术阶段成果对比旧法“找、挖、杀、灌”明显进步的基础上，首先提出了利用生物生态法为中心的“堤坝白蚁理想防治方案的选择”（姚达长，1985）。

在水利堤坝白蚁防治技术探索研究过程中，紧紧抓住重点逐项突破，防治药物剂型及其施用技术研究、灌浆机研制及灌浆技术研究和技术措施的规范化研究先后取得阶段性成果。

1. 防治药物剂型及其施用技术研究

（1）灭蚁灵的应用及其剂型的研制。由于水利堤坝白蚁与为害建筑物的家白蚁（台湾乳白蚁）生活习性差异、治理所用药物也有所不同，用治理家白蚁三氧化二砷治理土栖的水利堤坝白蚁效果很不理想。因此，广东省水电厅水利堤坝白蚁防治试验小组，试图找到适用于治理土栖白蚁的理想药物。1978 年，福建和广东首先使用灭蚁灵（mirex）防治堤坝白蚁。1982 年，试验小组应用广东昆虫研究所试制的和由其从福建取得的灭蚁毒饵在鹤地水库和由其从福建取得的灭蚁毒饵在鹤地水库和高州水库等9座大中型水库试用，防治效果不太理想，最高仅达62.5%。1983年，试验小组在梅县、鹤地和新会万亩水库，分别自选饵料配制灭蚁灵诱饵，效果显著提高，基本达到90%以上的预期目标。直到1987年3月25日，由中科院上海昆虫研究所和中国白蚁防治协作中心在杭州召开的7省市“南方地区堤坝白蚁防治工作座谈会”上，驻鹤地水库的省防治堤坝白蚁中心站所生产的DB型诱饵得到上述两单位的监制，定点生产，并在广西、江西、江苏、湖北、安徽等10多个省（区）推广应用。

广东省水利电力厅水利堤坝白蚁防治小组研制的灭蚁灵剂型及使用方法，于1990年5月水利部在湖北荆州召开的南方省（区）堤坝白蚁防治经验交流会上获得与会代表的肯定。

1）DB型诱饵条研制和施用技术探索的历程。

1983年3月，采集配制DB型诱饵条的原料，依据堤坝白蚁喜食的植物，以甘蔗渣、松糠粉、面粉和红糖等作为诱料，配以上海昆虫研究所研制的灭蚁灵，加工成条状，晒干或烘干后每条重约2 g，装袋备用。

1985年，省水利堤坝白蚁防治技术指导小组对各试验点自行配制的不同诱饵的DB型进行筛选并确定以鹤地水库省中心站配制的DB型诱饵为基础再作进一步的研究。后来，考虑到DB型诱饵是胃毒剂，施用方法是投饵于堤坝表面白蚁外露特征处，能否引诱白蚁前来取食，饵料非常重要。经过反复探索，因地制宜，以当地的材料制成“跟踪信息素类似物”作饵料的引诱增效剂，提高了DB型诱饵对土栖白蚁的引诱力。

防治效果的试验在各地同时进行。依据堤坝白蚁在4~6月分飞、在分飞前构筑分飞孔的习性，挖开分飞孔，把诱饵条施在孔内。首先进行用药量的测定，因为用药量与白蚁的种类，巢群的大小、深浅，施药的气候条件等因素有关，经过多年的反复试验，DB型诱饵不断改进，并取得合理的投饵量，达到既能完全杀灭白蚁，又经济、安全的目的（表7-3）。

表7-3 巢群致死投饵量试验*（姚达长等）

诱饵类别	项目 用量 年份	每条诱饵 重量(g)	每条诱饵 灭蚁灵含量百分比	每条诱饵 灭蚁灵含量(g)	每巢致死量（克/条） 黑翅土白蚁分飞孔30个以下 投饵量	黑翅土白蚁分飞孔30个以下 含灭蚁灵	黑翅土白蚁分飞孔30个以上，黄翅大白蚁分飞孔30个以下 投饵量	黑翅土白蚁分飞孔30个以上，黄翅大白蚁分飞孔30个以下 含灭蚁灵	黄翅大白蚁分飞孔30个以上 投饵量	黄翅大白蚁分飞孔30个以上 含灭蚁灵
A	1983	2	5%	0.1	诱饵6，9/3，4.5；含灭蚁灵0.3，0.45/3，4.5					
B	1985	1	2.5%	0.025	3/3	0.075/3	4/4	0.1/4	5/5	0.125/5
C	1986	0.8	2.5%	0.02	2.4/3	0.06/3	3.2/4	0.08/4	4/5	0.1/5
D	1992	0.6	2.5%	0.015	1.8/3	0.045/3	2.4/4	0.06/4	3/5	0.075/5

*诱饵类别，A、B、C、D类的配方有所不同，A类为最先的配方，B、C类为有所改进的配方，D类为定型批量生产的配方。

2）致巢群死亡的效果试验。

1985 年后，全省各地进行了从分飞孔投饵的灭杀试验，共投饵 1 万多巢。其中，省技术指导小组成员在施药后 40 天共复查了 261 巢，取食 257 巢，取食率占 98.5%；致死巢群 239 巢，致死率 93%；长出碳棒菌的 173 巢，出菌率 72%（表 7－4）。

表 7－4　用 B 型诱饵条诱杀效果试验（姚达长，1985）

站　名	解剖巢数			取食（巢）	致死（巢）	出菌（巢）	备　注
	小计	巢	蚁道				
鹤地水库	65	14	51	65	60	39	
高州水库	102	5	97	102	96	74	含市副点观察数
万亩水库	35	13	22	35	31	13	
清远水电局	12	9	3	12	9	4	
梅县水电局	47	32	15	43	43	43	
合计	261	73	188	257	239	173	
百分比				98.5%	93.0%	72.0%	

1986—1987 年，再次用改进的 DB 型（C 类）在全省各地对分飞孔投饵 4 万巢，其中小组成员在施药后 40 天复查的 2 367 巢，白蚁取食 2 328 巢，取食率 98.4%；致死巢群 2 317 巢，致死率 99.5%，死巢出碳棒菌 2 014 巢，出菌率 87.0%（表 7－5）。

表 7－5　用 C 类诱饵条诱杀效果试验（姚达长，1986—1987）

站　名	解剖巢数			取食（巢）	致死（巢）	出菌（巢）	备　注
	小计	巢	蚁道				
鹤地水库	124	11	113	123	123	93	
高州水库	1 519	40	1 479	1 512	1 509	1 412	
万亩水库	129	13	116	121	119	103	
清远水电局	152	6	146	148	142	81	含北江大堤 1988 年数据
梅县水电局	354	15	339	341	341	242	
陆丰水电局	89	10	79	83	83	83	
合计	2 367	95	2 272	2 328	2 317	2 014	
百分比				98.4%	99.5%	87.0%	

（2）定型批量生产。自 1983 年至 1987 年，经连续数年累计 5 万多巢的药效试验后，对不同的白蚁种类用不同的配方，定型批量生产。

1）DB（堤坝）型灭蚁诱饵条，主要用于灭杀黑翅土白蚁，也可用于灭杀海南土白蚁、黄翅大白蚁和台湾乳白蚁。制剂主要成分如下：

灭蚁灵粉（折为100%有效成分，下同）2.5%

隆缘桉树韧皮部粉
甘蔗渣粉
面粉
红糖粉
跟踪信息素类似物粉　} 97.5%

制成干品规格：长4.5 cm，底径1.1 cm，拱高0.5 cm，重量0.6 g/条，巢均用量2.4 g/4条，含量0.015 g/条，巢均致死量为0.06 g/4条。

2）DBH型灭蚁诱饵条，主要为灭杀黄翅大白蚁剂，而对黑翅土白蚁和台湾乳白蚁也能用。成分如下：

灭蚁灵粉2.5%

樟树韧皮部粉
甘蔗渣粉
面粉
红糖粉
跟踪信息素类似物粉　} 97.5%

制成干品规格：长4.5 cm，底径1.1 cm，拱高0.5 cm，重量0.6 g/条，巢均用量3.0 g/5条，含量0.015 g/条，巢均致死量为0.075 g/5条。

3）FW（房屋）型灭蚁诱饵条，以灭杀乳白蚁和散白蚁为主，也可用于灭杀黑翅土白蚁和黄翅大白蚁。其成分如下：

灭蚁灵粉2.0%

松木糖粉
甘蔗渣粉
面粉
红糖粉
跟踪信息素类似物粉　} 98%

制成干品规格：长4 cm，底径1 cm，拱高0.4 cm，重量0.5 g/条，巢均用量2.0 g/4条，含量0.01 g/条，巢均致死量为0.04 g/4条。

4）ASP（桉树皮）型诱杀片，为诱（引）杀土白蚁属和大白蚁属等堤坝白蚁为害种的有效制剂。其成分如下：

灭蚁灵粉2.5%

丙酮
红糖粉
松花粉
清水
跟踪信息素类似物粉　} 97.5%

将其附着于22 cm×5 cm规格的隆缘桉树韧皮部而成ASP型诱杀片，用量1片/巢，巢均致死量=0.06 g/巢。

说明：为做到合理配制和科学使用灭蚁灵诱饵制剂，执行广东省水利厅和水利部有关文件规定精神，禁止滥制滥用，有悖环保安全，减少灭蚁灵原粉接触和直接使用，故在上述几种灭蚁灵诱饵介绍制作类型中均未更详细配制比例和更具体制作配方、工序、方法，仅笼统的介绍其主要成分及致死量供使用，请谅解。

实践证明，灭蚁灵制剂防治水利白蚁效果很好，在广东，乃至我国南方各省在水利白蚁防治中曾起过重要作用，将在中国水利白蚁防治史册中留下辉煌的一页。鉴于灭蚁灵属持久性有害污染物（POPS），自 2009 年 5 月 17 日起，在我国禁止使用，研制新的、高效低毒的、污染小的水利白蚁防治药物成为燃眉之急。

（3）投饵技术的研究。在灭蚁灵剂型研究的同时，对投饵灭蚁技术进行了探索，尤其对外露特征投饵进行了一系列的研究。自 1984 年，特别是在 1985 年省堤坝白蚁防治指导小组成立后，对投饵技术的研究进一步加强，因为对泥被泥线见蚁投饵效果直接关系到堤坝灭治白蚁的速度和治理蚁患的进度。因此，对泥被泥线投饵灭蚁技术曾作过多种投饵方法、投饵位置对比试验，根据白蚁外出取食活动频繁季节、时段和气候条件，投放 DB 型诱饵条于新鲜潮湿的泥被泥线边缘，以青草和树叶遮盖，不破坏泥被泥线、不惊扰白蚁，2～36 小时完全被取食。泥被泥线投饵灭蚁的成功，可将幼龄巢白蚁杀灭，减少灭蚁后灌浆工作量。另外，一年四季只要雨后或阴天、小雨、晴天的下午 4：00 都可见蚁投饵，大大加快了灭蚁进度。见蚁投饵方法的推广应用，15 天为一周期，全面查找，连续地见蚁投饵，加上每年白蚁分飞季节的分飞孔投饵灭蚁，杀灭成年巢白蚁，经两年灭治，可完全杀灭堤坝内的白蚁。因此，一年四季“见蚁投饵”和分飞季节的分飞孔“投饵”成为投饵技术的核心。

自 1983 年 10 月至 1986 年 8 月，新会县古兜水电站对泥被泥线见蚁投饵的出菌情况作过跟踪调查和开挖巢体。结果表明，巢深为 0.5～1.0 m，出菌点距投饵点多在 3 m 以内，与幼龄巢的白蚁活动范围相近；若在 9 月以前投饵，则可当年出菌，而 10 月以后投饵者，要到翌年 2 月以后才能出菌（表 7－6）。

表 7－6　新会县古兜水电站泥被泥线投饵出菌情况（姚达长，等）

水库名称及投饵点	白蚁种类	投饵时间（年．月．日）	出菌时间（年．月．日）	投饵至出菌时间（天）	投饵点至出菌密集点距（m）	巢体	
						深度（m）	大小（cm×cm×cm）
东方红水库副坝	黑翅土白蚁	1983.10.12	1984.2.2	112	2.28	0.85	21×20×30
东方红水库宿舍边	黑翅土白蚁	1983.10.18	1983.3.6	139	2.70	0.50	15×10×20
东方红水库主坝	黑翅土白蚁	1983.11.3	1984.4.5	153	6.00	0.91	20×16×20
东方红水库管养室侧	黑翅土白蚁	1983.11.7	1984.2.3	88	3.60	0.70	19×25×17
东方红水库生产地	黑翅土白蚁	1984.5.8	1984.6.25	48	5.50	1.00	30×25×35
东方红水库副坝	黑翅土白蚁	1984.9.21	1986.11.28	68	1.60	0.65	30×25×40

续上表

水库名称及投饵点	白蚁种类	投饵时间（年．月．日）	出菌时间（年．月．日）	投饵至出菌时间（天）	投饵点至出菌密集点距（m）	巢体	
						深度（m）	大小（cm）
鹤坑水库原山坡	黄翅大白蚁	1986. 8. 29	1986. 11. 8	71	1. 00	0. 63	20×15×13
鹤坑水库原山坡	黄翅大白蚁	1986. 8. 29	1986. 11. 8	71	1. 05	0. 72	22×16×15
鹤坑水库原山坡	黄翅大白蚁	1986. 8. 29	1986. 11. 8	71	1. 08	0. 55	28×25×10
带塘水库主坝	黑翅土白蚁	1986. 8. 29	1986. 10. 25	57	2. 50	0. 80	25×35×15

投放 DB 型诱饵条灭杀堤坝白蚁，巢群死亡后能否长出碳棒菌受土质、温湿度等多种因素影响。据陆丰分站的方剑英于 1986 年在陆丰县的林投围、牛角隆 2 座中型水库和龙井头等 3 座小（一）型水库作泥被泥线投饵毒杀白蚁，出菌情况见表 7－7。

表 7－7　泥被泥线投饵出菌情况（广东陆丰县，方剑英，1986）

工程名称	工程规模	投饵情况		出菌情况	
		时间（月）	点数	巢数	出菌率
林投围水库	中型	8～9	42	23	54. 7%
牛角隆水库	中型	8～9	37	12	32. 4%
龙井头水库	小（一）型	8～9	27	17	62. 96%
牛牯头水库	小（一）型	8～9	30	18	60%
乌笼坑水库	小（一）型	8～9	58	18	31%
螺河大堤	大型	6～9	1 424	273	19. 17%
全县合计			11 618	361	12. 7%

2. 灌浆机的研制及灌浆技术的研究

（1）灌浆机的研制。堤坝白蚁被杀灭后，必须充填巢腔、菌圃腔和蚁道，消除隐患。堤坝白蚁巢腔直径从几十厘米到 1 米多，甚至更大，巢腔周围的菌圃腔从数十到 100 多个，星罗棋布，蚁道纵横交错，长可达几十米，甚至贯穿背水坡与迎水坡，粗大的蚁道底径可达 10 cm。实践证明，对巢灌浆充填巢穴系统的方法比人工开挖回填，或全面轮番灌浆的灌浆方法治理彻底，质量保证、经济合理。而大型的电动灌浆机不适于零星分散、量多的对巢灌浆。根据多年挖巢灭蚁和灭蚁灌浆所积累的资料，堤坝白蚁成年巢腔容积平均为 0. 5 m^3、巢深为 2 m 左右。另外，我省多数水库筑在山区半山区，中小型水库分散、量多，研制轻型的灌浆机势在必行，当时提出研制轻型灌浆机的目标是，人力操作，机重约 50 kg，自行车可运载；压力 4. 9 N/cm^2，出浆量为 0. 5 m^3/h；造价 500 元/台；一年内研制出样机。

1985 年 8 月，省白蚁防治中心接受任务后即行组织研究小组，收集有关资料，解剖多种型号的旧式灌浆机，初步制出脚踏驱动蜗杆输浆式灌浆机，经试用，不理想。后来，决定用手摇齿轮带动偏心活塞泵输浆式灌浆机，生产3台，定型为S－2SN0.45/2型手摇灌浆机样机（图7－1），并于1986年8～10月由水电厅工管处分三片召开的治蚁经验交流会上审定，由省水电厅下达任务给省中心站批量生产供应全省，部分销往外省。

（2）手摇灌浆机产品分析。

1）型号为S－2SN0.45/2，字码依顺序S表示水利产品；2为双缸；S代表手摇；N表示泥浆；0.45为出浆量（m^3/h）；2为定额压力（旧制为2 kg/cm^2 即19.6N/cm^2）。

2）机体总重50 kg，自行车可运载，两人可用手提，适用交通不便山区的小型工程。

3）外形尺寸42 cm、宽30 cm、高84 cm，可拆开装配。

4）额定压力19.6 N/cm^2，对正常蚁巢深度2 m所需压力已有余，尚可对埋深9 m以内的巢洞和吃浆量不大的堤坝裂隙、涵闸建筑物与土接合处漏水充填灌浆。

5）手提转速60 r/min。

6）出浆量0.45 m^3/h，约为未经漏水淘刷的成年巢体平均容积，即每小时可灌满1巢。

7）手摇压力距2.94 N/m。

8）缸体数2个。

9）活塞直径4 cm。

10）活塞行程7 cm。

11）浆桶容量0.02 m^3。

12）出浆管内径1.5 cm。

13）当时出厂价650元/台。

图7－1　S－2SN0.45/2型手摇灌浆机（广东省水电厅工管处等）

1986年8～10月先后鹤地、雁田、五星牌3个水库召开经验交流会议，现场试灌，作局部改进后，于 1987 年起由省水电厅拨款补助，中心站共生产 1 600 台供应全省(少数供兄弟省)。

通过现场使用，每机配备 5 人，1.11 小时灌满 1 巢，隔两三天复灌，共灌 3 次整个巢体基本填满（其中近地表 20 cm 的候飞室较难填满，蚁道充填度很好)。这样，平均每巢需 2.2 个工日，按当时 10 元/工日计，加上诱饵费和投饵人工，每巢为 23 元；而挖巢灭蚁法，潮安 1984 年南北堤从分飞孔挖巢 103 例计，平均每巢需 20 工日，陆丰 20 世纪六七十年代锥探挖巢和开沟截路挖巢，平均需 40 工日，两地总平均每巢需 30 工日，同样以 10 元/工日计，每巢为 300 元。同时，挖巢灭蚁法仅解决巢腔回填问题，对造成漏水的蚁道没法回填，隐患未能彻底清除，最终仍需通过灌浆处理，其难度和投入就更大了。

陆丰分站对使用 S－2SN0.45/2 型手摇灌浆机也作了具体效益比较，统计 174 巢例用去 480 工日，平均每巢需 2.76 工日，为 70 年代后期采用泥浆渗农药“灌浆灭蚁”法每巢 28 个工日的 9.8%，为锥探、开沟截路挖巢 40 工日的 6.9%。

综上所述，轻便手摇灌浆机对巢灌浆较其他机具和“灌浆灭蚁”方法，具有效果好、质量高、简便灵活、造价低廉、性能可靠等优点。为了更广泛满足各类地区堤坝工程灭蚁除患之要求，1988 年、1990 年度水利部先后下拨我省堤坝白蚁防治技改、试验经费 4 万元和 3 万元，安排省中心站继续研制对巢灌浆的系列机具，研制出另一种手动 S－WSN0.6/4 型轻便样机（图 7－2），经 1990 年 12 月 25 日省水电厅组织现场会议通过鉴定，认为无论性能或效率比 S－2SN0.45/2 型手摇灌浆机具更多优点，安排 1991 年度生产 1 000 台供全省使用。

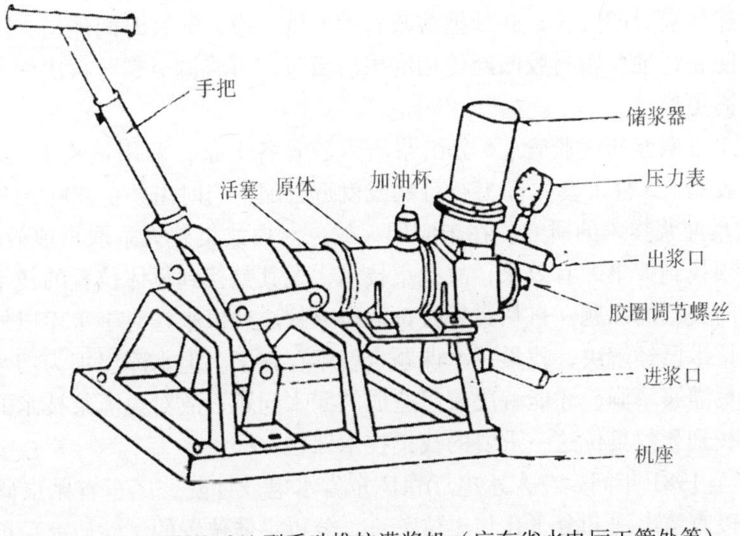

图 7－2　S－WSN0.6/4 型手动推拉灌浆机（广东省水电厅工管处等）

(3) 手动推拉灌浆机产品分析。该机采用单缸卧式推拉法，缸体两端用胶圈密封及固定，中间加入机油润滑活塞，用手把推拉活塞来回滑动工作，其特点为简单轻巧省力、经济高效耐磨、适应性广，不仅用于填充蚁巢，尚可用于堤坝灌浆和圬工建筑物及喷农药、灰水、洗石米等，不需油电，是一机多用的理想机械，各项技术性能达设计要求。

1）型号S－WSN0.6/4，字码依次为S表示水利产品，W为单杠卧式，S代表手动，N表示泥浆，0.6为出浆量（m^3/h），4为额定压力（旧制为4 kg/cm^2，即39.2 N/cm^2）。

2）外形尺寸长60 cm、宽33 cm、高50 cm。

3）机体总重40 kg。

4）缸体数1个。

5）活塞直径5 cm。

6）行程10 cm。

7）行速50 r/min。

8）额定压力4 kg/cm^2（39.2 N/cm^2）。

9）出浆管内径2 cm。

10）出浆量0.6 m^3/h。

11）使用方法：施灌前固定机座，加足机油润滑活塞，把缸套尾端的密封胶圈调节螺丝调到适中位置（不能过紧或过松），以免使用中出现不正常现象。同时，浆桶位置相对应高于机体，以利提高自吸力；施灌时先用适量清水进行试灌，检查机械是否正常，管道是否畅通，又可达到冲通蚁道，有利灌泥浆时更顺畅，以每分钟50次的行速推拉手把，使活塞滑行工作，拌浆式浆液需要过筛，预防杂物及沙砾阻塞密封球影响施灌效果。

12）注意事项：工作中出现压力不断升高或无压力而又不出浆现象，可能是出浆管道密封球受杂物或浆料砂砾阻塞，必须停机拆开清洗处理；使用时工作压力不允许超过4 kg；中途休灌时间过长，必须把溶浆管道冲洗干净，如长时间停用，需加油保养各主要机件，防止锈蚀；密封胶圈经使用磨损后溢浆，可将调节螺丝再次调好使用，直到不能调节则需更换。

13）配1寸吸浆压力胶管、6分出浆压力胶管各1条，两用钻头1支，地钎4支，浆桶及密封胶圈（5件1套）需另行订购或就近自配，当时出厂价600元/台。

（4）对巢灌浆技术的研究。在未应用灭蚁灵对白蚁巢外灭杀取得成效的70年代以前，灭蚁必须找到蚁巢才有效果，故找巢技术，尤其是找到巢体位置的技术，一直是防治和科研部门关心的课题。自从巢外投饵取得灭蚁成功以来，对于水库以外的其他行业白蚁，治蚁技术已经解决，找巢技术课题也就不存在了。但水库堤坝为挡水建筑物，灭蚁后尚需对巢灌浆填洞，才能解决蚁患造成的漏水问题，故对巢灌浆技术的研究，仍然包括灭蚁后找到死蚁巢位这一重要的找巢技术课题。

1978年至1981年间，广东水电厅在广东省水电设计院、广东省昆虫研究所的协助下，开展了以直流电法和分飞孔与巢位关系，分析巢体位置的试验研究，前者通过电阻率分析巢位（含其他异常）准确率达50%～70%，但需携带仪器设备，最少4人专业施测、分析，相对效率低，较难推广；后者有一定规律，解剖证实白蚁巢多在以分飞孔密集中心点为坐标和圆心、5 m为半径的上半圆39 m^2内（该课题1984年获省科技成果四等奖，原为15.4 m^2，经过应用验证只有50%，在此范围内，后改为R＝5 m的上半圆 39 m^2 时达 80%），应用其作查碳棒菌范围或直接锥探灌浆较实用、方便。

1982 年，广东省开始分析并证实碳棒菌可作为死蚁巢位指示物，1983 年改制成 DB 型诱饵灭蚁后，治蚁工作得到铺开，广泛证实大部分死蚁巢能长出碳棒菌，1984 年开始推广此找死蚁巢位，经现场反复观察统计，约 80% 以上碳棒菌长于上述半圆内，20% 以下长于该半圆外。从碳棒菌密集中心点处造孔有掉锥中巢感，就此灌浆充填巢道有把握。1985 年后，通过办班和现场指导，此法广为各地认知及应用，成为对巢灌浆找技术的精华；由于种种原因灭了蚁找不到死巢指示物碳棒菌的，又总结出另外 4 种（共5 种）对巢造孔灌浆的技术方法，取得了较完善的对巢灌浆技术成果。对巢灌浆技术，除上述对巢准备造孔（灌成）之外，尚含有关对巢施灌方面的施灌技术（灌好），即充填度问题，详见本章第三节“水利堤坝白蚁防治技术”的第二环节“找、标、灌”中，在此不再重复。

（5）浅灌密灌的探索。对白蚁为害严重、蚁巢密度大、巢位充填灌浆无把握的堤坝段，进行孔距、孔深为 1 ~2 m 的浅灌密灌法，轮番充填灌浆 3 次以上，可达到充填度 95% 以上。

三、防治技术措施的规范化研究

1985 年 4 月，广东省水电厅在鹤地水库召开 14 个地级市工管科负责人和重点县、重点工程共 76 位代表（含海南）参加的全省防治代表白蚁工作座谈会，全面交流并推广了上述“堤坝白蚁理想防治方案”内容，并参观了实施方案现场解剖，使与会代表取得了感性认识。会议发给 DB 型诱饵条，此时，正值白蚁分飞高峰期，各地代表回去几乎同时都按照会议要求开展了推广试验工作。

会后，广东省水电厅决定，成立省防治堤坝白蚁技术指导小组，姚达长任组长，负责协调指导全面工作，徐子宏任副组长并主持中心站工作；聘请庞朝芬、赖宗明、梁钜仁、张社林、李国亮 5 位同志为小组成员，分片负责各地市面上培训防治堤坝白蚁技术人员及现场指导技术工作，从而及时对全省治蚁工作加强了指导和培训。小组成员都是热心白蚁防治工作的技术骨干，其所在单位原都是省水电厅的试点。1985 年改设鹤地中心站和清远、高州、万亩、梅县分站，开展对该项目更具深层的研究应用集体协作攻关。因为全省治理堤坝白蚁工作铺开，任务繁重，1986 年、1990 年又增设了条件成熟的陆丰及潮阳分站，增聘方剑英、颜荣斌为小组成员。省技术领导小组与分站和市县工管科股治蚁负责人形成网络。每年召开两次例会，交流总结省厅下达试验任务完成情况及研究成果应用、反映用户对药械意见；落实全省下半年或翌年技改、试验研究任务，在推广新技术方案基础上开展综合性的系统防治新技术措施的研究应用。全体小组成员实际上又为课题组成员，既具体参加防治又深入现场演示指导，并将试验带到堤坝实施，成功经验由点到片、由片到面，向全省推广。在实践中边应用研究观察总结、边交流推广分析提高，使防治技术节节创新发展。

1985—1987 年 3 年间，解剖复查观察了 2 628 个用 DB 型诱饵条从分飞孔投饵灭杀的白蚁巢体，不断改进了 DB 型诱饵条的合理含灭蚁灵量，并定出不同白蚁种类、不同巢体投饵量（表 7 –3）；实实在在地研究大面积使用 DB 型诱饵条中白蚁巢的取食率、致死率和死巢出菌率等量化规律（表7－4和表7－5），从而确定了使用C类DB型配方投饵量。1992年起改用D类DB型配方，坚定了对新方案的推广，取得了对泥被泥线投饵将成年幼龄蚁巢一并灭杀，并同样找到死巢炭棒菌的成功经验。此举既提高了灭杀白蚁的效率，又节省了灌填土方量，还使整个治蚁作业从局限于4～6月伸延为3～11月，大大加快了灭蚁进度，为建设无白蚁害堤坝突破了第一道难关。从1985年起，全省年均灭蚁达2.5万巢，为了解决对超灌浆机具问题，课题组又及时研制出S－2SN0.45/2型手摇灌浆机，由省厅下达计划在鹤地中心站集中生产。1986年，全省分鹤地、深圳、陆丰三片召开了工管科股长及防治白蚁行家参加的共160多人次的现场技术交流推广会，将轻便灌浆机送到现场演示检测成功，为建设无蚁害堤坝成果解决了治白蚁质量的第二道难关。接着，各分站又同时开展DB型诱饵条诱杀堤坝体外400 m的蚁源区，取得了较彻底的预防经验，整套防治技术措施已成熟。雁田、高州、鹤地水库等首先停止了黑光灯诱杀、灌药浆毒土灭蚁或预防等做法，全省治理堤坝白蚁走上了正轨。

由于过去采用的治理堤坝白蚁方法投入大、收效微、污染环境，治白蚁速度赶不上白蚁繁殖速度，很多工程明知有白蚁也无能为力。黑光灯防治白蚁成为“引蚁”，将远处蚁源引到近处，是多年来白蚁防治的一大失误，白蚁为害日益严重。新技术方案推广成功后的80年代，仍因任务繁重或一时尚欠充分认识、投入不足等因素而发生8607号台风使梅县、汕头两地五县和1987年鉴江“6·5”洪水高州县等蚁患决堤事故。时任省长叶选平对8607号台风梅县地区水灾联合调查组“千里金堤溃于蚁穴”一文批转凌伯棠副省长，“看来必须将技术措施、组织措施落实，才能治白蚁保堤坝。请指示负责部门抓”。当年全省水利会议上便落实了“治白蚁保堤坝”精神，1987年度起每年拨专款30万元为全省防治药械产供补助，另省技术指导小组技改、试验研究活动经费从每年5万元增至10万元，1996年增至37万元。遵照省委和省厅领导的指示精神，在推广、完善理想防治新方案的基础上，不断提高整体水利白蚁（含台湾乳白蚁）综合防治技术，将多年取得的10多个单项课题成果有机地融合、制定了“三环节8程序”为我省防治堤坝白蚁技术措施，并成为可操作性的技术规范。1988年12月，广东省水电厅将“三环节8程序”定为《广东省堤坝白蚁防治工作准则》，在全省推广应用，期望水利白蚁防治的进程能适应于全省的经济建设步伐，更充分地发挥水资源的社会效益、经济效益和生态效益。

四、实施《准则》，建设无蚁害堤坝

广东省“堤坝白蚁防治技术研究及应用”项目，自立项后集体攻关，不断取得药、械及其应用技术阶段性成果，并通过技改、试验研究，先后完善了10多个单项课题。在1984年至1991年，发表论文30多篇，促进了南方各地技术交流，尤其是《堤坝白蚁理想防治方案的选择》、《推广防治堤坝白蚁新方案》、《堤坝白蚁防治有关技术问题评述》、《我省防治堤坝白蚁技术措施》等代表性文章，在水利白蚁防治行业影响较大，省技术指导小组成员多次应邀到兄弟省讲课。制定出“找、标、杀；找、标、灌；找、杀（防）”“三环节8程序”的防治新技术措施，建设无蚁害工程，并转入以防为主阶段目标的提出，引起省内外有关专家和水利部门的关注。广西、江西、湖北和江苏等省（区）的有关部门率先首选此项技术。前来参观、信访、要求供应药械者众，故于1987年由上海昆虫研究所夏凯龄教授主持，在杭州市召开了南方7省区防治工作座谈会上一致推荐广东省防治堤坝白蚁中心站DB型诱饵生产厂为南方首家产供定点厂。1988年便被列入水电部技改、试验研究项目计划。

1988年12月，广东省水电厅在北江大堤召开各市、重点县水电局长及有关单位代表、白蚁专家和工作者等77人参加的各省防治堤坝白蚁工作会议，谢汉祥副厅长作了“切实加强领导，搞好堤坝白蚁防治工作”的报告，把我省防治堤坝白蚁措施中的“三环节8程序”定为《广东省堤坝白蚁防治工作准则》，总结了率先执行并控制了白蚁为害的雁田水库、高州水库、鹤地水库、罗坑水库、合水水库、共成水库、万亩水库、古兜水库等的治蚁经验；通报了8607号台风和1987年“6.5”洪水因蚁害造成水灾的灾情，号召大家重视这项技术，力争尽快把广东省堤坝蚁患控制住，出现更多的无蚁害堤坝。茹建辉副总工程师对堤坝白蚁防治工作的重要性和提高该项科技水平及科学管理水平发表了意见。省技术指导小组陆丰分站方剑英工程师以《应用对泥被泥线投诱饵杀白蚁技术成果》为题详述了陆丰县1986年在五里碑水库对泥被泥线投饵取得效果后全面推广的情况，并具体介绍了技术方法和出菌与环境的关系，从而论证了《杀灭堤坝白蚁的最好时机和最优方法》。自此，广东统一制定“水利工程灭蚁灌浆实施记录表”，界定了投饵灭蚁方法分别为分飞孔法、泥被泥线法、鸡枞菌法和引诱（堆、片）法。对巢灌浆方法有炭棒菌法、蚁道法、方位法、上方法及浅灌密灌法，同时提出尽快同步开展对工程周边400 m蚁源区自近至远的诱杀等整套系统技术措施，不断办班培训加以落实，逐步涌现出一批无蚁害转入以防为主的工程。在北江大堤管理局召开的全省防治堤坝白蚁工作会议后，1989年19个市中组建堤坝白蚁防治的领导小组从4个增至16个，县镇一级也纷纷成立治蚁领导小组，逐步完善了本省防治组织网络。广东水利白蚁防治形势很好，为全省逐步实现无蚁害堤坝打下了坚实的基础。

1993年10月，广东省水利电力厅公布并实施《广东省水利工程无蚁堤坝标准试行规定》。

“无蚁害堤坝”是指堤坝及其周边50 m范围内，已查不到白蚁活动迹象；堤坝上的白蚁死巢穴系统已灌浆，充填度达95%以上；白蚁防治工作已进入预防（诱杀堤坝周边400 m范围内蚁源区）为主阶段的堤坝。

1. 无蚁害堤坝的标准

（1）蚁情。凡执行我省“三环节8程序”系统防治新技术措施，在堤坝及其周边50 m范围内经多次寻找不出白蚁活动迹象，即在白蚁活动旺季，土工建筑物表面每50 m^2设置引诱物一处，一星期左右（以温湿天气为准，干旱时需人工洒水）检查观察一次，连续3次以上寻找不出白蚁取食迹象；并近堤坝50 m周边找不到成年巢分飞孔，且5 000 m^2中泥被泥线等白蚁活动迹象不超过3处。

（2）蚁巢充填。灭蚁后堤坝体内死巢洞穴，已进行对巢充填灌浆，经锥孔或挖坑抽查，充填度达95%以上；对蚁害严重、蚁巢密度大，分析巢位充填灌浆无把握（从灭蚁灌浆实施记录表中可查出）的堤坝段，已进行孔距、孔深为1～2 m（实际蚁巢洞穴深）的普遍浅灌密灌法的轮番充填灌浆3次以上，经抽查充填度在95%以上；对历史上经灭蚁（如挖巢、熏蒸、毒土等）后的蚁巢洞穴处理不完善，特别是处于原山坡接头或与堤坝体组成的小山包处遗留下的蚁巢洞穴，已通过分析予以妥善补填复灌。

（3）无蚁患影响。在挡水位超过正常水位或工程加固灌浆时，无因蚁患造成的漏水、漏浆等现象。

2. 验收程序

（1）自检和复查。按上述标准，由工程管理单位自检合格后，自行选择当地白蚁最喜食物作饵料，以“无蚁害堤坝的标准”第（1）条在规定设引诱物，经3次以上的复查确未发现白蚁取食时，按要求整理资料及书面总结，办理申报达标验收报告，上报上一级水利白蚁防治领导小组及工管部门审核。

（2）复检和验收。按照分级管理范围，水利白蚁防治领导小组及工管部门，对所管辖工程管理单位报送的达标报告材料进行审核，并派员会同省水电厅水利白蚁防治中心站所在片的防治分站，组织复检后进行鉴定验收。复检时，统一用中心站研制的引诱片。

（3）发证。经复检验收合格者，大中型工程由省水利厅颁证，小（一）型以下工程由市水利（务）局颁证。表彰奖励在水利白蚁防治工作中有贡献的单位和个人。

3. 实现无蚁害堤坝的措施（条件）

（1）领导重视，有专业防治员，治蚁经费落实。堤坝工程遭受白蚁为害或周边400 m范围内有蚁源孳生地的工程，管理单位要有一位主要领导分管白蚁防治工作，有专职专业（专管或兼管）防治技术人员，进行常年专群结合的白蚁防治，大型工程设水利白蚁防治小组，与县、市治蚁领导小组，省中心站形成防治网络；结合工程实际情况制订防治计划，落实所需经费；坚持有蚁早治，无蚁必防。

（2）摸清蚁情。建立白蚁防治档案，包括：①工程兴建时清基处理蚁害情况；②竣工后发现白蚁（尤以出现分飞孔）时间、蚁种、坐标位置（有关堤坝应埋设固定桩号）为害程度，治理措施及效果；③当前工程蚁害现状。这些资料必须完备并形成图表和文字档案。

（3）执行我省“三环节8程序”系统防治新技术（准则）。在近年内坚持：①寻找白蚁外露特征，防治人员随身携带诱饵，抓住有利时机查找，见蚁（巢外）投饵，并标志记录好投饵点等。按“找、标、杀”程序消灭堤坝体内白蚁。②寻找并标志记录好炭棒菌，鸡枞菌好分飞孔与巢位关系当综合分析巢位，用轻便型灌浆机对巢灌浆，按“找、标、灌”程序充填死巢洞穴。③当堤坝体白蚁得到有效灭杀时，同步开展对堤坝外400 m蚁源区（尤其50 m近区）自近而远见蚁投饵诱杀蚁源，实施预防蚁害的“找、杀（防）”程序。

（4）坚持防治工作的连续性。以“实现无蚁害堤坝的措施”的第（3）条，在一项工程上连续实施两年，周而复始，每年不少于27次的循环。即除12月、1月、2月外，其余9个月，平均约10天（视气候而定）为一周期，重复实施一次的有效防治（技术）措施。

4. 达到无蚁害堤坝标准后的防治工作

（1）继续坚持全面普查观察。经验收达标后进入以防为主的两年内，仍需坚持对堤坝体全面普查观察。重点可在每年4～6月和9～11月，开展对400 m蚁源区自近至远的诱杀工作，保证不让成年巢体产生。

（2）加强工程管理。堤坝体非工程抢险急需，在白蚁分飞期间禁止开灯引诱白蚁；结合工程维修保养，堤坝表面要铲除小树、高秆杂草，换铺好的草皮，保持平整清洁，创造不利于繁殖蚁入土孳生的优良环境。

（3）达标期限和保标规定。因不重视水利白蚁防治工作，而在1997年堤坝白蚁防治仍未达标的规程管理单位，不能参加市先进单位评比；因蚁害引发工程事故时要追究领导责任；达标后不坚持继续防治而重新产生蚁害的，颁证单位即收回达标证书，视为不达标单位，并追究有关人员责任。

（4）加强科研工作。防治工作在进入以防为主阶段的基础上，专业防治队伍应加强科研工作，研究出更为经济可行的发展新技术；开展整个水利工程单位（含堤坝、仓库、房屋、多种经营等）白蚁防治的研究及应用，把全省水利白蚁防治工作推向更先进的水平。

第三节　水利堤坝白蚁防治技术

1984年，根据堤坝白蚁防治的内容和特点、白蚁生活习性和活动规律，结合水利工程特点，由广东省水电厅由姚达长提出的“堤坝白蚁理想防治方案的选择”总课题，为1985年全省堤坝白蚁防治工作座谈会内容的基础上，将各项技术成果结合工程管理技术进行归纳，制定了“杀”、“灌”、“防”三个环节，“找（引）、标、杀”，“找、标、灌”，“找（引）、杀（防）”8道程序的系统防治新技术推广措施，充分发挥了药械和各单项新技术成果效益，得到了广东省各市县和南方兄弟省的肯定，并经不断完善，于1988年12月在广东省堤坝白蚁防治工作会上，由省水利电力厅领导宣布定为《广东省堤坝白蚁防治工作准则》，成为治理蚁害和杜绝其来源的行之有效的系统防治技术（推广）措施，为进一步完善堤坝白蚁系统防治技术规范化、制度化、科学化打下了良好的基础。通过实践，近年来又开展了以ASP型诱杀片埋设法，实现了以引代找，先引后杀或引杀结合的新方法。

一、“投饵（埋片）灭蚁”环节，“找（引）、标、杀”程序（图版Ⅲ）

这一环节，是应用DB型等系列灭蚁诱饵和ASP型诱杀片，彻底消灭堤坝内白蚁群体，免致酿成堤坝隐患的首要环节。

1. “找（引）”

堤坝白蚁为害活动十分隐蔽，往往发现时已造成一定程度的隐患。当水位升高时，堤坝轻则漏水出险，重则决堤垮坝。根据堤坝白蚁的生活习性、活动规律等基本知识，健全专业队伍、定期认真寻找（普查）、观察外露特征、摸清蚁害情况，为灭蚁投饵提供依据；及时治理、早日预防，是堤坝白蚁防治技术措施的基础。此外，还应对列入水工检查观测中常规肉眼观察项目，并结合每年防汛安全检查、不断查找，以便及时发现并治理蚁患。

（1）找分飞孔。分飞孔是白蚁成年群体产生的有翅成虫分飞必经的孔口。每年春末夏初的4～6月为白蚁分飞季节，有翅成虫分飞前由工蚁先构筑好，供其在温湿度和气压适合时分飞。黑翅土白蚁的分飞孔为凸起、底径2～4 cm的圆锥体小土堆；黄翅大白蚁的分飞孔则凹入（但罗坑大白蚁的分飞孔是突起的），形似小碟状。泥粒都是从巢体内搬出并以工蚁唾液加工形成，故呈新鲜、潮湿、黏结成型，大小不一，小巧玲珑，与蚯蚓等其他动物及昆虫巢的外露特征不同。每巢多出现1片，少数2～3片，几个至几十个甚至百个以上不等。多分布于接壤山地两头堤坝段，而久未防治的堤坝则中部同样多，1/3以上坡面相对多于2/3以下坡面。水库大坝上游正常水位下不宜建巢，故无分飞孔出现。据北江大堤多年统计，堤防工程不经常挡水，上下游坡分飞孔分布量相等。由于气候和群体等诸因素，同一堤坝分飞孔出现时间不一，同一巢体内的有翅成虫每年可分多次分飞，必须从4月上旬至6月，每旬认真找1～2次，才不致漏网。广东分飞高峰期为4月中旬至5月中旬。分飞日的第二天一早，在堤坝上常可找到有翅成虫脱落的翅膀或脱翅成虫正在打洞入土，灯光下的地上最多，但有时只有一两对挂在蜘蛛丝网上，通过周围地形地貌及其方位和工程治蚁史分析细找，也能间接找到分飞孔。

（2）找泥被泥线。白蚁活动隐蔽、畏光、怕天敌，离巢活动取食于地表，无论成年、幼龄巢体均需从巢体内搬泥修筑掩体和包裹食料以遮光、防天敌，才能蛀食活动。这种掩体和包裹食料的外露特征为泥被泥线，3～6月和9～11月最易找。七八月天气炎热，白蚁多于草皮草根下活动，白天于树干上、灌木林之间等阴湿场地也仍有活动，每天早晚、阴天、小雨或雨后几天较易找到。

（3）找旧分飞孔候飞室等孔道。很多成年巢并不年年分飞，多隔一两年或几年分飞或连续分飞几年后又停一两年。在坝头、不平整处的堤坝面，因风雨侵蚀可找到旧分飞孔候飞室及菌圃腔等迹象，铲开表土找寻旧分飞孔和候飞室及蚁道往下追，可见白蚁和它的主蚁道。

（4）翻找喜食掩盖物。天气干旱时，白蚁集中阴湿和迎水坡漂浮物处取食活动，还可在干牛粪、烂木头、杂草、废纸张等杂物和防汛材料之下活动，翻动查找时，可见白蚁及其活动痕迹。

（5）找鸡坳菌。鸡坳菌是从活白蚁巢中长出地面的、无毒、可食用、味道鲜美的与白蚁共生真菌（图7－3）。多在林木遮阴的低矮堤坝上巢深1 m以内长出，高温多雨天才能查找到。出土1～2天张开伞形，天晴暴晒2～3天萎缩，需抓住雨后出土时机进行查找。以此特征，1987—1989年在广东陆丰县螺河大堤找到319巢，为全省单宗工程查获鸡坳菌之冠；汕头市2001年共查获470巢长鸡坳菌。

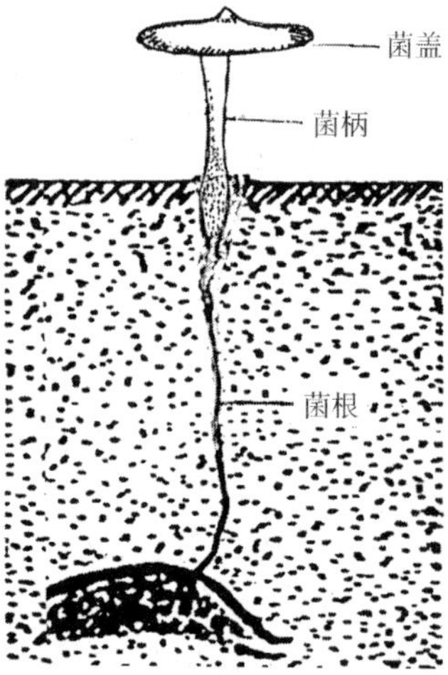

图7－3　活巢指示物鸡坳菌示意图（仿姚达长）

（6）埋设引诱片（堆）。未能找到蚁时，可用当地白蚁喜食的物料加以引诱，如隆缘桉树皮（ASP）、樟树皮、杉树皮等制成 22 cm×5 cm 一片，像种甘蔗似的埋插入土 20 cm、露出 2 cm。甘蔗渣、木薯秆、松木刨花及锯木屑、带根茅草、松果、包装纸皮以至杂草、枯枝落叶、库面漂浮物、牛粪等，单种或多种混合成每堆 1～1.5 kg，土表草皮铲出用作堆面压盖保持湿润则可。广东省为无蚁害堤坝达标验收提出以 ASP 引诱片作为检测手段，用后认为最理想，埋设规格 7 m×7 m 或 5 m×5 m，在广东 10 天左右如有蚁必被取食，如久无雨，可人工洒水补湿。如 10 天后未被经取食可转移一至两次，在 10 月、11 月进行，企望能引到当年 4～6 月分飞入土的幼龄巢白蚁。若 ASP 引诱片换为 ASP 型诱杀片则成为“以引代找，引杀结合”的效果，大大节省了劳力和提高了灭蚁机遇，加快了堤坝体灭清白蚁的进度。

2. “标”

“标”即标记找到蚁害外露特征并有白蚁活动的位置，为有利准确投饵和第二环节找菌灌浆的目标，为有利于工程管理，所有堤坝应按标准设立固定桩号。对分飞孔定出密集中心（投饵）点 O，标上木桩或竹签，用坐标法（图 7－4）贴坡面量出 O 点与堤坝轴（肩）距离 Y 值及对应桩号填入表 7－8。对泥被泥线，以 5～10 m 堤坝长或 50 m^2 方格内出现的泥被泥线当做一巢论，把其密集或白蚁较多处作为中心（投饵）点 O，量出 O 点对应桩号及 O 点至轴线 Y 值标记好，其他各种方法找到白蚁之处，依据图 7－4 标记和表 7－8 记录好。

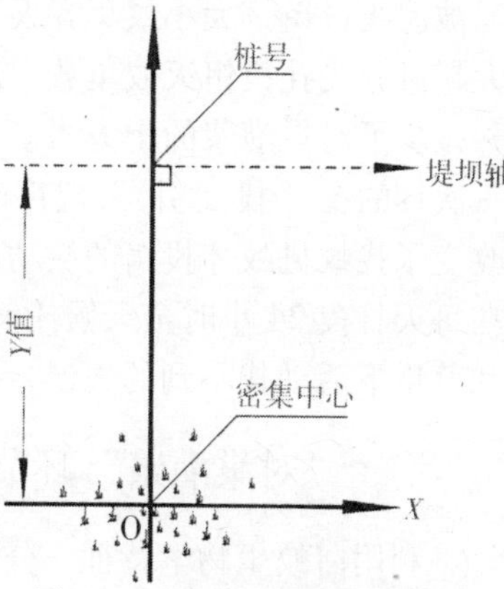

图 7－4　外露特征位置标记
（仿姚达长）

3. “杀”

通过上述方法找出白蚁活动及其外露特征并标记好，进行投饵诱杀或埋设 ASP 型诱杀片诱杀，技术简单、使用方便。前往现场时只需带 1 小包（40 条 24 克重），像 1 包香烟那么大体积的诱饵，便可平均投饵 10 个巢，只带一把油漆用的小割灰刀，随找蚁随投饵，投饵量按表 7－3 中 D 类确定。若用 ASP 型诱杀片则每巢一片。

（1）对分飞孔投饵。据上述标记，于 O 点周围均匀选出较高大、蚁量多的 3～5 个分飞孔，用小割灰刀铲开孔口泥块，见半月形断面孔道口有蚁把守，即将诱饵条顺之徐徐推进，然后原形覆盖，无需压实，待工蚁自修后取食。6 月分飞后期，铲开分飞孔片刻不见蚁者，可能属于分飞完毕，主蚁道已被封堵，欲投饵必须挖至见蚁活动处才有效，找旧分飞孔、候飞室投饵亦如此。因白蚁种类和地区因素，封堵分飞孔位置不同，挖进深度也不同，一般为 30～70 cm 之间，对分飞孔投饵应抓紧于有翅成虫分飞结束前进行，以可灭尽有翅成虫，直至被食完 3～5 条为度。埋设 ASP 型诱杀片则更简单，只要在分飞孔密集中心点 O 处埋设一块便可。

（2）对泥被泥线投饵。在白蚁活动盛期，早晚或阴天可见其修筑泥被泥线掩体活动情境，对“找、标”好的堤坝段或方格内，以 3～5 条诱饵分别置于新鲜潮湿有蚁活动的泥被泥线边缘，勿惊动其正常活动，用树叶、青杂草或湿纸张等轻轻盖好以遮光，防天敌干扰。对泥被泥线投饵需反复进行，10 天为一周期，下一次投饵与上一次效果复查同时进行，并对每一段（格）内出现新的泥被泥线当做另一巢对待，以免漏网。也可在有白蚁活动的泥被泥线边缘埋设一块 ASP 型诱杀片。

（3）对喜食物、引诱片（堆）投饵。要轻快揭开封盖，轻轻提起或翻动物料，见蚁即将诱饵置于物料空隙之间蚁量多处，马上恢复原状，任其取食，对台湾乳白蚁的巢外投饵与此法同。

（4）对鸡坳菌投饵。用直径 15 mm、长 1.5 m 的钢筋，一端做成三菱形锥头，在对鸡坳菌点锥进，至掉锥时则拔锥投进诱饵 3～5 条，孔口加封盖，任其取食，效果达 100%。

综上所述，投饵埋片灭蚁均属巢外“施药”法，广东省以改进后诱饵坚持常年对泥被泥线投饵，大小蚁巢齐灭杀，随着系统防治的进程，广东全省以此法灭蚁的巢数大大超过分飞孔投饵灭蚁巢数。从而使蚁害得到有效控制，加速了无蚁害堤坝达标进程，并减少了对巢灌浆的土方量。近年来，采用了 ASP 型诱杀片后，开展普遍埋设法，即一次性的在“找（引）”程序时将引诱片换成诱杀片的方法，变成“引杀结合”，大大改变了找蚁见蚁才投饵的被动局面，节省了找白蚁的工日，更主要的是大大提高了白蚁在每天日夜 24 小时全天候任何时候出来活动都能取食的机遇，免于人工查找夜间作业和草皮下活动找不到的失误，提高了灭蚁的几率，加速了消除堤坝白蚁进度。

二、“对巢灌浆”环节，“找、杀、灌”程序（图版Ⅳ）

利用白蚁生物学特征，分析巢位，应用 S－WSN0.6/4 型手动推拉灌浆机等各种型号的灌浆机对巢灌浆，事半功倍地消除蚁患，是确保治蚁质量的关键环节。

1.“找”

依据第一环节对白蚁外露特征中心投饵点 O，找寻死巢指示物供造孔对巢灌浆。死巢指示物的发现和应用，是堤坝白蚁找巢技术的精华。

白蚁死后，与蚁巢共生和寄生的其他真菌随之死亡，而营腐生生活方式的炭棒菌、鹿角菌、针形菌，均属于子囊菌钢 Ascomycetes、炭角菌科 Xylariaceae、炭角菌属 *Xylaria* Hill et Crev，这些腐生真菌则在蚁巢中大量繁殖，并将白蚁残体腐败分解、利用，由菌丝体形成菌核和菌索，能休眠对抗不良环境，待环境转佳，高温高湿时，迅速长出地面形成子实体，成为死巢指示物。炭角菌属是一大属，有 100 多种，广东常见的 3 种形状如图 7－5，以炭棒菌为主。

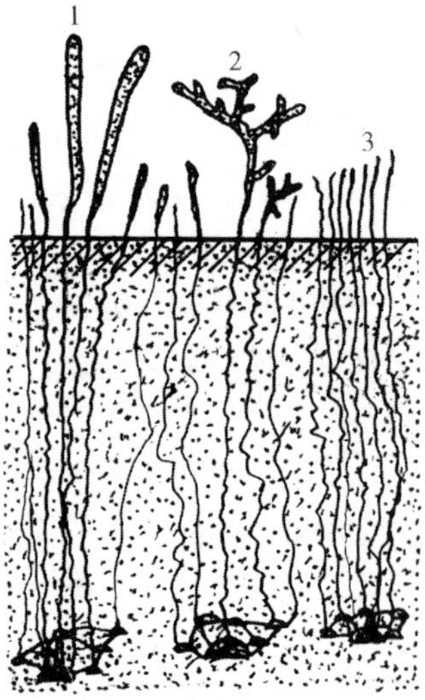

图 7－5　死巢指示物炭角菌种类示意图（仿姚达长）

1. 炭棒菌；2. 鹿角菌；3. 针形菌

由于温湿度及死巢体大小深浅等因素，出菌时间、数量、粗细很不一致，一般投饵 20 天开始找，如未找到，应每隔 1 周找 1 次，在 20～70 天内大部分可找到，针状菌遇天旱 7～10 天枯萎消失。北江大堤 1988 年对分飞孔投饵 69 巢找到 68 巢，估计其中一巢是呈两片状分飞孔，当做两巢投饵计算，事实上是 68 巢，100% 出菌。当 9～11 月泥被泥线投饵在12月仍可找到，若遇天旱或寒潮，则要到第二年春雨后才出，再遇春旱或春寒，出菌时间还会再延长直至下雨天暖以后。找菌一定要掌握天气，并要耐心细致。若天旱高温，人工洒水可加速其长出。子实体几支至几百支，高2~20 cm不等，成熟期多呈黑色，每年在同一位置可生长4批，有的连续两三年。其穿土能力可在4 m以下蚁巢长出地面。

找菌时，可按分飞孔投饵时用图7-6方法，先半圆内后半圆外，可找到87%以上。

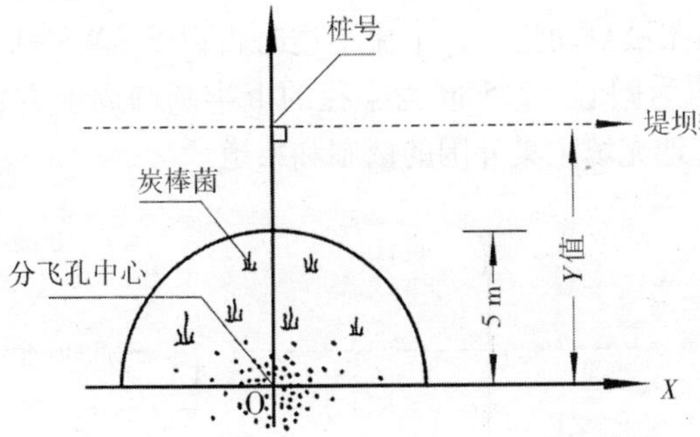

图7-6　找菌相对范围示意图（仿姚达长）

2. “标”

标记死巢出菌点供造孔对巢灌浆用。经广东全省各站点反复解剖验证，炭棒菌是死巢里腐生真菌长出地表的子实体数量，少的一片几条几十条、多的一片几百条，因巢体大小而异，其密集中心点M便是主巢位，故找到炭棒菌就是找到死巢体位置，应将其密集中心M点用木桩或竹签钉牢，量出并记录好M点与堤坝轴（肩）的距离Y值及其对应桩号（图7-7），填入表7-8，作为造孔灌浆和资料存档的可靠依据。这时，第一环节的标记可取消。若因故未找到的，仍需以图7-3作分飞孔巢区方位分析巢位造孔或用蚁道法等造孔灌浆用。

对泥被泥线及其他方法投饵找到菌的，由于还未能发现它们与巢区方位关系，而无法标记出主巢方位。由此说明对泥被泥线等其他方法投饵后，找死巢指标物尤为重要。

3. “灌”

“灌”是指对死巢腔、蚁道进行充填灌浆。正确判断巢位及进行对巢灌浆技术，是治理堤坝蚁害的重要技术，也是衡量治理蚁患质量的主要标准。

为了提高对巢灌浆技术质量，首先必须充分了解白蚁的生物学、生态学特性，尤其是对其行为及巢体结构特征。

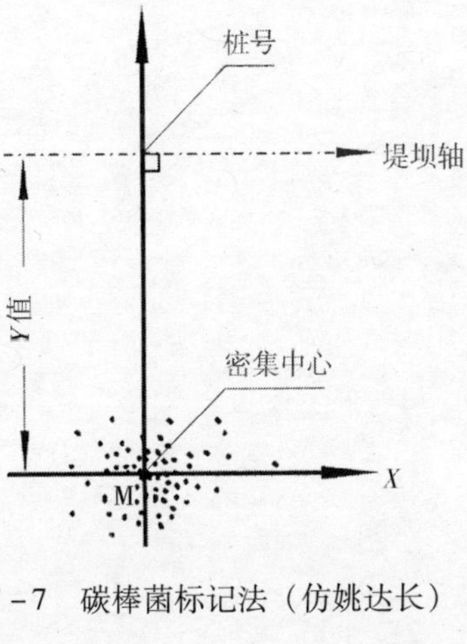

图7-7　碳棒菌标记法（仿姚达长）

由于白蚁畏光、怕天敌，其活动隐蔽又灵敏，一旦遭外界干扰，不但有驱忌逃避的本能，而且有工蚁搬泥封堵蚁道的行为，偶然造孔贯穿巢体后灌浆，仍可能被封堵，令浆液滞于主巢外，白蚁群体仍正常生活着。为此，堤坝白蚁的治理，必须坚持先灭蚁后灌浆，即灭蚁—灌浆才合理，这已为于1985年省北江大堤管理局河口所通过解剖观察所证明。

白蚁于堤坝中营巢，多选择相对黏结密实处，不在疏松软弱层。成年巢自然入土一般为2 m深左右，容积（含蚁道）平均在0.5 m^3 左右。蚁巢的菌圃远的有几米、十几米，巢体与菌圃、菌圃与菌圃之间通道大小不一，最小的仅容两蚁相通过，因此，对巢灌浆必须在布孔、机具类型及施灌技术等方面进行认真的试验研究。

（1）对菌施灌法。根据死巢指示物炭棒菌中心点或鸡纵菌出菌点，M首造1孔，有中巢掉锥感时，可由浆液自动流入，至流不进时再以S－WSN0.6/4型手动推拉灌浆机加压，完成后以M点为圆心、2.5 m为半径的上半圆圆周上方、左右再造3孔（图7－8）施灌，以便更好地充填主巢外围的菌圃和蚁道。

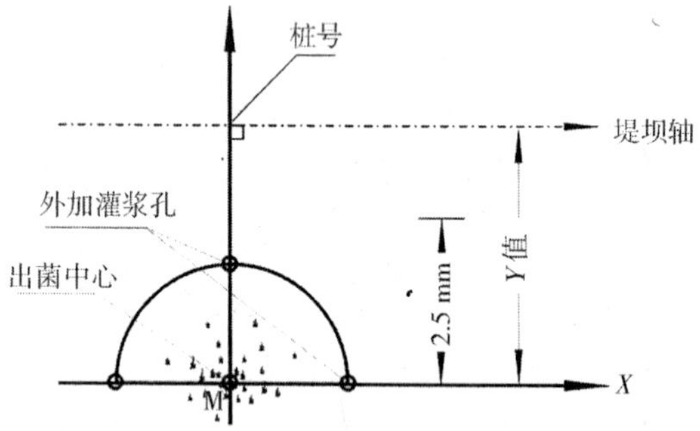

图7－8　对菌灌浆造孔法（仿姚达长）

（2）对分飞孔投饵未找到菌的几种施灌法。

表 7－8　灭蚁灌浆实施记录

填表单位　　　　　　　　　　　　　　　　　　　　　　　　　　　年　月　日整理

工程名称	投饵灭杀标记							致死日期	查菌标记				对巢灌浆记录											灭杀蚁源		合计	
	日期	方法			取食中心点位置				日期	中心点 M 位置			日期	方法				取食中心点位置			孔数(/个)	孔数(/m)	次数	土方(/m^3)	分群孔(/巢)	泥被合走(/处)	分群孔(/巢)	泥被拿走(/处)
		分飞孔	泥被泥线	引诱片堆	桩号	$Y_上$(/m)	$Y_下$(/m)			桩号	$Y'_上$(/m)	$Y'_下$(/m)		碳棒菌法	蚁道法	分群孔上方	浅灌密灌	桩号	$Y''_上$(/m)	$Y''_下$(/m)								

注明：$Y_上$、$Y_下$ 迎水坡、背水坡投饵点 O 与堤坝轴（肩）的垂直距离；垂线交点为 O 点的桩号；$Y'_上$、$Y'_下$ 迎水坡、背水坡出菌点 M 与堤坝（肩）的垂直距离，垂线交点为 M 点的桩号；$Y''_上$、$Y''_下$ 迎水坡、背水坡灌浆点 M′与堤坝轴（肩）的垂直距离，垂线交点为 M′点的桩号。蚁源只填写合计数，此表为工程治蚁资料存档，并为申报无以害堤坝的主要材料。

小型工程可参照使用。

1）蚁道法。从分飞孔主道灌进，是广东省20世纪70年代大家熟悉的灌法，质量也好。只是挖至主蚁道费些工夫，蚁道挖到1.5 cm长，以基端长50 cm粗1 cm由大渐变小的钢管连接，以便插进蚁道口，然后周围用黏土封闭严实施灌。

2）巢区方位法。按分飞孔密集中心点O为圆心造一孔后，以5 m为半径划弧与坐标构成39.27 m^2 的上半圆内造4～7孔（图7－9），据花都芙蓉嶂等水库经验，此种灌进量并不少于M点1孔的灌量。

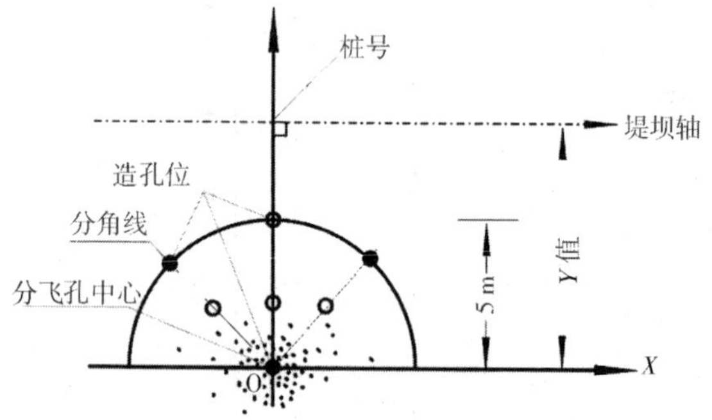

图7－9　巢区方位法造孔（仿姚达长）

3）分飞孔上方法。在O点的上方2.5 m左右处造孔试灌，若不理想，则稍移动再试，直至能灌进0.5 m^3 左右浆量，符合终灌标准为度。分飞孔上方法和巢区方位法，其实是根据分飞孔与巢位关系，凭经验分析锥探蚁巢的灌浆方法。

（3）对非分飞孔投饵或埋片有蚁取食又未找到菌的，灌浆孔位无法确定，可在一定范围内较普遍地采用孔深孔距均为1.5～2 m的浅灌密灌法。特别是防治将达标的堤坝，应对历史资料加以分析，对灭蚁未灌浆或蚁害严重，对巢填灌无把握的堤段，更应施行此法。

对巢灌浆技术，除了要十分重视孔位外，还要认真注意调节施灌浆液和压力，做出灌浆设计，经现场验证修改。每巢施灌初始可先灌清水或稀浆，以利试机，冲通巢道，尤利孔位偏离巢体时软化造孔挤压密实的孔壁，令泥浆较快输入巢体。原则上是先稀后浓，先求灌成后灌好，灌中巢体时的浓些，反之则稀些，一般水土比为0.8∶1～3∶1，黏度30秒左右，比重大致为1.3～1.6，施灌时要派人自下而上巡视，认真堵塞蚁道等漏浆孔隙，以便起压灌满，并记录入浆量（表7－8）。

终灌标准，以孔深2 m为例，一般压力为4.9 N/cm^2 以上，孔口出现冒浆、堵塞压实封闭不止为度，待脱水后复灌。近年来点和面上证实，共灌3次，每巢平均灌进0.5 m^3 左右的黏土，基本可填满，待泥浆沉实后用碎土回填封孔，灌浆结束，整理资料存档（表7－8）。

有反滤设施的下游坡之下半坡一般不宜灌，若需要灌的，一定要派专人观察，并应先试灌清水，找出通向反滤层的蚁道，截堵后再灌泥浆，并特别注意吃浆量，若施灌量超过0.5 m^3/孔时，更应特别小心，以防堵塞破坏反滤体。

三、诱杀蚁源预防环节，“找、杀（防）”程序（图版Ⅴ）

1. 以灭蚁代替预防做法

这一环节的目的在于清除工程蚁害的同时对附近400 m蚁源区进行自近到远的灭杀，以防堤坝再遭蚁害，进入以防为主，保持无蚁害堤坝优良环境阶段。其做法与第一环节相同，只是灭了蚁不用对巢灌浆，也不一定对蚁患处进行标记，仅采用见蚁重点投饵或埋片灭杀则可。根据投入的可能，目前方法有三种：一是在进行堤坝体第一环节的同时，对蚁源区一定范围内，尤其是50 m范围内同时见蚁投饵或埋片，首先针对成年巢分飞孔，及时制止当年分飞成虫上工程体；二是自近至远有计划地每年加大100 m或几十米见蚁投饵埋设或普遍按一定规格埋设ASP型诱杀片；三是在条件许可下，全面开设“防蚁便道”，以秋末冬初为佳，5～8 m距离沿等高线开宽80 cm小道，在小路两边埋设两行间距5～7 m梅花型的ASP型诱杀片，隔10天左右无蚁取食的可以移动复用，韶关几年来都这样做，这是较高标准的长期预防措施，投入集中，治理彻底的方法。

2. 其他方法

水利工程的预防白蚁问题，一不许在工程体实施毒土污染生态环境，二投入大，是水利建设的新课题。

采用灭杀蚁源区蚁源的上述办法，实践证明是可行的，但不能一劳永逸，不能停顿，要年年投入。像北江大堤64 km堤防每年仍保留治理时所需的30万元，达标后仍在堤体诱杀到幼龄巢。东深供水工程10座土坝及供水线路每年要20万元包给省中心站，达标后工程体未出现白蚁，这般投入，对于面上部分小型工程是难以实施的，所以还应该探索更经济更有效的办法。

（1）小型工程堤坝体小而蚁源面积大，可由市县一级水利局组织为中心的一定人数的专业队伍，对已达标的工程3～4年轮番一次在堤坝上埋设ASP型诱杀片，对出菌的幼龄巢体稍为施灌泥浆，或幼龄巢体深多在50 cm之内的采取翻挖翻填办法处理，可经实践后再作改进。

（2）对于大中型工程，在灭杀蚁源的基础上，应该多采用观察分飞期间蚁源分飞上工程体的方向，面向工程体的山坡之蚁源才杀灭，山背蚁源与工程体无直接关系的另当别论。若按方位灭杀蚁源，则比起整个400 m以外的有翅成虫趋光也有机会飞上工程体，灭杀蚁源投入再大也难奏效。

（3）工程体的平直整洁度，也关系到有翅成虫飞临堤坝时打洞入土暴露在堤坝表面时间的长短、造成天敌对其取食机遇、成活率高低的重要问题，这些都是有关工程管理的实际问题。

总之，实践出真知，实践是检验真理的唯一标准。自古至今水利白蚁防治历史，就是一部通过生产第一线实践取得的成功历史。如果水利白蚁防治研究离开当前市场的实际需求，就会偏离方向。白蚁防治技术在当前主要还是实用技术、实效措施，为减灾防灾事业造福于民的技术。在广东省，随着建设无蚁害堤坝与建设现代化省同步发展，水利白蚁防治技术问题将会解决得更好。

“三环节”层次分明，即先灭蚁后灌浆，从以治为主到防治并重最后真正进入预防为主；“8 程序”步骤符合科学逻辑，可操作性强，易于推广，通过多年不断完善，防治工作已逐步走向科学化、制度化、规范化。

第四节　水利堤坝白蚁防治技术的推广应用

经多年大面积推广实践，分别取得了灭蚁灵诱饵法的巢外投饵彻底灭蚁、查找炭棒菌分析死巢位、对巢造孔灌浆充填巢穴和诱杀蚁源区有效预防蚁害等系统防治技术，注重各重要环节实效，不断创新发展完善，求实效、讲质量、重环保，实实在在地为开拓无蚁害堤坝之路创造条件，将各项技术成果具体内容缀编成更具水利特色的“找（引）、标、杀；找、标、灌；找、杀（防）”“三环节 8 程序”系统综合防治新技术（推广）措施。1988 年将“三环节 8 程序”定为全省堤坝白蚁防治工作准则，随后又被水利部列为技改实验研究项目。1991 年通过部级成果鉴定（图版Ⅵ）并列入国家“八五”重点新技术推广项目计划，由水利部主持在湖北等 7 省区设 14 个示范点，全国成立该项技术推广领导小组，下设办公室挂靠在广东省水电厅水利白蚁防治中心站办公室。通过办班培训、录像、幻灯、现场会议、内部刊物及专家小组咨询等形式推广到 14 省（区）。

一、治蚁技术的应用与推广

采用防治技术建设无蚁害堤坝的目标和方向，一直是从应用研究课题立项到推广应用整个过程的思路和目的。经历了新旧方法结合、以单一的灭治为主到全面应用诱饵法治防并重控制蚁害，最后实现了无蚁害工程进入以防为主阶段的历程。据统计，广东省自 1985 年起年均约灭蚁 3 万巢，1995 年起年均约灭蚁 4 万巢，全省小一型以上水库和万亩以上堤围蚁情大部分得到控制。自 1988 年以来未有因蚁害抢险不及而溃决的，而 1988 年以前的 30 年间经核实因蚁祸溃决成灾工程达数十项次之多，目前已有原蚁害严重的上千座重要土坝和数百公里 5 万亩以上堤防达到无蚁害工程，进入以防为主阶段。如过去屡因蚁患出险闻名全国的 64 km 北江大堤和深圳、雁田、鹤地、高州 4 座水库 56 座土坝，率先采用广东省水利厅应用研究及推广的成果于 1996 年首批取得无蚁害达标验收；近年来又对东莞、肇庆、广州、深圳、清远、汕头、梅州、惠州、中山、佛山、江门、云浮等市进行了一批工程达标验收，全省大批在达标工程正待组织验收。广东省统一攻关长达 22 年的该项目成果，建成无蚁害工程效益早已不断展示在人们面前，无蚁害堤坝工程不断涌现，“三环节 8 程序”在广东省推广率达 99%。据了解，广西等省区也取得长足进展，无蚁害工程计划顺利地进行着。当然一项新技术的产生和推广应用是不可能一帆风顺的，会遇到许多阻力和挫折，还需不断加强宣传推广力度，进一步加深对建设和保持无蚁害工程新技术的研究及推广，不断创新，发展完善。对我国改革开放以来这一成功经验和对一些带普遍规律性的理论认识，如先灭蚁后灌浆和科学使用灭蚁灵制剂的理论，亟待总结提高，以利于再创新发展推广，更有利于为减灾防灾事业作出更大的贡献。

二、列入“八五”国家重点新技术推广项目计划

1991年10月，“堤坝白蚁防治技术研究及应用”项目通过水利部部级成果鉴定，认为“目前在国外堤坝白蚁防治技术方面基本空白……该项技术总体水平达到国内领先水平。在国内外有普遍应用价值，建议将该项技术成果进行全面推广应用”。“堤坝白蚁防治技术的应用”获1991年度广东省农业技术推广奖一等奖。同年12月，全国企业技术进步工作会议文件〔1991〕11号中，由国务院生产办将上述通过鉴定的成果以“堤坝白蚁探查及防治技术”项目名称列入“八五”国家重点新技术推广项目计划，拨款40万元由部作为主持项目推广经费。广东省水利白蚁防治中心站生产的系列防治诱饵定为“国生广字103－4号”及使巢灌浆机产品商品化迈进了一步。

为完成国家级科技成果推广任务和适应广东省进一步深化建设无蚁害工程形势需要，1992年1月，经省水利厅决定将省堤坝白蚁防治技术指导小组升格成立“广东省水电厅水利白蚁防治中心站”，挂靠湛江市雷州青年运河管理局，业务归口省水利厅工管处管理，统管灭蚁诱饵厂、治蚁灌浆机厂和各防治分站工作。进一步完善并加强了全省防治网络，迅速将科技成果转化为生产力，将水利白蚁（含台湾乳白蚁）整套防治技术措施提高成为系统防治技术规程，发挥更大效益。同年3月由水利部科教司主持在广州召开了蚁害严重的湖北、湖南、江苏、福建、浙江、广西、广东7省参加的堤坝白蚁防治技术推广工作会议，决定每省设立两宗蚁害严重的工作推广该项国家重点新技术的示范试验点，并成立全国堤坝白蚁防治技术推广领导小组，下设办公室，挂靠在广东省水电厅水利白蚁防治中心站，负责上述7省的14个典型示范点技术指导，统一制定验收标准，采用以广东为主的药械，“三环节8程序”的白蚁防治技术开展实施。

为完成国家任务，受全国技术推广领导小组和水利部委托，广东省水电厅中心站在本省堤坝白蚁防治新技术措施基础上编写了“堤坝白蚁防治技术”录像脚本，并参加了水利部科技推广中心音像部在九坑河、鹤地、高州、深圳等水库和北江大堤、化州县鉴江大堤等现场录像工作；编写了《水利白蚁防治》教材，于1992年9月10～27日由水利部组织安排在鹤地水库为南方11省区举办“水利部堤坝白蚁防治新技术培训班”(共52名学员参加)。由广东省水电厅姚达长讲授防治新技术，聘请广东省昆虫研究所戴自荣研究员、李桂祥副研究员和广东教育学院钟登庆副教授分别讲授杀虫剂、分类、生物生态学等。编辑出版不定期内部刊物，连同项目鉴定时用的有关成果报告、防治画册、论文资料、文件汇编及新进展新效益信息，发送到南方14省区；广东省中心站在立足于建设本省无蚁害堤坝的同时，按水利部要求，再次组织技术推广领导小组办公室成员，分别到湖北、湖南、广西和浙江等省示范点进行技术指导及经验交流，从而有利于提高我国堤坝白蚁查探及防治的技术水平。1993年3月，“堤坝白蚁防治技术研究及应用”项目荣获“水利部科学技术进步奖”二等奖。

1993年4月15～17日，由水利部主持在广西柳州市召开了“堤坝白蚁防治新技术推广现场会”。参加会议的有广西、广东、湖北、湖南、江苏、福建、浙江、安徽、江西、四川10省区共40余名代表。会议总结了1990年荆州经验交流会和1992年广州新

技术推广工作会以来取得的成绩，现场参观了柳州市的龙怀和俄侣水库大坝示范推广新技术效果，尤其是龙怀水库大坝，在推广办公室同志的指导下，采用DB型诱饵方法不到一年时间，便在155 m长的坝体上查到105巢（处）炭棒菌巢位指示物，取得平均1巢/1.5 m的罕见灭蚁成效。代表们在该两座大坝体上再未查出白蚁活动迹象。与此同时，柳州市还制订了9座小型水库采用该项技术，计划年内达到无蚁害进入以防为主目标，为与会代表再次展示了广东首先提出建设无蚁害堤坝技术措施在兄弟省推广并取得成功的范例。

上述7省14个推广示范试点，经过2～3年的努力，按照项目的主要新技术内容完成建设任务，并按照标准由各省分别于1994年前组织初验终验。广东在鹤地水库灌区和化州鉴江大堤设立的推广示范点，由省水利厅总工张达志和有关处室领导并邀请了省昆虫所、省白蚁学会和有关院校等教授专家组成验收委员会，于1994年最终达标验收。1995年12月21～22日，水利部科技司、水管司在湛江市共同主持召开了“八五”国家重点新技术推广计划项目“堤坝白蚁探查及防治技术”验收会，水利部和广东水利厅领导到会并对该项工作作了指示。7个省14个示范点共9座土坝和16.5 km堤防渠堤都达到验收标准，验收委员会一致同意通过验收颁证。“堤坝白蚁防治技术研究及应用”荣获1995年12月“国家科学技术进步奖”三等奖。

三、在应用中不断创新发展

“八五”期间，除按计划完成上述国家重点新技术推广项目计划外，同时继续深化本省建设无蚁害工程目标，不断提高防治技术水平，在灭蚁诱饵上针对不同白蚁为害种的不同喜食物，以适于黑翅土白蚁的DB型诱饵为基础分别研制出适于黄翅大白蚁的DBH型、适于房屋白蚁的FW型、适合蚂蚁和蟑螂的MZ型等系列剂型产品。在巢外投饵技术上，除对外露特征见蚁投饵外，又采用ASP引诱片并研制成ASP型诱杀片开展“以引代找、先引后杀或引杀结合”更省工高效的快速灭蚁新法，不断改革防治有关技术环节内涵，完善白蚁系统防治新技术规范。1993年制定了《广东省水利工程无蚁害堤坝标准试行规定》，引发全省市县水电局用此法全面替代过去挖、熏、毒等防治法。同年，省水利厅还具体组织并委托广东教育学院创办了“水利白蚁防治专业大专证书班”，以提高全省水利行业治蚁人员素质，免除队伍老化后继乏人之虞。“八五”期间，年均治蚁巢数从“七五”期间的2.5万巢增至3万巢，大批中型以上工程蚁害得到控制，无蚁害堤坝由100多座增至500座。“九五”期间年均治蚁增至4万巢，无蚁害堤坝几百公里，大坝千多座，在“94·6”“94·7”洪水涉及广东2/3地区，未发现像历史上因蚁害造成的水灾因素，充分显示该项防治新技术的威力。由于发展不平衡，仍出现如清远清东围蚁害跌窝和阳江连环水库灭蚁未灌浆等蚁害险情而抢险，部分大中型工程对建设无蚁害计划未能落实，为此，省厅发文再次强调白蚁防治的重要性、长期性，必须执行水利厅制订的技术和组织措施，不准用高毒药物毒土灌灭白蚁污染生态环境，明确了有关防治资金投入的具体政策及无蚁害堤坝达标的具体实施办法。

为推动和加强中日两国在白蚁防治领域的科研合作，交流诱饵技术在防治堤坝白蚁上的应用，由省科学院、中科院动物研究所、大日本除虫菊株式会社和广东省水电厅为主办单位，于1995年5月17日在广州召开防治白蚁诱饵剂技术交流会，特邀请湖北等7省水利系统治蚁专家参加会议。广东省水利厅姚达长对DB型诱饵剂作了介绍。大日本除虫菊株式会社胜田纯朗博士、中科院动物所孙耘芹和广东省昆虫研究所戴自荣研究员等分别对钼钨诱剂室内外试验作介绍。

1996年9月10~13日省水利厅邀请了由广东省昆虫研究所、广东教育学院、中山大学、华南农业大学的李始美、戴自荣、钟登庆、陈振耀、卢川川5位教授专家参加的北江大堤建设无蚁害堤坝成果考察小组，对北江大堤各管理所原蚁害严重的堤身和蚁源区进行了为期4天的考察，听取了工程管理局对大堤建设无蚁害工作介绍，审阅了有关图纸表格资料总结，一致认为该工程推广应用“三环节8程序”技术措施可靠、得力、符合科学逻辑，因领导重视、组织措施机构人员经费落实，64 km大堤已达到省水电厅无蚁害标准试行规定通知要求，其无蚁害堤的建设技术水平在大型堤防中已达到国内领先水平。

同年9~11月，广东省水利厅主持组织对本省原白蚁为害严重的北江大堤、东深工程、高州及鹤地水库4座从各个方面负担着广东省国民经济和人民生命财产安全重要任务的重大工程64 km堤防和55座土坝，开展首批无蚁害堤坝达标验收工作。参加现场验收会议的有省水利厅有关领导、代表，市县水电局和工程代表、白蚁防治技术人员和特邀专家教授等的白蚁喜食物ASP引诱片进行检查，主体工程均为发现白蚁迹象，周围50 m范围内没有分飞孔出现，并未超出在5 000 m^2内出现三处白蚁活动外露特征，察看了现场解剖，审阅了灭蚁灌浆有关图标、资料，充填巢穴系统达95%以上密实度，并已开展对周围400 m蚁源区诱杀、资料整理归档等符合《广东省水利工程无蚁害堤坝标准试行规定》，一致同意达标颁证。按规定达标后仍必须长期坚持在每年白蚁活动盛期全面诱杀蚁源区数次，保持无蚁害堤坝的优良环境。

四、前景展望

1988年形成“三环节8程序”技术措施并列入水利部技改、试验研究项目，不断边研究边应用完善、丰富其内涵，实现无蚁害堤坝之目标。项目涉及南方14省区大批水利工程安全度汛问题，事关数亿人民生命财产之安危。

目前，用DB型等系列诱饵分别对不同蚁种外露特征投饵3~5条1.8~3 g，平均仅含2.5%灭蚁灵有效成分0.06 g灭蚁一巢，白蚁食后约30天全部死于堤坝内蚁巢深处，无污染生态环境之忧，死蚁巢中的腐生真菌，在高温高湿环境时90%以上可长出地面成为子实体炭棒菌巢位指示物，用坐标法记录巢位成册，以S－WSN0.6/4型等系列轻便灌浆机对巢灌浆充填3次，10%未能查到真菌的巢体可通过灭蚁实施表格分析巢位，或以浅灌密灌法解决。在一项工程中每隔7~10天为1周期，每月3次，每年9个月共27次，两年共54次，平均每公里堤防或每座土坝投入400~800个有效工日，便可达到无蚁害工程标准；若用“以引代找、先引后杀或引杀结合法”则灭蚁进度快、彻底，但诱饵物用量较大，需集中投入。

本项技术已覆盖全省市县国家管理一级的工程和部分区镇管的工程，并由国务院通过水利部下达推广到湖北等蚁害严重的7省14个工程示范点9座大坝和16.5 km堤防，在此实施过程中再由水利部主持办班培训和现场会议推广到14个省区。如能按上述额定投入，我国南方水利工程蚁害将能迅速得到控制，逐步建成无蚁害进入以防为主。广东全省已有上千座重要土坝和数百公里5万亩以上堤防，已初步达到无蚁害工程标准；此项技术治蚁总体经费比旧法节省90%，全省年均治理4万巢可节省144万工日；高州水库灌区因治理蚁害年均回收白白漏走的水量226.6万 m^3，等于增建一小型水库，增加了水库因蚁患而控制蓄水部分，提高了水库的经济效益；对免除因蚁害造成的水灾因素和减灾防灾有显著的社会效益，事关国计民生、安定人心的重大举措。

1996年水利部管河40号《关于进一步加强堤坝白蚁防治确保工程防洪安全的通知》中指出："今年入汛以来，我国南方部分省区因受降雨影响，长江洪水不断上涨。7月16日，长江干堤洪湖周家嘴段发生险情，直接威胁到洪湖地区百万人民生命财产安全，22日凌晨又在抢险围井发生跌窝，跌窝直径由1 m发展到3 m，跌窝深约2 m，呈球状。经检查，为白蚁巢穴所致，另有几处险情也与白蚁隐患有关，虽经全力抢险，险情得到控制，但'千里之堤，溃于蚁穴'的教训十分深刻"。又称，"在我国南方，堤坝白蚁防治工作是工程安全管理的重要内容之一。近几年来，各地加强了这方面的工作，广东省防治机构健全、技术先进、成效显著，原蚁害严重的北江大堤已达到省厅规定的无蚁害堤坝标准，在'94.6'大洪水中，63.34 km堤段未出现因蚁患而引起的渗水、跌窝等险情"。

广东省水利厅以粤水管字〔1996〕122号对部40号通知全文发转到全省各市水电局，同时抄送国家防汛办。结合本省实际提出如下意见请一并贯彻执行："1. 要进一步贯彻落实粤水电管字〔1993〕119号和〔1995〕140号文精神。这两个文件所制订的技术和组织措施、标准及政策的落实，是进一步加强日常防治工作，使水利白蚁防治工作走向正规化、规范化的关键，各市、县要坚决贯彻执行，并在实践中不断完善。特别强调的是，今后凡是新建或加固达标工程，必须先进行白蚁普查及防治后，然后再行施工。2. 要严格执行新技术三环节8程序措施，灭了蚁一定要及时对巢灌浆，目前部分工程在这一环节上还做得不够，为此，各市、县必须重视这一环节，在近期内按照有关要求和标准，抓紧做好对巢灌浆工作。3. 要重用人才，理顺并完善全省水利白蚁防治网络。原各分站受中心站聘用的水利白蚁防治专家都是对省防治新技术获"国家科技进步奖"有贡献的人员，各市、县要充分发挥他们的作用，以老带新，培训更多高质素的水利白蚁防治专业人才。为更有利于水利白蚁防治工作的展开，要逐步建立和完善新的白蚁防治工作网络，各地级市要逐步建立水利白蚁防治分站。省水利白蚁防治中心站归口省水利厅水利工程安全管理中心管理，各地级市分站归口市水电局工管科（处）管理。4. 要统一量化管理标准。随着我省防治新技术水平和理论水平的提高，衡量防治工作业绩已有了新的标准。今后不再只是单以治蚁巢数多少为依据，更重要的是以建成无蚁害堤坝的宗数及开展诱杀400 m蚁源区工作程度为依据"。

广东水利产业受白蚁为害率高、为害密度大。在前人工作的基础上，经20多年攻关取得的技术成果来之不易，能够应用于工程建成无蚁害堤坝更不易。因为白蚁防治工作不能一劳永逸，务必做到居安思危、防治工作持之以恒，加快建设和巩固无蚁害堤坝成果，才能确保工程经受更大洪水的考验。广东省水利厅规定了"达标期限和保标规定"。无蚁害堤坝建设很不平衡，有些加固工程并未执行上述文件精神，如汕头南北堤工程蚁害1997年查到近200巢，蚁情已回升，汕头下蓬围仍因蚁害引起堤坝渗水。高州石豉堤围多年前灭了蚁，但仍有1 256个巢穴未对巢灌浆。挂影洲围1997年查到68巢分飞孔，相当于1985年的蚁情。随后，挂影洲围和北南堤都采用埋设ASP型诱杀片各灭蚁千多巢，已达标验收。

为此，粤水管〔1997〕75号《关于学习肇庆市切实做好水利水电工程无蚁害达标工作的通知》，推行对未达无蚁害堤坝标准的工程签订合同限期达标规定，以便执行省府《关于搞好水利工程安全达标建设的通知》。在2005年实现全省现有水利工程安全达标之前，首先要实现无蚁害堤坝工程达标。1999年工管处王建成处长在全省水利管理工作暨工程专业委员会上作了《依靠科技进步强化水利管理，以崭新面貌迎接新世纪》的报告中，具体总结了该项工作近几年取得的较大进展和存在问题，要求抓好无蚁害工程的验收工作，2001年前珠三角和山区分别达到无蚁害转入以防为主阶段的工程达标率为50%和30%。近几年来，省厅工管处对水利白蚁防治工作抓得更为具体深入，从而掌握第一手材料，解决了不少难题，特别是广东治蚁经费历来乏问题。省财政厅和水利厅联合以粤财农〔2000〕220号下拨了2000年度290万元安排19个市24项工程白蚁防治补助资金。如果今后治蚁资金能从水利基建项目列项及专款补助和工程自筹多方解决，完成全省无蚁害达标计划将会大有希望。

为有计划地提高水利白蚁防治专业人员和管理人员的素质和实际工作能力，适应水利部行将颁发的对防治技师和高级技师标准的必备专业知识和工作能力的要求，根据《国家教育委员会关于改革和发展成年人教育的决定》，除1984年以来通过防治现场技术指导和短期办班培训，培养了近万人次堤坝白蚁防治技术队伍外，还与省教育学院创办了"水利白蚁专业大专证书班"三期、参加水利部主持举办的防治技术培训班，1997年根据省人事厅计划又举办了白蚁防治技术高级研修班；粤水管〔1997〕106号又以"关于印发《广东省水利白蚁防治专业人员和管理人员岗位培训考试发证实施办法》的通知"，三年来已有14个市举办了17期培训班，600多人领到了由水利部印发的《岗位培训合格证书》；省厅制订了《广东省水利白蚁防治企业资质等级试行标准》和《广东省水利工程白蚁防治企业资质管理规定》等，对水利白蚁防治工作起到了促进作用。

随着新世纪广东要在全国率先基本实现现代化目标，水利是国民经济的基础设施，必须适度超前基本实现现代化的精神。水利行业是这样，工程管理工作也必须适度超前。白蚁防治是工程安全管理中的一项重要工作，广东省水利厅近年来对该项工作更为重视。在2001年有关年会上，王建成处长以初拟于2002年在广东首宗结合基础预防白蚁成功达标的飞来峡水利枢纽工程召开验收暨全省水利白蚁防治工作大会。到时将云集全省各市负责工管工作的水利局长、领导、重点工程单位治蚁专家代表和有关昆虫研究机构、院校有关专家教授共商白蚁防治大计。

时代在进步、科学在发展，坚信不久将有高效、低毒、少污染的水利白蚁防治药物替代持久性有害污染物灭蚁灵。

第八章　水利堤坝蚁患的灌浆技术

第一节　堤坝蚁患灌浆的重要性

为害水利堤坝最主要的白蚁种类是黑翅土白蚁，其巢体直径为0.5～1.5 m，还有直径0.1～0.3 m的卫星菌圃数十个至100多个，蚁道四通八达。1975年，陆丰县螺河东堤宽塘堤段1+050桩号迎水坡解剖白蚁巢，铲开表土，大小蚁路密布，挖深1.2 m见巢，在长2 m、宽1.8 m、高1.6 m堤体内共挖出黑翅土白蚁菌圃104个，平均每个菌圃18 cm×15 cm×9.9 cm，巢体56 cm×48 cm×11 cm，蚁路底宽4.6 cm，巢体菌圃挖出后可蹲下7人（图1－1）。由于白蚁隐患严重，每在汛期洪水暴涨或暴雨期间，堤体出现跌窝，背水坡出现牛皮涨、塌坡、漏水等险情，如抢救不及时就会酿成崩堤决口灾害。杀灭白蚁后，若不把蚁巢腔、菌圃腔、蚁道等巢穴系统充填，在高水位浸润线升高时，水将充满巢穴系统，乃至发生流土、管涌、跌窝等险情，如抢险不及时，便会决堤垮坝。因此，杀灭白蚁后，必须对巢穴系统灌浆充填，才能彻底消除白蚁隐患，确保堤坝安全。

堤坝因为白蚁为害造成漏水险象屡见不鲜，因治理不及时或措施不当，造成决堤溃坝事故也时有发生。早在1962年清远龙塘、三水大旺和1964年清东围等决堤，均为白蚁为害所致。1966年，东莞挂影洲白蚁巢跌窝并滑坡。1968年，北江大堤沙堆段堤大出险，幸得抢险成功，后经查实为白蚁大型巢穴。1969年廉江鹤地水库，1972年高要杨梅水库，1973年博罗角洞水库，1974年高州水库石骨总干渠，1975年徐闻合溪水库和宝安铁岗水库等堤坝发生漏水而冲出白蚁、巢片或菌圃。陆丰县有3个典型例子，螺河大堤白蚁为害严重，1970年“9.14”台风洪水暴发，河床通过Q＝3 150 m^3/s，水位暴涨，中游旱田至蕉坑14 km河段堤围缺口28处，缺口断面有白蚁巢腔和蚁路的有17处，该次灾害造成两岸83个自然村、34 794人受灾，堤围决口和冲毁其他水利设施共损失土方15.5万m^3、石方0.813万m^3，倒塌房屋350间，冲毁农田450亩，受浸农作物35 576亩，其中水稻失收6 873亩，严重减产17 287亩，旱作物失收5 529亩，严重减产5 887亩，受灾损失值337.5万元。巷口水库（中型），1975年11月25日上午6时在南坝桩号2＋495背水坡高程42 m处，突然漏浑水0.75 L/s，情况紧急，后经现场勘察为白蚁洞漏水，防治组在2＋500内坡高程59.5 m处挖洞追巢，在坝中心高程58 m处见巢，巢底57.1 m标高处主蚁路4.5 cm向内外坡延伸，横穿土坝，造成漏水，该巢共灌入土方3.5 m^3。三溪水水库（中型）是多山丘连结坝形，1960年建成，1962年发现白蚁，由于治理不得法，白蚁越来越多，第一副坝在原山丘位置背水坡脚发现漏水，至1972年已酿成漏水6处，其中第五号漏水孔较为严重，于1975年10月上旬实测，水位 52.5 m 标高时开始漏水，水位 53.4 m 时漏出水量为 3.6 L/s，水位越高漏水量越大。在漏水孔口开挖至 47.5 m 高程处有蚁路一条，口径 5 cm，试堵水 2 分钟后复放水便有成团活白蚁随水冲出。1983 年 2 月下旬清远花斗水库，当水位上升至 27.67 m 时，副坝出现漏水 2 处 3 个眼点，水位升至 27.80 m 时，漏水增至 8 处 11 个眼点。每个漏水点都流出白蚁或巢片。1986 年 7 月 11 ~ 14 日，梅州市暴雨成灾，7 月 13 日下午 14 时程江拐子渡堤段溃决前，工程技术人员目睹 10 多米范围内 6 处管涌都冲出白蚁及菌圃。1998 年以来南方诸省在发生洪水灾害时，在江河湖泊堤围上，众多防汛人员在堤坝上密集排列进行地毯式查漏，找的大多数是由白蚁引发的渗水点。

灭杀白蚁后灌浆充填巢穴系统是消除堤坝白蚁隐患的一个重要环节。在采用“三环节 8 程序”治理堤坝白蚁之前，曾试用未经灭杀白蚁就灌浆，甚至施灌药液泥浆灭蚁填巢，效果差，白蚁隐患仍存，例子举不胜举，如清远龙塘围、湛江志满水库等。

在灭蚁环节做好后，再抓好灌浆环节，充填巢穴系统，消除隐患，便能确保堤坝安全，例子数不胜数。如梅州程江拐子渡长约 100 m 堤坝段，1985 年灭杀了 27 巢白蚁后，灌浆充填蚁巢，1986 年 7 月 2 日台风暴雨成灾，洪水漫顶 20 cm 却没有溃决；又如 1976 年 9 月 22 日，鉴江化州南盛镇君田坡堤段，因未进行加固，治理蚁患工作也未实施，结果该堤坝决堤，事后调查 11 km 堤段中漏水孔 50 处，1986 年按“三环节 8 程序”治理了该堤段 58 巢成年巢，1987 年“6.5”洪水前完成充填灌浆，虽然“6.5”洪水的最高洪水位比 1976 年“9.22”洪水位高 0.5 m，不仅没有决堤，发现管漏也只有 6 处。雁田水库更具典型意义，位于东莞市的雁田水库，1959 年 10 月动工兴建，1960 年 5 月建成 1 主坝 6 副坝的中型水库。1964 年纳入东深供水系统扩建，为供水调节水库，1965 年 3 月运行，投入对深圳及香港供水。1967 年，当水库水位超过正常水位 0.4 m 时，主坝右侧距山坡 60 m 处背水坡 2 处漏水，并流出白蚁。当时采用工程措施在漏水的相应迎水坡做黏土斜墙处理，在施工过程中挖到白蚁巢及 12 个菌圃。1974 年秋进行蚁情调查，发现白蚁为害主坝 46 处、副坝 36 处。1975 年东深供水管理局与广东昆虫所李始美专家等组成“三结合”科研小组进行堤坝白蚁防治研究。1975 年 9 月 7 日，在广州市召开的“全国第三次白蚁防治经验交流与科研协作会”，200 多位代表参观了雁田水库白蚁防治研究现场，目睹了白蚁为害主坝，造成坝基漏水的险情，无不为之震惊。后经挖巢灭蚁、灌药液泥浆灭蚁堵巢、黑光灯诱杀有翅成虫等手段治理蚁患，虽然蚁情得到一定控制，但效果仍不理想。1979—1984 年因二期工程扩建，白蚁防治研究中断。1985 年调查，白蚁为害更加严重。1986 年采用“三环节 8 程序”技术措施治理蚁患，1988 年 5 月开始填巢灌浆，同时又以 2 m×2 m×2 m 规格施行浅灌密灌，充填了新旧的白蚁巢穴系统。自此，再也没有发现白蚁活动和白蚁引起的漏水现象。此后，每年坚持以“三环节 8 程序”进行治理。

鹤地水库是另一典型例子。该水库于 1958 年 6 月动工，1959 年 8 月建成，1960 年发挥效益。水库最大库容量 11.44 亿 m^3，主坝长 885 m、高 28.25 m，均质土副坝 37 座，全长 7.91 km。1961 年发现土坝有白蚁活动，1964—1968 年灌浆加固是常有白蚁随漏浆的浆液流出。1969 年 8 月台风暴雨，水库水位不断上涨，22 号副坝有 2 处漏水并漏出白蚁，为了水库安全，不得不降低水位运行。1985—1989 年，采用“三环节 8

程序”技术，共杀灭堤坝白蚁 1 967 巢，其中蚁源区 1 179 巢，坝身788 巢，对巢充填灌浆623 巢，灌浆充填度达95% 以上，消除了坝身蚁患。1994 年6 月，连降3 天雨量为 746 mm 的大暴雨，水库水位由 33. 70 m 急剧上升到 40. 47 m，超过汛限水位 0. 96 m，经受了百年一遇特大洪水的考验，未发生漏水或跌窝现象，全部土坝安然无恙。

第二节　堤坝蚁患漏水的抢护

堤坝漏水是否因白蚁营巢为害所致，可从漏水的过程及特征予以断定。发现堤坝蚁患漏水，必须立即进行治理。

一、堤坝蚁患漏水过程及特征

堤坝蚁患漏水过程及特征大致如下：

（1）漏清水。漏水初期，上游水位不高，漏水未贯通蚁道，经渗透汇集于蚁道流出，水色比洪水清澈。

（2）漏浊水。上游水位超过蚁道口，蚁道已被贯通，漏水量增大，带出菌圃屑、白蚁和巢体周围的泥土，水色比洪水混浊。

（3）漏水时清时浊。蚁道长期漏水，巢体泥土淘空，有时塌顶蚁道被堵，漏水时流时停，时大时小，时清时浊，险情将急剧发展。

（4）出现跌窝、塌坡。巢体不深或沙壤土堤坝段，巢体淘空时易出现跌窝，抢护及时可化险为夷。巢体深，巢体淘空成大洞，上游水位高，空洞充水，漏水呈射流，堤坝湿润饱和而塌坡，同时出现跌窝，抢护难度大，堤坝很快溃决。

二、堤坝蚁患漏水判断

断定堤坝白蚁隐患漏水的方法是：

（1）看堤坝龄，水利堤坝白蚁自配对入土营巢至成年巢约需 8 年，如兴建 8 年内的新堤坝，在筑堤坝时又进行了彻底的清基，堤坝发生漏水，为非白蚁为害引起；堤坝龄已超过 8 年，平时又在堤坝上发现有白蚁活动，尤其在兴建堤坝时，又没有彻底清基，漏水可能是白蚁为害引起。

（2）堤坝管状漏水并带出白蚁和菌圃屑者，为蚁患漏水。

（3）漏水初呈清水后变混浊，时清时浊、时大时小，甚至时漏时停，多是蚁患漏水，且在恶化。

（4）堤坝坡上部出现牛皮胀或管涌，用手指摸探漏水孔口，顶拱底平、孔壁细滑的，可沿蚁道挖进，逐渐发现空腔、菌圃等，为蚁患漏水。

三、穿坝蚁道水平高程的判断

因白蚁为害引发的漏水，其先决条件是上游水位必须高于穿坝蚁道。因白蚁在堤坝迎水面取食时，蚁道逐着水位的下降而延伸，当洪水位高于穿坝蚁道时，压力大漏水量大，水位降低时漏水量小，原因是洪水位持平或高于蚁道时引起漏水，水位下降后由于蚁路是沿堤坝往下延伸的，往下延伸的蚁道形成虹吸作用而继续在背水坡漏水。

成年蚁巢群体大蚁路多且大。蚁患漏水出水点往往不止一处，找出冒水大而且带出蚁巢菌圃的漏水点进行开挖，挖至蚁道有 2 cm 左右时，将备好的锥形管插入蚁路，接好软管把水道离漏水点，固定锥形管并清理管边的积水及淤泥，找较干的黏土把锥管周边夯实。处理好孔口后将胶管慢慢提高，并观测周边漏水点的漏水情况，若水量变化可视同一蚁道漏水，若没变化应视为另一漏水蚁道处理。抬高胶管至管内与某一水平面持平时，一边观察其他漏水点并进行封堵，才能顺利测出漏水蚁道的水平高度。

四、蚁患漏水的抢护

确定属蚁患漏水后，不论漏水程度如何，都应立即标记，分析情况，及时选择有效的抢护措施。

（1）摸洞、填塞漏水进口。由漏水出口向堤坝轴作垂线，延长至上游与始漏水高程线相交，在此点左右各 5 ~ 10 m、上下各 1 ~ 2 m 范围内，人系上安全带排成行蹲稳，十指张开而微曲，慢慢扒摸，遇有水流吸力感觉时，将食指伸进，水温异常，可稍扩大挖深，以黏土用力堵塞，同时观察漏水变化。1 个漏水点常不止 1 个进水口，应极力摸清，予以堵塞。必要时在上游用土包压盖，在下游用沙包、块石、片石、砖头、沙砾筑反滤围井，以防漏水恶化。

（2）上游铺盖。可按已摸清漏水洞口分布范围，扩大边界定标进行；也可不经摸洞，按上述计划摸洞前所定范围直接铺（抛）黏土，水上部分加以夯实；无块石护坡的，可用塑料薄膜搭接成大块卷成卷，由下而上沿堤坝坡平铺，同时压边、散压或抛土压盖。

（3）挖槽截漏。缺乏土料或不宜铺盖的堤坝，可在迎水坡水上部分坡面挖槽截漏。挖槽应尽量靠近水边，以便及早截到漏洞（但必须注意洪水涨势与完成挖槽时间，故要距水边 1 ~ 2 m，将弃土抛填临水面，谨防万一），从漏水出口向堤坝轴线垂线延长至上游水边的交点向两边挖，截到漏洞（蚁道）时（一般挖至始漏高程则挖到进水通道），堵塞来水口，回填粘性土，逐层夯实。槽内去水口不要过早填堵，以免影响填土压实质量。遭遇暴雨、洪水迅猛、堤坝断面矮小单薄、水位已超过漏水口很高而距堤坝顶又很少等恶劣情况下，不宜采用。1983 年，清远石角花斗水库发生 8 处 11 个眼点漏水，首先根据电测探的迎水坡进水孔位置和漏水水位的高程，以确定截水墙的位置和高程。然后，在测定的进水孔位置处，平行坝轴线水沟两条，沟长以电测标出的漏水范围两端各延长 2 m，上沟下坡面的高程比始漏水水位高 40 ~ 60 cm，下沟下坡面高程比上沟沟底高 30 ~ 50 cm，沟深 1.60 m、宽 50 ~ 70 cm，把漏水蚁道进水孔堵死。在沟槽挖好后，再认真分层（每层 10 ~ 15 cm）回填夯实，力求比原坝密实度高，同时，把两沟间的坡面铺盖黏土 15 cm。在 1984 年大汛中，水位超过原漏水高程 27.67 m，时间长达 2 个月之久，其中最高水位达 28.45 m，都没有出现漏水现象。

（4）锥探找巢充填。以漏水点或分飞孔密集点作圆心，半径 5 m 划弧，在上半圆范围内，用锥头直径 2.5 cm 的钢锥锥深 2 m 左右，行距、孔距均由 0.5 m 加密到 0.25 m，每锥 1 孔，耳贴孔口静听，接近漏水道时有水流声，就近加锥，锥中巢腔时有掉锥感。找到巢穴后，直接灌浆堵漏；或对巢体挖竖井，翻填密实截漏，翻填时埋灌浆管，待洪水过后灌浆堵蚁道；漏水发展危急时，50 年代曾用过灌沙抢险，后灌水冲实，反复灌满，可防跌窝塌坡等险情，但堤坝内留有填沙的渗透通道，事后应再作处理。

（5）夯实上游近水坡。漏水初期，上游水位不高，及早将下游漏水口垂直坝轴线的垂线延长与上游水面线交点左右各 5 ~ 10 m 处的堤坝面夯实，使渗水小蚁路挤压堵合。若属沙壤土，可铺厚 0.15 m 的黏土后夯实。

（6）灌浆堵漏。有灌浆设备的单位，在出现因白蚁为害而引发漏水时，可采用灌浆的方法进行抢险。结合判断漏水蚁道高程的方法，处理好其他漏水后进行灌浆，由于黏土泥浆较难凝结，为抢时间可采用灌水泥浆的方式进行封堵，浆液浓度调到灌浆机能工作的最高浓度，同时可添加速凝剂（如水玻璃），顺着漏水孔口进行逆灌堵漏。汛期后水位下降后应在漏水点上方按其预计受害面积进行浅灌密灌。因灌水泥的孔口无法进行复灌，在抢险过程中白蚁的巢穴系统中水量较多，在水分释出后巢穴系统中尚有部分空洞，故需要浅灌密灌的方法将漏水段的白蚁巢穴系统灌满。

以上所述抢护办法，在抢护成功后，对已证实是蚁患造成漏水的堤坝段，洪水后应按堤坝白蚁防治技术措施要求，进行灭蚁灌浆，彻底消灭蚁害和堤坝体内漏水的通道，保证下次洪水安全度汛。

蚁患漏水，随时可能出险。选择抢护方法和抢护过程，要慎之又慎，谨防出现跌窝、滑坡，要组织好队伍，备足防洪材料物资，做好抢护准备工作。

第三节　堤坝蚁患的灌浆技术

一、堤坝蚁患灌浆特点

堤坝白蚁巢穴系统的灌浆方法有别于堤坝的常规灌浆。常规灌浆均匀布孔，造孔过深，不能充填巢穴系统。以前曾施用过以均匀布控轮番施灌的常规固结灌浆法，甚至施灌掺药浆液，因造孔对不准巢位，压力难于突破巢腔和蚁道壁，即使局部灌通，也会被工蚁即时堵塞，幸好对准巢位造孔，若不即造即灌，白蚁也会将孔堵塞，使浆液外流。例如，1985 年，北江大堤河口堤段，曾施轮番灌浆，后来实施诱饵杀灭蚁后长出炭棒菌处，造孔灌浆后解剖，发现周围以前施灌的泥浆间有泥柱。又如万亩水库、志满水库等，为加固大坝，灌过大量泥浆后，仍有许多分飞孔出现，说明灌浆时因白蚁堵洞或造孔偏离巢位，灌浆灭蚁无效。陆丰赤砂水库 1993 年 5 月进行除险加固，填巢灌浆列入加固项目。由于工程在进行劈裂灌浆，该灌浆队同时对蚁灭杀出菌的蚁巢进行填巢灌浆。该施工队把填巢灌浆与加固灌浆一同施工，认为劈裂灌浆能将蚁巢灌满，结果事与愿违，白蚁巢穴均未能灌好，在不同位置解剖 3 巢，开挖后发现大小巢腔 20 多个，大的 0.86 cm × 0.74 cm × 0.38 cm，小的 0.9 cm × 0.7 cm × 0.6 cm，但仅在个别菌圃腔发现 2 cm 的泥浆仅占巢腔的 5%。由此可见，加固灌浆与填巢灌浆是不能混在一起的，不了解白蚁的习性，没有掌握对巢灌浆技术就没法把蚁巢灌好。以往用常规灌浆法并掺入药物施灌，试图一举两得，既灭蚁又充填了白蚁的巢穴系统，实际上既不能彻底杀灭白蚁，也不能有效地充填白蚁巢穴系统。实践证明，须先灭蚁后灌浆，灭蚁后必须灌浆。

水利白蚁在地表下 1～3 m 的土层中营筑巢穴系统为害堤坝，因此，堤坝蚁患灌浆的特点是，灌孔浅、压力低、局部、分散、工程量小，显然与水利工程加固灌浆、帷幕灌浆、地基灌浆不同。

二、堤坝蚁患灌浆方法

鉴于水利堤坝白蚁巢穴系统灌浆的特殊性，有别于常规灌浆，可分三种情况、五种方法。

（1）对巢（对菌）施灌法，利用死巢指示物炭棒菌施行灌浆。

（2）对分飞孔投饵未找到炭棒菌的施灌法。

1）蚁道法。

2）巢区方位法。

3）分飞孔上位法。

（3）浅灌密灌法。

堤坝蚁患灌浆方法在第七章第三节已作介绍，不再赘述。

三、堤坝蚁患灌浆机具

灌浆机具包括动力、抽水、制浆、输浆、运浆、造孔用的工具和控制及测试用的仪器。

（1）灌浆机，适用于堤坝蚁患灌浆的有：S－WSN0.6/4 型手动灌浆机、S－WDN1.5/4 型电动灌浆机、S－2WDN3/15 型双缸卧式电动泥浆泵（定额压力 15 kg/cm^2，出浆量 3 m^3/h）。

（2）泥浆搅拌机，可选用广东省水利厅机械公司生产的单桶卧式打浆机，每小时生产泥浆 3 m^3 以上，或采用单桶立式泥浆搅拌桶。

（3）输浆管，应使用耐压高于灌浆机压力 50% 以上的胶管，规格有 1.25 吋的输浆主管道，1 吋的输浆支管和 3/4 吋的连接进浆管。

（4）进浆管，可采用 1/2 吋 PVC 水管，应选用耐压较高的管材。

（5）管道连接套件，各种规格的接头、弯头、三通、闸阀等紧固件。

（6）造孔工具（不同的造孔方法选用不同的机具）：①钢锥杆，直径 20～22 mm，长度 3～3.5 m 加接 25 mm 锥头。②钢钎，直径 20～22 mm，长度 1.5 m 及 2.5 m 各 1 支，加接 25 mm 锥头。③铁锤、机动凿岩机、电动钻孔机、风钻机等。

（7）测量工具，压力表、孔口压力表。

（8）土料筛、滤浆筛，土料筛孔径 5 mm，滤浆筛孔径 35 孔/cm^2。

四、堤坝蚁患灌浆工序

堤坝蚁患灌浆按以下工序进行：

（1）做好灌浆前准备。勘察灌浆现场；收集有关资料，图表；寻找土料现场、水源、电源、设备安装场所；备齐维护保养灌浆机具的配件和工具。

（2）整理布置施工场所。

（3）设备安装，包括制浆设备安装；泥浆过滤、沉淀、贮存池设置；灌浆机具安装，输浆管道布置等。

（4）制浆，造孔，埋设进浆管。

（5）灌浆（初灌或复灌）。

（6）拔取进浆管，清洗机具管道，封填灌浆孔，施工场地复原。

（7）整理资料，归档。灌浆资料包括施工日记、图表，逐日填写的灌浆记录表，灌浆过程中出现的问题及解决办法。灌浆资料交工程管理单位归档保存。

（8）竣工验收。

五、堤坝蚁患灌浆技术要点

（1）制浆时，要严格控制浆液的质量，把好过筛关，利于保护灌浆机易磨损的部件，提高工作效率。

（2）填巢灌浆的主要材料为黏土浆，在特殊情况下，为了加速浆液的凝固，可添加促凝剂，当蚁巢位置靠近水工建筑物时可掺入少量低标号水泥，利于提高坝体与建筑物的结合度。在漏水抢险时可用水泥进行捡护。

（3）灌浆时间。通常在找到炭棒菌后 1 ~ 2 个月内进行，视工程情况及气候条件而定，除发生漏水险情须立即灌浆外，原则上应避开雨季汛期。在冬季、枯水期灌浆填巢效果最好，因为白蚁死亡时间较长，菌圃已经腐烂，灌浆时蚁道通畅，灌入浆液量大，充填度高。浅灌密灌也应在枯水期或低水位时进行。

（4）造孔技术要求。对巢灌浆，造孔的准确性是灌浆工艺的关键。

1）布孔。巢区方位法、分飞孔上位法按第七章第三节“找、标、灌”的灌浆环节的要求布孔；浅灌密灌按 2 m × 2 m 梅花状布孔。

2）孔深。对巢灌浆孔深至巢位深度；浅灌密罐孔深 2 ~ 2.5 m，但要根据工程历年加高培厚及堤坝体土质结构实际情况而定，可适当加深造孔深度。

3）造孔方法。

①人工造孔，适用于填巢灌浆（对巢灌浆）及重点浅灌密灌。

锥探造孔：用直径 22 mm 圆钢焊接直径 25 mm 锥头，锥杆长 3 m 左右，造孔前用钢钎在选好孔位上打碎表层硬土并造一个 15 cm 左右的浅孔，然后由 2 ~ 3 人合力持钢锥杆锥孔，直至有掉锥感，确定击中巢腔后再加深 15 cm 左右，浅灌密灌锥至设计深度。

锤击造孔：用 22 mm 圆钢焊接 25 mm 锥头，锥杆长 1.5 m、2.5 m 各 1 支，造孔前用钢钎在造好孔位上打碎表层硬土并造一个 15 cm 左右浅孔，然后由 1 人持短锥杆 1 人用大锤锤击锥杆造孔至有掉锥感，确定击中巢腔后再加深 15 cm 左右，（浅灌密灌锥至设计深度）。

②机械造孔，适用于面积普遍性浅灌密灌，因土壤干燥土质坚硬，堤坝体内有乱石等，人工造孔困难的堤坝。机械造孔应严格遵守机械操作要求，注意防止“卡钻头”造成钻杆断折等意外事故。

机钻：用机动（内燃机）凿岩机造孔，钻头直径 25 mm。由于凿岩机机体较重（约 30 kg）无法用长钻头一次钻孔，应由短至长更换钻头逐步达到孔深要求，需要 3 ~

4人共同操作。机钻适用于缺乏电源的偏远水库。

风钻：用风钻机钻孔，钻头直径25 mm，钻头与机动凿岩机相同，需要配备7 kW左右的空气压缩机及输气压力管。造孔方法与凿岩机相同。

电钻：用大功率冲击钻造孔，钻头直径25 mm，钻头与机动凿岩机相同需要电源支持，冲击钻用选用1.5～2 kW。造孔方法与凿岩机相同。

③水压造孔，水压造孔（水枪造孔）速度快，造孔效率高，适用于透水性好的沙质土堤坝及季节性河流堤坝或枯水期的普遍性浅灌密灌。透水性差的黏土堤坝及对巢灌浆不能使用此法。

水压造孔需配备扬程60 m以上，出水口1.25～1.5吋水泵。造孔水压6 kg左右，需有足够的水量，利用水压冲击造孔。用进浆管连接输水管进行造孔，达到灌孔深度要求后进浆管应留在孔中不能取出，以免孔壁坍塌堵塞灌孔，所有灌孔造好后必须等候7～10天后才能灌浆，等待造孔水分释出，防止造成滑坡。

（5）浆液浓度。浆液浓度水土比为3∶0.8至1∶0.4。施灌时，先灌清水，将巢穴系统灌通，然后采用先稀后浓灌入浆液。

（6）施灌压力。灌浆压力不宜过大，终灌压力不低于0.5 kg/cm^2，通常用0.3～0.4 kg/cm^2。据高州水库的经验，压力超过0.5 kg/cm^{2}时，浆液将从多处冒出，或使表层土隆起、开裂以至施灌不成；若小于0.3 kg/cm^{2}时，只有造孔离巢位很近的巢体、菌圃及蚁道充填饱满，离造孔稍远的巢穴系统无法灌满。

在施灌过程中应有专人负责观测工作，巡视串浆、冒浆、裂缝，防止牛皮胀而滑坡，发现问题及时处理。

（7）灌浆量。①对巢灌浆，成年巢灌浆量折土约为0.5 m^3。据陆丰分站的经验，平均每巢入浆量为1.28 m^3。据北江大堤73巢成年巢统计，平均灌入折土0.57 m^3，最大的达2.44 m^3。花都芙蓉嶂水库等7座水库64巢，平均灌浆折土0.39 m^3。②浅灌密灌，在灌浆机工作压力不击穿堤坝土表而冒浆的情况下，每孔灌浆工作时间不少于10分钟。

（8）复灌与终灌。复灌2～3次，多为2次。复灌间隔时间为48小时左右。

当注浆管壁或以上坝面出现冒浆多次堵塞无效时；在设计压力下进浆量很少，15分钟进浆量小于0.5 L/min时；堤坝面隆起或开裂至1 cm时，终止灌浆。例如，孔深2 m，一般压力为4.9 N/cm^{2}以上，孔口出现冒浆、堵塞压实封闭不止为度，待脱水后复灌。

（9）记录与统计。在灌浆施工过程中，记录是一个非常重要的工作，必须逐孔进行详细登记。初灌、复灌、终灌的实际开停机时间、现场出现情况及处理方法等。同时应把孔口压力表的显示压力读数一同录入，这样才能明确地反映该灌孔（巢）实际灌入量的多少。

工程结束后，资料整理必须明确地将各灌孔初灌、复灌、终灌的进浆时间、工作压力及出现情况和处理方法记录在统计表上。

（10）不宜灌浆部位。在堤坝上靠近反滤体的白蚁巢不宜灌浆，可在反滤体上缘开槽导浆，灌满后回填夯实。堤坝下部不应实施浅灌密灌，以免堵塞反滤体。

第九章　房屋白蚁的治理技术

第一节　房屋白蚁的种类及其入侵房屋的途径

一、种类

水利工程所属房屋包括办公用房、员工住宅、厂房、仓库等。在我国南方各省市的水利工程房屋的主要为害种是台湾乳白蚁。在华东地区和西南地区，散白蚁也较为常见。据广东省各地水利工程管理单位调查，除了台湾乳白蚁外，偶有黄翅大白蚁入室为害首层楼房中的木门框、贮物柜等。在广东湛江、茂名地区及海南省还受截头堆砂白蚁为害。就全国而言，散白蚁属也是重要的为害种类；在广东，这类白蚁较少见为害成灾。

上述各种白蚁的形态特征及生物系特性在第三章已有详细描述，不作重复。

二、入屋途径

白蚁入侵室内为害的主要途径有三种。

1. 分飞入屋

每年4～6月，白蚁分飞季节，在气象条件适宜的情况下，便有大量的有翅成虫离巢分飞，脱翅配对，觅寻适宜的栖息场所，营巢，繁殖后代。台湾乳白蚁、截头堆砂白蚁和黄翅大白蚁分飞的有翅成虫都有强趋光性，向着光源飞入室内，落地后，寻找有木或木质纤维和不受骚扰适宜栖身的环境建巢为害；台湾乳白蚁多选择阴暗潮湿的场所营巢。

白蚁分飞入屋营巢为害是白蚁入侵室内最重要的途径，因此，每年白蚁分飞季节必须将白蚁的有翅成虫拒于室外，对入屋者必须及时杀灭之。

2. 蔓延入屋

由于水库多建于山区或半山区，水利工程管理单位住所处的位置蚁源较丰富，况且，房屋多建于20世纪60年代前后，砖木结构建筑为多，室外孳生的白蚁修筑地下蚁道进入室内取食、为害，也甚为常见。

3. 人为入屋

白蚁的人为传播为举世无争的事实。原产中国华南地区和台湾地区的台湾乳白蚁现已遍及世界许多国家和地区。早在120多年前已传到夏威夷，到20世纪60年代，美国南部地区已普遍发生为害。此外，目前已知日本、菲律宾及非洲也有分布。商贸、军事等活动都可使白蚁异地传播。

同一地区，白蚁也可随家具、木材、包装材料的搬迁，从一室到另一室，或从室外到室内。搬迁时将已有白蚁幼龄巢的物品搬入室内，蚁后不断产卵繁殖，巢群继续发育，群体越来越大，为害日益严重。堆砂白蚁、台湾乳白蚁和散白蚁都可以这种途径带入屋内。

第二节　房屋白蚁的治理技术

在广东，台湾乳白蚁（又称家白蚁）是水利工程房屋的主要为害种，因此，本节重点介绍台湾乳白蚁的治理技术，其他为害种类只作简略介绍。

广东是台湾乳白蚁原产地之一，城乡深受其害，因此，防治台湾乳白蚁已有上百年历史，经历数代人的探索，积累了丰富的经验，早在20世纪30年代便有白蚁防治公司，为国内最早将白蚁防治推进市场。新中国成立初期，广州已有20余家白蚁防治公司和个体经营者，1956年公私合营，其中12家合并成国营广州白蚁防治公司。

1958年4月26日，《南方日报》报道了广东涌现出来的白蚁防治杰出人才李始美的先进事迹；同年5月，全国科联、北京科联和中国科学院联合邀请他到北京作了“白蚁的研究和防治方法”的报告，并在《昆虫知识》（1958年4月第3期）上发表，编者为其写了按语：“李始美同志是一位在工作实践中成长起来的白蚁防治土专家，由于他有着为群众服务的强烈愿望和刻苦钻研的坚毅精神，在短短的几年里他对白蚁的防治工作作出巨大贡献，同时在科学工作上也取得了光辉的成就。”他的报告得到了我国著名的白蚁研究专家、时任中国科学院昆虫研究所副所长蔡邦华教授的充分肯定，蔡邦华教授在《昆虫知识》上发表了《关于李始美同志防治白蚁报告的体会》的文章。中国科学院昆虫研究所副所长赵星三同志称：“广东白蚁专家李始美同志在京期间，我有机会和他接触，对他的研究成绩深为钦佩。又有机会陪同他去上海，亲自参加了现场灭蚁活动。从而对他的造诣得到进一步的认知。同时，我认为上海之行，也可说是他的研究工作的一个群众性的‘论文答辩’或鉴定。所谓群众性不仅有行政干部、灭蚁队的工人，而且还有江苏、安徽、浙江、山东和上海的不少昆虫学家和工程师。很显然，也是以事实回答一些人对这样一个毫无资历的土专家所抱有的怀疑和藐视。”“李始美同志没有因为自己的成就而自满，也没有因受到党和政府的重视而骄傲，更没有因为自己的资历比不过人或受到责难而自馁。在北京、上海的活动中，本着‘知之为知之，不知为不知’的老实态度，毫无哗众取宠的市侩习气和权威作风”。接着，时任中国科学院院长郭沫若聘请李始美为中国科学院昆虫研究所研究员，中国昆虫学会特邀李始美同志为昆虫学学会会员，随后，中山大学聘请他为生物学系昆虫教研组教授，华南农学院聘请他为植物保护系昆虫教研组教授。

据李始美研究员2001年回忆陈述及摄影记者蔡忠植2003年报道，1958年7月8日下午，周恩来总理在时市长任朱光的陪同下，来到广州市仓边路省卫生厅用作机关食堂的一间古屋，会见了白蚁防治“土专家”李始美同志。一见面，周总理满面笑容握着李始美的手说：“在新会知道你是一位研究防治白蚁的专家，今天特意来向你学习，当你的学生。”李始美望着周总理慈祥的面容，紧张的心情即时消失，无拘束地同周总理谈了3个多小时。李始美向周总理讲述了白蚁对建筑物、衣物、家具的为害。根据白蚁的生活习性和活动规律可以找到白蚁巢，以便消灭白蚁。接着，李始美指着房间墙边的白蚁汲水线告诉周总理，这是不容易被发现的白蚁外露特征，一头通向白蚁汲水的水源，一头从地面沿着墙边直通屋顶角缝里的蚁巢。然后，周总理拿着电筒爬梯子上到屋顶，察看李始美挖找白蚁巢（图9-1）。不久，李始美将一个大型的白蚁巢从墙中取出，并放在桌上进行解剖，边解剖边向周总理讲解（图9-2），直至捕捉到蚁后。周总理细致观看了每个环节，时而拿着放大镜细心观察白蚁的活动。后来，周总理又请李始美到院内的一张四方台前坐下，关心地询问他的家庭、生活、学习、工作情况，到晚上8点多，长谈才结束。告别时，周总理对李始美说："有机会到北京时，欢迎你到我家来。"周总理在百忙中，花了那么长时间与防治白蚁"土专家"李始美同志谈白蚁防治问题，体现了党和国家对白蚁防治的重视，对青年科技工作者的关怀并寄予厚望。

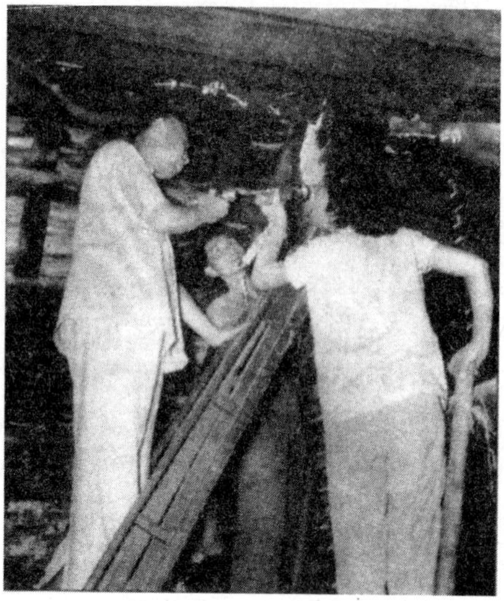

图9-1　周恩来总理察看李始美同志在屋顶挖找白蚁巢（仿蔡忠植）

（左一，周恩来总理；左二，李始美）

图9-2　周恩来总理察看李始美同志解剖白蚁巢（仿蔡忠植）
（右一，周总理；左一，李始美）

李始美研究员，自1958年中南昆虫研究所（现广东昆虫研究所）聘请他为研究员，从事白蚁研究工作近40年，1990年光荣退休，2004年10月12日不幸逝世，享年82岁。他为广东和华南地区的白蚁防治工作作出了突出的贡献。他的主要功绩如下。

（1）20世纪50~70年代。为推动白蚁防治，他协同有关部门为广东各地举办了大量的各种类型的培训班，培养了大批白蚁防治技术人才，为广东普及白蚁防治立下汗马功劳，在广东省白蚁防治史册中增添了光辉的一页。

（2）自20世纪50年代起，他领导的广东昆虫研究所（原中南昆虫研究所）白蚁防治研究室，培养了一大批青年白蚁科技工作者，后来成为国内外著名的白蚁研究专家，如戴自荣、黄亮文、李栋、李桂祥、平正明等高级研究人才的成长有他的一份功劳。广东昆虫研究所白蚁防治研究的坚实根基以及直至今天白蚁研究事业的辉煌与他所作的贡献密切相关，他的业绩已在广东昆虫研究所发展史上留下了夺目的一页。

（3）李始美研究员为团结广东白蚁防治研究从业人员，推动白蚁科学研究及白蚁防治，创立了广东省白蚁学会，他对广东省白蚁学会所作的杰出贡献，为后人传颂。

（4）1970—1979年，他及其同事与省水电局的姚达长、黄觉民等对广东（含海南）41个县市的176座大、中、小型水库和总长131.5 km的堤围进行了白蚁为害情况调查。1975年，他还与其他研究人员一起在东莞雁田水库驻点研究水利堤坝白蚁防治技术。

李始美研究员为中国的白蚁防治事业呕心沥血，贡献毕生精力，为后人所敬重。深切地怀念他。

一、台湾乳白蚁的治理技术

（一）如何找白蚁巢

“有蚁必有巢”，白蚁的活动以巢为中心，离巢外出活动的白蚁不能长期栖息在某一环境中，外出活动一段时间必须回巢。见蚁不一定能找到巢，因为台湾乳白蚁营巢的场所十分复杂，白蚁在室内为害活动，其巢可能在室内，也可能在室外；可能在室内的某一位置，也可能在室内的地下。可根据白蚁的为害活动情况以寻找其巢体所在位置。

1. 白蚁巢的结构

台湾乳白蚁的巢体以木质纤维为主，并与一些土质、砂粒、白蚁排泄物及白蚁分泌的唾液黏合而成的蜂窝状或片状结构。成年巢的形状以椭圆形为多，往往受到所处空间和环境基质的限制，而出现各种不规则的形状，木墙裙内或夹层中的蚁巢形扁形（图版Ⅻ－1），木天花上方的蚁巢成酥皮面包状，在下水道沟盖下方的蚁巢成蜂巢状，树头巢多呈橄核形（图版Ⅻ－2）。

台湾乳白蚁的巢可分主巢和副巢，主巢 1 个，副巢 1 至多个。有的巢群只有主巢，没有副巢。主巢与副巢的主要区别是，主巢内有蚁王、蚁后及其居住的“王宫”（图版Ⅻ－3），蚁后在“王宫”产卵，“王宫”由较坚硬的泥质做成，近半月形，周边有孔口便于白蚁出入；主巢内有蚁卵和若蚁。副巢无“王宫”，如由主巢转为副巢者，“王宫”被废弃；无蚁卵和若蚁。主巢与副巢间时常保持联系。

2. 巢位的外露特征

虽然白蚁群居在巢内，巢是活动的中心，但必然到巢外觅取食物，吸取水分，有翅成虫分飞时需经过蚁道爬出分飞孔后便能飞翔，因此，白蚁的生命活动不仅局限于蚁巢内，甚至可到离巢近百米的地方进行取食活动，而且会留下活动的痕迹，可依据其活动迹象找到白蚁巢。台湾乳白蚁巢位的外露特征有如下。

（1）排泄物（排积物），俗称白蚁泥（图版Ⅻ－4），为灰褐色或棕色的疏松泥块，形似干牛粪。多数人认为排泄物是工蚁筑巢时从巢内排出的经过加工的物质，也有人以为是白蚁取食纤维质经消化后排出的粪便。排泄物往往堆积在蚁巢的外围，在砖木结构房屋常紧贴巢体；有时在白蚁为害点，如木地脚板边缘，木门框边缘也发现少量排泄物。通常排泄物多、巢群大，而且离巢近。地下巢，有时白蚁排泄物推出地面成半球状或附于木门脚，有时在楼梯底地面与楼梯之间夹角位置，或者墙基、地面的裂缝处。树心巢，往往在树杈（孔）或枯枝断面处堆积排泄物。天花板夹层中的蚁巢，一般不见排泄物。

（2）分飞孔（分群孔）（图版Ⅻ－5，6），是成年巢的重要外露特征，有翅成虫离巢分飞时的出口，多呈长条形，1～5 cm，也有其他形状的，数量由几个至数十个不等。非分飞季节，分飞孔用泥封住，坚硬、干燥，人为打开偶见白蚁。每年 4～6 月，分飞季节，工蚁把分飞孔修整，封口的泥土湿润、新鲜，有工蚁和兵蚁严密守护。通常分飞孔离巢不远，甚至毗邻蚁巢，亦有离巢远至数米或更远的。分飞孔位置因不同房屋建筑结构而异，有下列几种情况：

1）砖木结构房屋，白蚁多在有木材的地方营巢，如在棚木两端入墙处营巢，分飞孔多在棚木处；门楣巢，分飞孔多在木门框上；地下巢的分飞孔多在木楼梯或粗大的木柱上；若木地板有蚁巢，其分飞孔多在木门框、木地脚线、木墙裙。

2）钢筋水泥结构房屋，这类房屋以钢筋水泥为主，装修材料用木料，分群孔多在木门框、木天花等处。这类房屋用木材较少、营巢位置变化多、地下巢增多，分飞孔可筑在铝合金门框边缘、窗框和墙交接处、木或塑料电制板边缘、地面和墙交接处、地面裂缝、楼梯级缝、干燥的下水道砖缝、井内壁、电缆沟内或大理石交接处、浴缸边瓷片间、伸缩缝覆盖铁皮边缘等。

3）地下室、车库、仓库、杂物间等阴暗潮湿的地方是白蚁营巢的理想位置，但这些地方所营的巢分飞孔都多筑在较明亮的地方。

4）在室外的树头或树心巢的分飞孔多在树头或在枯枝断面有排泄物处。在绿化带土中营巢者，其分飞孔多在附近的树头或花草间的泥土中。

（3）通气孔（通风孔），通气孔是白蚁调节巢内温度与湿度的小孔。孔口微小，直径1 mm，呈圆形、针孔形，有几个至数十个不等，排列不规则。通气孔离巢很近，找到了通气孔等于找到蚁巢。由于通气孔很小，不易找到，要细心观察，通常成年巢的主巢和树心巢的排泄物处可找到。

（4）吸水线，是台湾乳白蚁通向水源吸取水分的蚁路。吸水线比通常的蚁路宽扁，1～2 cm，多分布于墙角、夹层或较隐蔽的阴暗处，经常保持湿润状态，白蚁活动频繁，川流不息往返。通常主巢有吸水线，若找到吸水线，截断后，观察白蚁活动，多数往蚁巢方向逃逸，可判断蚁巢的位置。若木金字架或亭角上有白蚁巢，白蚁通过砖墙内或木柱中的蚁路，通向地下吸水以维持生命。如巢筑在离水源不远的地方，比较潮湿，不一定有专门的吸水线。

（5）蚁路（图版Ⅻ－7，8），是白蚁联络、取食及活动的通道，以隧道和泥被泥线两种形式存在，前者隐藏在被害物体中、隐蔽，后者外露，为白蚁离巢外出活动的外露特征，可依据蚁路的情况以判断蚁巢的大致位置。凡是有白蚁活动的蚁路，其外表泥被泥线湿润、完好，色较深；无白蚁活动的旧蚁路，泥被泥线干燥、松散、有裂缝、易脱落。

台湾乳白蚁由蚁巢通往取食点，蚁路是重要外露特征，在室内，往往发现了蚁路才知道已受白蚁侵害。

3. 筑巢的常见位置

由于台湾乳白蚁喜温怕冷、喜湿怕水、喜暗怕光，爱宁静怕震动，在选址筑巢时必顺利避害，将蚁巢筑于符合其所喜爱的地方，尤其是木材集中、食料丰富、阴暗潮湿、通风不畅的场所。

（1）室内地上巢。随着社会的发展，城乡的建筑发生了很大变化，原来的砖木结构房屋逐渐被钢筋混凝土结构所替代。但目前，这两类房屋并存，乡间砖木结构的房屋还会存在一段相当长的时间，有的将成历史文物长期保留，这类房屋白蚁为害也不能忽视。

砖木结构房屋中台湾乳白蚁地上巢最常见的筑巢部位：

1）正梁或横梁与墙交接处。

2）门框角、窗框角的泥墙内。

3）楼梯底下或楼梯与地相连的木柱上。

4）木板批档（天花板）的夹层内。

5）木地板下面的横木上。

6）骑楼下方的木柱内。

7）与空心砖柱相连的横梁上。

8）舞台底下的横木上。

9）久未搬动的木箱、木柜内。

10）金字架支架与墙的交接处。

11）阁楼底下横梁与墙的交接处。

12）水管附近的空心墙内。

13）壁柜、电闸板或消防箱的下方空隙部位。

据戴自荣等在广东台山、高鹤（现属鹤山）对泥木和砖木结构房屋所作的台湾乳白蚁筑巢部位调查结果如下（表9－1）。

表9－1　泥木与砖木结构房屋中台湾乳白蚁室内地上巢的发布情况（戴自荣等）

时间地点	房屋结构	调查蚁巢总数	正梁与墙交接处	门楣两侧	蚁巢在室内的分布位置					
					阁梁与墙交接处	厨房横梁与墙交接处	有横木的墙中心	天棚梁柱交接处	木板批档内	其他部位
1963年8月、高鹤县	泥木	63个	8个	30个	18个	3个	3个	1个	0	0
			12.7%	47.5%	28.6%	4.8%	4.8%	1.6%	0	0
1963年7月、台山县	砖木	55个	37个	7个	2个	3个	0	2个	1个	3个
			67.3%	12.7%	3.6%	5.5%	0	3.6%	1.8%	5.5%

在泥木结构房屋中，台湾乳白蚁可在泥墙中筑巢，最常见的筑巢位置在门楣角和横梁与墙交接处，这里食料丰富，又有蚁巢发展空间。在砖木结构房屋中，白蚁不能打穿火砖，也不能在砖墙中筑巢，因此，蚁巢较多筑在木材最粗的正梁与墙交接处部位。

20世纪80年代以前广州市番禺区沙田地区的农村民房多为茅草顶竹柱杉皮墙或薄泥墙结构，地面上缺少筑巢需要的依附条件，那里的地下巢很多，200个蚁巢中地下巢占90%多，有一些巢甚至筑在泥灶底下。这类房屋已成历史。

城市钢筋混凝土结构建筑物比较复杂，因此蚁巢的分布位置也比较多样，通常在空心夹墙内、天花板上面、厕所、厨房、浴室水管附近和门楣角、电闸下方的空隙部位，以及金字架两端等处。此外，地下巢也占有一定比率，尤其仓库内地下巢更多。在钢筋混凝土结构房屋中的蚁巢，外露特征往往不明显，在找巢时要细心观察通气孔、水渍及批档有无变形等表征。

（2）室外巢。台湾乳白蚁在室内取食为害，巢在室外，也甚为常见，尤以树心树头巢居多。白蚁在分飞季节，有翅成虫从树木的损伤部位入侵，在树干或树头筑巢，又通过地下修筑蚁道侵入邻近房屋为害。作者近年曾在广州治理过一宗蚁患，一栋约20年楼龄6层楼房的东侧约2 m处有1棵红胶木，在其树头有一大型蚁巢，白蚁修筑地下蚁道入屋，并一直到二楼为害阳台门框，5月有翅成虫从门框上飞出。

20世纪80年代之前常见的室外巢，随着时代的进步、建筑材料的革新，现已成历史，以下四类作为资料录入，有助于了解白蚁防治史实。

1）木电杆。白蚁营巢为害甚为常见，多筑巢于埋入地下部分。在水田中的电杆，巢在水面上的杆内；竖立在斜坡上的电杆，巢筑在高的一侧；立杆地一边靠水者，巢在旱地一侧。

2）木桥。巢位多在土木交接部位，也有在如示警木的入土部分，靠近桥台两端的下梁木与帽木交接处，大梁两端，桥台与排架的帽木。

3）枕木和车厢。枕木很少筑巢，为害枕木的白蚁多来自附近的树心树头巢。车厢蚁巢多筑在厕所、洗脸池下方的夹层中，车厢的顶部也偶有发现。

4）轮船。水源充足的有木部位是筑巢的优越位置，多在厕所、厨房附近筑巢，偶尔在机房内营巢。木船的蚁巢多在船头、船尾的隔水板后面或在木材较粗的龙骨中。

（3）地下巢。土木栖性的台湾乳白蚁，在泥土中筑巢也很常见，由于地下巢的外露特征不甚明显，找巢难度较大。不过白蚁必然要离巢到地面上进行取食活动，成年巢的有翅成虫分飞季节要离巢，经分飞孔爬出地面，白蚁的各种活动必将留下痕迹，在地面上也有在分飞孔、通气孔和泥被泥线等外露特征，尽管较难发现，只要细心观察，可以找到。

地下巢地面常见的表征如下。

1）地下巢上方墙壁1.5 m以下有泥点，数量为3~9个，小的芝麻状，大的绿豆状，可起分飞孔作用。

2）门框、窗框、桁樑、墙边有分飞孔，大多巢在下方土中。仓库要注意检查墙角、门框脚、柱边下部。在广东，台湾乳白蚁地下巢一般入土不深，多数挖20~30 cm，就可以发现巢体。

3）在分飞季节，不论阶砖或水泥地板的房屋，在1 m左右的墙上，有时可见一个2 cm×3 cm大小多孔的"泥胚"，一般蚁巢就在"泥胚"的下方土中，这种"泥胚"也可能起到分飞孔的作用，分飞后干燥、脱落。

4）地下巢顶部若为沥青或阶砖地板，常出现裂缝、下沉，墙边灰砂缝中有蚁路泥点，且表面比较潮湿，敲击有空洞声。

5）判断地下巢的重要依据之一是蚁路土粒的颜色是否与地下土色相似。有时需要挖起阶砖或凿开地面，切断蚁路后观察白蚁的活动情况，假如大多数工蚁向地下逃逸，且大量兵蚁从地下出来守卫，很可能存在地下巢。

6）蚁巢附近常有白蚁的排泄物。泥地上的排泄物色泽深褐，由微粒状结构组成，捏在手中容易松散。因其色泽与泥土相似，仔细检查才能发现。若茅屋中杉柱下部有这类排泄物，蚁巢多在杉柱下方。

根据广州市番禺粮食局罗家勋等的经验，在番禺沙田地区地下巢分布的一般规律是：多在高，少在低；多在干，少在湿；多在室内，少在室外；多座东南，少座西北；相对地接近水源。

据广州铁路局灭蚁小组张善等的经验，地下巢经常发布的位置是：墙角下方、门框脚下、柱底下、楼梯脚下、木柱埋土附近，贮物室地下和下水管附近等处。

4. 罕见的营巢场所

家白蚁的营巢场所除了上述常见的位置外，还有许多罕见的情况，列举数例以飨读者。

作者曾于1997年12月10日在深圳大学校园内的一家银行治理过保存资料的铁皮柜内的一巢白蚁，由于柜内所存的资料较长时间没有使用，白蚁入侵营巢为害。

高州市白蚁防治所张国琛所长于1999年报告了几例罕见的蚁巢。

1）高州市城东有1栋3层的框架结构住宅楼，自1993年起，闲置了5年，1998年6月，拟重新使用时，却发现首层厕所厕盘底部有1个体积约0.15 m^3 的正方形地下巢，首层与二楼之间的陶瓷排污管（内径0.15 m、高5 m）填满蚁巢、不能排水，更称奇的是，排污管与后面墙之间的三角形空隙（外面砖砌批档）蚁巢由首层厕所地下巢沿排污管外壁与墙角向上伸延，达二楼厕所底部，高达4.5 m，形成“三位一体”的奇观，全巢体积达0.548 m^3，巢内白蚁数以万计。

2）高州市某机关办公楼于1994年10月启用，13层的会议室中1个22 cm×28 cm×90 cm的音箱于1999年6月便成了白蚁巢。

3）茂名矿务局某陶瓷厂毛坯车间内有一地下巢，当破土开挖0.4 m深处，蚁巢却筑在一口径0.5 m、高0.5 m的陶制的豆腐乳缸内，巢体将整个缸填满。

（二）找巢的技术操作

寻找蚁巢时，要认真细致检查，留心观察。检查的次序一般是先室内后室外、先下后上、先重点后全面，凡有木材的地方都不能漏检。

在寻找蚁巢的过程中要向住户、用户询问白蚁的为害史和分飞情况。如户主反映曾有大量有翅繁殖蚁从室内某部位飞出，其附近就有蚁巢。往往用户便能提供有用的线索。

在检查时，根据不同房屋结构查看有无白蚁的活动迹象，有无蚁路，被害物中有无白蚁活动，适宜筑巢的部位有无蚁巢等。对于砖木结构的房屋，要了解墙内有无空腔，着重检查正梁、横梁与墙交接的部位、天花板夹层、门楣、楼梯等处。对于钢筋水泥建筑物，要着重检查墙的四角、壁的裂缝、暗排水管附近空腔、地窖、门框、窗框，如有天花板，也不要漏检。对于大部分是木材建成的房屋，检查重点放在主梁、横梁和木柱的交接部位。检查的目的，一是直接发现蚁巢，二是从活白蚁的活动痕迹判断和追踪蚁巢。

查找蚁巢时，主要是观察巢位外露的三大特征，但有时巢外特征不明显，就要结合其他方法，如用锤敲打墙壁、地面和木材，听一听是否有空洞沉着的回声，在墙壁透出水迹、膨胀鼓起和地面下沉的部位，都可能有蚁巢，应该细心观察，还可用螺丝刀插入试探。

当被查的部位怀疑有蚁巢时，可用螺丝刀在怀疑部位打孔钻探，如里面有蚁巢，则打孔的阻力小，有空洞感，螺丝刀可直插巢中心，若取出螺丝刀稍待片刻后，有大量兵蚁从孔口爬出，有时还可见到巢片屑，这就是蚁巢的部位了。

如果发现有白蚁活动而在屋内又找不到蚁巢，也不足为奇，因为白蚁活动的地方可离巢甚远，蚁巢可能筑在邻近房屋中或室外大树中。这时，就需要到相邻的房屋和附近的树木等处查找，只要树立"有蚁必有巢"和找巢并不神秘的信念，就一定能够找到台湾乳白蚁的巢穴。

利用放射性同位素碘^{131}和金^{198}示踪法寻找台湾乳白蚁巢，在我国始于20世纪60年代中期，已在全国多个省市成功应用，因需要特定的仪器和防护设备，并且必须由专业技术人员操作，难于推广应用。

（三）如何治理蚁患

1. 工具

治理白蚁的常用工具有螺丝刀、手电筒和喷粉器（图9-3）。螺丝刀和手电筒是寻找白蚁巢时使用的。

螺丝刀，以钢质材料做的为优，以其有弹性、不易弯折、大小直径0.5 cm左右为宜，长约20 cm，通常用于撬开白蚁为害的木材或挑开蚁路、分飞孔及探明是否有白蚁存在；螺丝刀也用于打孔或直接插入蚁巢便于施药；有时也可用来敲击木材，辨别声音，判断是否被白蚁蛀蚀过。

手电筒，用于照明，由于白蚁的活动隐蔽，而且多数在较黑暗的地方活动和营巢，所以在检查蚁患、找巢和施药时都需要用电筒照明。

喷粉器，用于喷射药粉，由胶囊（喷粉球）、喷嘴和喷管三部分组成。胶囊是盛装药粉和喷粉时施加压力的部位。胶囊内装药粉不宜太满，约占容积的2/3便可，施药时手抓胶囊一挤一放把药粉喷射入蚁巢。喷粉球用橡胶做成，喷嘴和喷管以铜材做成的为优，各部分紧密连接不漏气，否则会影响喷药效果。

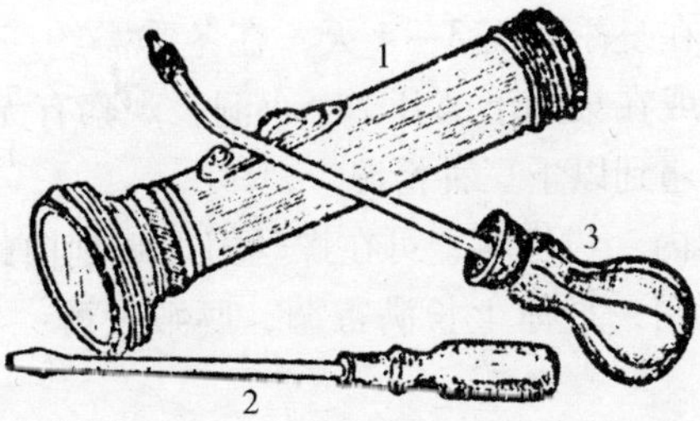

图9-3　常用灭治白蚁工具（仿广州白蚁防治所）

1. 手电筒；2. 螺丝刀；3. 喷粉器

2. 药物

以往广为应用的灭治白蚁药剂有两种，即以亚砷酸为主的砒剂和六氯环戊二烯的系列杀虫剂产品灭蚁灵。砒剂和灭蚁灵都是直接用粉剂喷到白蚁巢、分飞孔或取食点，让白蚁沾染药剂，靠白蚁互相吮舔、互相清洁致使全巢白蚁中毒死亡，每巢用白蚁药5～10 g便足够。砒剂在我国已使用数十年，现在澳大利亚、泰国、越南、马来西亚、新加坡、菲律宾等国家也在应用。

灭蚁灵（mirex）是近二三十年才推广应用的灭治白蚁药剂。因其性质稳定，是有机氯制剂，对人畜毒性小，但若吸入人体内可在脂肪、肝和大脑中积累，可致癌，我国自2009年5月17日起禁用。

近10多年来，应用有机磷类、拟除虫菊酯类、氯化烟碱类、酰基脲类、吡唑类、有机氟类等作为新建房屋白蚁预防药物。至今，仍未找到效果理想的白蚁灭治药物以替代砒霜。

3. 灭治白蚁的技术操作

找到了蚁巢，准备好药剂及灭蚁工具，便可施药，如果施药部位不当，药量不足或沾染药粉的白蚁数量太少等，都直接影响灭蚁效果。找到了蚁巢，首先在蚁巢壁开孔，用螺丝刀直接插入蚁巢中心部位，并相隔一定距离连打2～3个孔，在有条件时最好打成“品”字形，杉木与墙交接的蚁巢可在杉木的两侧或“品”字形开孔；夹层蚁巢直接打3～4个孔；树木蚁巢的巢位通常较难判断，可从分飞孔、排泄物、蚁路或诱杀坑施药。若孔口被蚁巢碎片堵塞，则用螺丝刀插入孔来回多次将其清除，打孔后稍等片刻，也可用螺丝刀轻轻敲击木材，见到许多白蚁爬出，然后手握喷球，喷嘴朝上方，并对准孔口用力轻压喷球，药粉便射入蚁巢，一般压球4～5次，一个蚁巢用药量5～10 g便可。施药后用棉花或纸屑塞住孔口，以免药粉掉落污染环境及人畜中毒，也可增加白蚁接触药剂的机会。

若在地面四周、墙角、木柱、夹板或木地板内有白蚁活动，也可随蚁路或白蚁数量较多的地方施药。若是蚁路，施药时切勿被药粉堵塞蚁路，以免影响白蚁的来往；若是白蚁为害点，用螺丝刀轻轻撬开被害物施药，然后尽可能恢复原貌，让白蚁继续在那活动取食，使白蚁有充分时间接触到药剂，灭治效果会更理想。

为了避免施药不当或其他原因造成的失误，施药后必须进行一次药效检查。巢群内白蚁来往频繁，所以无论在主巢或副巢施药，通常都能使整巢白蚁死亡。从施药到巢群的白蚁死亡时间，喷砷剂在夏季月需3～4天，在冬季需约一星期。检查时，取出原来塞在洞口的棉花或纸屑，或在巢的下部开一个小洞，观察有无兵蚁爬出或白蚁尸体。检查施药效果时，通常会在遇到以下三种情况。

（1）用螺丝刀插入巢内，拔出时，可在螺丝刀上嗅到白蚁尸体腐败的臭味，此时，近洞口有大量尸体堆积成团，尸体上长满霉菌，腐败发酵；将洞口开大，用手伸入巢内，可感到温度很高。

（2）螺丝刀上和蚁巢洞口完全没有臭味，巢内活白蚁和白蚁尸体都没有找到，成为一个空巢；也无发霉现象。

（3）在螺丝刀上和洞中略有臭味，巢内只有少量尸体，没有活蚁，发霉不显著。

在这三种情况中，第一种情况药效果最好，而且大多数属主巢；第二、第三种情况可能是施药成功的副巢，也可能是白蚁转移别处。台湾乳白蚁中毒后有返回主巢集中和需要吸水的习性，在副巢中施药，检查时往往找不到白蚁的众多尸体。显然，现场情况十分复杂，有时也会出现不返回主巢集中死亡的现象，其原因尚需进一步研究。

如果在白蚁死亡很久以后进行检查，即使在主巢中也找不到尸体，或仅有兵蚁残存的头壳，这是因为尸体已经完全腐烂，臭味已经消失的缘故。此外，如施药后蚁巢外围的排泄物已干枯开裂，没有活蚁活动，也说明群体已消灭或蚁巢已被放弃，蚁患基本解决。

4. 诱杀灭蚁的技术操作

诱杀灭蚁也是民间沿用已久的一种防治白蚁的方法。近年来随着科学技术的发展，其内容更趋丰富、充实了，现在采用的诱杀法又称毒饵法、药饵法，将“诱”和“杀”两个步骤合而为一，即将灭蚁毒剂渗入饵料中，简化操作步骤。

诱杀法具有很多优点。白蚁可到离巢很远的地方活动，在有白蚁活动的房屋内，未必都有蚁巢。在找不到蚁巢的时候，诱杀法就为首选的灭蚁方法。诱杀法不破坏建筑物，操作简单易行，对环境污染小，深受群众欢迎，是当前治灭白蚁的主要方法，采用的方式通常有以下三种。

(1) 简易诱杀法。为民间广泛采用，即将白蚁喜爱的食料埋于地下或放入诱集箱中，待引来白蚁后集中歼之。采用土坑诱集时，先选择有白蚁出没的地方或有白蚁的大树边掘一土坑，长、宽、深各 30 ~ 40 cm，不能积水，坑内放置台湾乳白蚁喜食的松木板或甘蔗渣，加入少量松花粉更好，然后用松树枝、芒箕或塑料薄膜覆盖。用木箱诱杀时，可用松木制成长 × 宽 × 高为 35 × 30 × 30（cm）的木箱内放平七八层松木板，然后将木箱放在蚁路旁或有白蚁活动的地方，经 20 天左右，待白蚁诱集较多时，就在诱集箱或诱集坑中将木板轻轻地分层翘起，喷施灭蚁药粉。只要药量、蚁量和诱集坑（箱）与蚁巢的距离等因素配合得当，同样可以达到消灭整个群体的目的。在没有药物的情况下，农村常将引来的白蚁喂鸡或用沸水浇杀，但此举不能将白蚁整个巢群灭杀。用药物毒死的白蚁，不能用来喂家禽，以免引起家禽二次中毒。诱杀白蚁必须严格掌握白蚁的活动季节，温度太低时，白蚁的活动不活跃，不易诱集到大量白蚁，在广州，适用于 4 ~ 11 月。

(2) 药饵诱杀法。利用白蚁喜食的饵料与杀虫剂做成药饵，引诱白蚁取食而杀灭之。因此法所用的药物是已禁用的灭蚁灵，不宜推广应用。

(3) 跟踪激素及其类似物的应用。1961 年斯图尔特（A. M. Stuart）报道了 *Zootermopsis nevadensis*（Hagen）和 *Nasutitermes corniger* Motsohnisky 能分泌招引同种白蚁个体的跟踪激素；1968 年，松村松年报道了从散白蚁 *Reticulitermes virginicus*（Taletal）和腐朽木材中分别获得跟踪信息素，经光谱分析证明为同一物质，即为：顺 3，顺 6，反 8 十二碳三烯醇 1，这类物质的生物学活性非常敏感，即使在 10 mL 正已烷中放入小于 1×10^{-12} g 的跟踪物质，在玻璃面上画线，亦能引起同种白蚁的跟踪现象。

近年来，美国和加拿大等国已将此类跟踪物质应用于防治散白蚁，步骤是先将密粘褶菌 [*Gloeophyllum trabeum*（Pers. exFr.）Murr.] 感染松木块 [2.5 × 3.8 × 0.5（cm）]，然后在松木块中压入微量灭蚁灵（3 ~ 10 mg/块），作为毒饵埋于建筑物周围让白蚁取食，白蚁长期取食后群体受到很大抑制。

我国在白蚁跟踪激素方面亦作了一些研究。四川大学匡德忠等（1980）合成了跟踪激素4苯基－顺－3－丁烯醇－1，这种物质易于合成而且比天然信息素更为稳定，以黑胸散白蚁和台湾乳白蚁为对象，通过室内大量的摸索试验，证实具有定向跟踪的作用。

陈梅英、杜桐源、罗钧泽等（1980）从密粘褶菌中抽提出跟踪激素的类似物，证实对黑翅土白蚁有跟踪活性，将此菌感染甘蔗渣，加入适量灭蚁灵，诱杀水库堤坝白蚁取得很好的效果。

高道蓉、朱本忠等（1985）通过筛选，采用银耳 *Tremella fusiformis* Berk. 所产生的跟踪激素类似物制成胶冻剂毒饵诱杀林地白蚁，取得良好效果，胜于密粘褶菌。

但是，目前使用的毒饵剂中，大多数未经跟踪激素或其类似物的处理，主要原因是通过饵料改进使白蚁增加取食量，同样能够达到杀灭群体的目的，从而简化了毒饵的配制步骤。

自20世纪80年代以来，用诱杀法灭治白蚁已广泛应用，因操作简单，灭治效果好又较少污染环境，越来越受到人们的采用。由于白蚁可到离巢100多米的地方活动取食，有时在室内发现白蚁，始终无法找到蚁巢时，可用诱杀法。在实施诱杀法前，千万别用灭蚁药剂处理，否则无法引到白蚁。诱杀法通常是在有白蚁活动的墙边或墙角放置白蚁喜食的干松木板或甘蔗渣等含丰富纤维的材料，然后盖上薄膜，上面再用泥土或纸皮覆盖；也可用松木板制成长×宽×高为35×30×25（cm）的木箱，箱内放适量松木板，然后把木箱放置于白蚁活动的地方（地面），经20多天即可引到许多白蚁，这时先准备好灭蚁工具，轻轻把泥土、薄膜或箱揭开一部分逐块板施药，施药完毕，重新盖好让白蚁继续在里面活动。喷施砒剂，在室外，通常在树头附近或白蚁出没的地方挖一土坑，长×宽×深为30×40×30（cm），坑内放置台湾乳白蚁喜食的干松木板，先用薄膜盖木板，然后用泥土覆盖，并注意土坑不能积水，经20多天，等引来许多白蚁时，则轻轻打开施药，并复原；再经过20天检查，白蚁已全巢死亡。白蚁的活动不分室内与室外，室外的白蚁可到室内取食，同样室内的白蚁又可到室外活动。为此，无论是在室内适当的位置，还是在室外树头或白蚁出没的地方设点诱杀白蚁，均能达到理想的灭治效果。近年随着建筑物结构的改变、外围环境绿化树木的增多，有些建筑物的建筑期跨越4～6月白蚁分飞期等因素，地下蚁巢有日益增多之势。实践证明，这种简易的诱杀法是根治地下蚁巢和树木蚁巢的最有效方法。

随着科学技术的进步，诱杀白蚁的装置将向着体积小、效能高的方向发展。

5. 挖巢灭蚁的技术操作

挖巢法一般用于无法解决药源的地方。其优点是方法简便、无须用药剂。由于乳白蚁属的群体能够产生补充型蚁后、蚁王，继续繁衍群体，达不到全歼群体的目的，所以目前较少采用。对挖巢方法采取全盘肯定或全盘否定都是不够全面的，应当根据具体情况，因地制宜予以采用。冬天天气寒冷，台湾乳白蚁在10 ℃以下时很少外出活动，大量白蚁集中巢内，此时挖巢能收到较好的效果。

二、堆砂白蚁的治理技术

在我国，堆砂白蚁属 *Cryptotermes* 已知有9种，分布在北纬28°以南地区，以截头堆砂白蚁 *C. domesticus* 和铲头堆砂白蚁 *C. declivis* 最常见，为主要为害种。我国已发现堆砂白蚁的省（区）有台湾、福建、浙江、广东、广西、云南、贵州和四川。

堆砂白蚁主要为害室内木构件和野外的林木、果树。其寄主植物有荔枝、椰子、榕树、枫杨、苦楮、紫薇等。

堆砂白蚁比较原始，在群体中缺工蚁，由若蚁（拟工蚁）代替工蚁职能。群体小，通常由数百头个体组成。当若蚁与群体隔离时，约10只以上若蚁即能重新形成新群体，产生补充型蚁后、蚁王，历时只需10天左右。经常发现在一段木材中同时存在多个群体，这给治灭工作带来一定困难。

活动隐蔽，成对的脱翅成虫钻入木材后就在木材内部钻蛀形状不定的隧道，形成巢居，建立新群体。通常不外出活动，也不筑外露蚁路，只有当有翅成虫分飞或在特殊情况下才离开巢居。由于耐干燥能力很强，堆砂白蚁不需要从土壤中吸取水分，与土壤和水源极少联系，故称之为“干虫”或“干木白蚁”。因其粪便硬似砂粒，排出后堆放在隧道中，然后通过蛀孔堆出巢外，形成砂状小堆，故得名堆砂白蚁。此种白蚁很容易随木材的转运而扩散传播，所以检疫部门应对其给予充分重视。

堆砂白蚁穿筑的隧道形式不定、曲折迂回、孔口很小，使用粉剂往往效果不好，灭治时可参照下列四种方法用。

1. 熏蒸法

熏蒸法是防治堆砂白蚁的重要方法，常用的药剂有溴甲烷（CH_3Br），35～40 g/m^3；氯化苦（CCl_3NO_2），40 g/m^3；硫酰氟（SO_2F_2），30 g/m^3；磷化铝（AlP），8～12 g/m^3。

硫酰氟是防治堆砂白蚁的优良药剂，商品名为维肯（Vikane），目前国内已有生产，为不燃不爆、无色无味的气体。具易扩散、渗透性强、用药量少、不腐蚀、原料易得和适宜于低温使用等特点。通过防治试验表明，硫酰氟不但能有效地杀灭堆砂白蚁，且能熏死黑翅土白蚁、树巢台湾乳白蚁和散白蚁等。施用这种熏蒸剂必须经过专门的技术培训。工作人员应戴防毒面具。对于受堆砂白蚁蛀蚀的木家具，体积不大的，可放在熏蒸室或熏蒸箱内熏杀。熏蒸室的门窗必须用牛皮纸密封，也可用塑料薄膜罩住被熏物品，周围用砂压住，不让漏气。

敌敌畏是一种熏蒸作用较强的农药，来源易得。近年来，各地做了不少试验，但结论并不完全一致，这可能与各地处理方法不同有关。据唐觉、李参（1982）介绍，用敌敌畏乳剂1 kg，加1 kg温水稀释，采用农用喷雾器喷施，每公斤药量可喷施12～15 m^3，每幢房屋要在当天喷施完毕，立即将全部门窗关闭，封闭出气孔，熏蒸72～96小时，然后进行检查。罗培烈（1983）介绍的方法是在为害木上每隔10 cm左右钻一小孔，用棉花浸敌敌畏塞入小孔，可起到良好的熏蒸作用。湛江市商业储运公司张瑞麟认为，喷洒40%敌敌畏后杀灭堆砂白蚁效果的成败关键在于密封，木家具喷敌敌畏后，必须用塑料薄膜密封3天，让药剂有充分的渗透时间。

2. 高温灭蚁法

堆砂白蚁在60 ℃以上的高温持续几个小时便会死亡，因此，用高温处理被蛀木材，能防治这类白蚁。凡被堆砂白蚁蛀蚀的家具，在65 ℃中处理1.5小时或60 ℃处理4小时，能有效地杀死白蚁。浙江省平阳白蚁防治站试验用300 W红外线聚光灯，对准木料照射3分钟，则能使2～3 cm厚木料内的白蚁全部死亡。若用500 W碘钨灯用同样方法进行照射，一分钟就能见效。广西北海白蚁防治所用200～300 W电灯泡对准木料照5～10分钟，也能达到同样的目的。若用高频电流（40 MHz、5 000 W）或微波（2 450 MHz、3 900 W）处理木料，只需1分钟时间就能使木材中的白蚁全部死亡。高温灭蚁法具有杀灭快和没有残毒的优点。

3. 注入药液法

在木材表面每隔1 m左右钻孔沟通隧道，灌入1%～2%毒死蜱乳剂可杀死近表层白蚁及预防脱翅成虫侵入创建新群体。也可将药液进行表面涂刷，由于渗透不够深，仅能杀伤表面的白蚁。

4. 水浸法

用多层废布铺在被害物上面或将其包住，然后定时向废布料上淋清水，使整个受害木料长期保持湿润。过分潮湿的条件改变了堆砂白蚁原有的生活环境，以至引起白蚁死亡。不过，对于粗大的柱和木枋，此法收效不大。

三、散白蚁的治理技术

散白蚁属 *Reticulitermes* 广布于温带及亚热带地区，是我国白蚁中最大的一个属，已知111种，属土木两栖性白蚁，国外列为地栖性白蚁。群体小而栖居分散，不筑大型巢，故称散白蚁。因其兵蚁头部长方形，有翅成虫的翅纹网状，又称长头螱或网螱。我国南自海南岛尖峰岭（北纬18.5°），北抵辽宁丹东（约北纬40°），都有分布。俄罗斯海参崴也曾发现。黄胸散白蚁 *R*，*flaviceps*（Oshima）、栖北散白蚁 *R. speratus*（Kolbe）和黑胸散白蚁 *R*，*chinensis* Snyder 为我国主要成灾种。

主要为害房屋木构件和某些经济植物。已发现的寄主植物有木薯、向日葵、葡萄、柿、桃、柳、杨、柏、构树、白千层等。就为害房屋的特点而言，黄胸散白蚁蛀蚀接近地面的木材，如地板、门框、楼梯角、柱基等处，故在江苏、浙江一带有“散白蚁不登楼”的说法。黑胸散白蚁和栖北散白蚁却能蛀蚀楼房直达屋顶。

各地防治散白蚁多采用液剂喷雾，即喷洒1%的毒死蜱或0.06%～0.25%的联苯菊酯或0.06%的氟虫腈水乳液。大面积的喷洒毒液，虽能收到成效，但这些药剂毒性大或气味刺激重，严重影响生态环境和人体健康。

治灭散白蚁也可采用喷粉，但用粉剂治灭散白蚁，往往效果不够满意。据汪一安（1983）及李耀华（1996）的分析，效果不佳的原因可能有以下四点：①散白蚁群体多，在某一个小区域范围内，往往同时存在有两个以上的群体，而各群体互不往来，药物也因而不能超越群体传递。②在小区域范围内的多个群体中，有的是成年群体，这种群体已开始分飞，易发现；有的则是幼年群体，当年不分飞，为害轻，不易发觉。隐蔽内部较深的散白蚁群体，稍有疏忽，就会遗漏。③散白蚁的生存，对湿度要求较高，喜栖居于一些较潮湿的环境内。而在这些高湿的环境中施用亚砷酸粉剂，药效会受影响，灭治效果下降。④散白蚁有不修补和放弃蚁路的习性，也会影响药效发挥。

在广东，散白蚁对房屋木构件，如木地脚板、木门框、木墙裙、木地板、木梯脚等造成为害。散白蚁尤其喜欢蛀蚀较腐烂且潮湿的木材，往往是接近地面的木构件受害。散白蚁的分布特点是群体多且呈局部范围分布，即在某一地段为害很严重，而相隔不太远的另一地段根本无散白蚁存在。在广东珠三角地区，有翅繁殖蚁在3月中下旬的中午前后分飞，翅为黑色。散白蚁的蚁路比台湾乳白蚁细，兵蚁遇敌也无白色乳汁分泌。

虽然散白蚁不存在大型蚁巢，但要彻底根治某一地段的散白蚁也是十分困难的，因为在局部范围分布的多个群体，即使杀灭一个群体，而其他群体的白蚁依然为害；另外其繁殖蚁的飞翔能力较弱，故在某一地段不但有成年群体存在，同时还有新群体产生，为此，检查灭治散白蚁必须认真、细致，否则深居木构件内部的散白蚁不易被发现。目前治理散白蚁可用预防和灭治方法处理。

在安装木构件前，可用1%毒死蜱乳剂分别处理墙体和木构件，可在一定时期内预防散白蚁的发生。

多年来，全国各地散白蚁防治的实践经验证明，灭蚁灵是治理散白蚁较理想的药物，无论是在蚁患处喷粉，还是用作诱杀药物，灭杀效果都较理想。因灭蚁灵已划入禁用药物之列，期望研制新的有效药物。

治理散白蚁也可用诱杀法，因地制宜，可选以下方法进行灭治。

(1) 杉木块诱杀，将杉木块平放在散白蚁出入的地面诱集，如发现木板有白蚁为害时，可轻轻将木板挑起，迅速对板喷施药水或灭蚁粉，然后按原状放下木板，这样效果最好。

(2) 杉木桩诱杀，诱杀桩为8 cm×10 cm×28 cm的杉木，从中间劈开为四块用铁丝上下捆住，在离被害物1～1.5 m处理埋入土内，木桩上端距地面10 cm，覆土盖平，10天左右检查，如已有白蚁取食，喷灭蚁粉杀灭。

(3) 诱集箱诱杀，将松木块钉成一定大小的木箱，其大小可视施工要求而定。箱内整齐排列一定数量的松木片和松木块，它们的放置一般为木箱体积的2/3。木片可平叠放入箱内，以便检查和喷入灭蚁粉剂。诱集箱可置于地面，也可埋入土壤下10 cm左右。埋入地下的诱集箱，箱上面铺上塑料膜并封上泥土，定期开箱检查，待诱到一定数量的白蚁后喷入灭蚁粉剂。

美国FMC公司采用氟虫胺白蚁诱饵管（内装有含100 ppm的瓦楞纸）抑制或控制了白蚁的侵害，控制时间需1～4个月或更长，允许使用的范围包括工业建筑、住宅、公寓、实验室、非储藏食品的地方、货栈、仓库、学校、幼儿园、医院、旅馆、教堂、食品制造加工的企业，该诱饵对散白蚁有效，同时对乳白蚁和异白蚁亦有效。

浙江省诸暨市白蚁防治所借鉴了美国等的诱饵管技术，有所创新，研制成了有自主产权的白蚁诱饵管，可观察、检查和控制白蚁。

美国Dow AgroScienes公司的Sentricon白蚁防治系统对散白蚁同样有效。

第十章　新建房屋白蚁的预防技术

第一节　新建房屋白蚁预防的重要性

白蚁入屋为害的主要途径是有翅成虫分飞入屋营巢为害和室外蚁源蔓延入屋为害。要防止白蚁入屋为害，在新建房屋时就要从设计、地基的清理、土建、室内装修乃至室外园林绿化等各个环节做好阻止白蚁入室为害的技术措施。

早在1993年建设部曾发建房〔1993〕166号文“关于认真做好新建房屋白蚁预防工作的通知”，规定“各地在蚁害地区新建、改建、翻建房屋，都应进行必要预防处理”。1999年建设部发布〔1999〕第72号令“城市房屋白蚁防治管理规定”又重申了“凡白蚁危害地区的新建、改建、扩建、装饰装修的房屋必须实施白蚁预防处理”。可见，建设部对于白蚁为害地区新建房屋做好预防措施，防止白蚁入屋为害已予重视。

一、水利工程管理单位所处的生态环境

在我国南方，水利工程普遍建在山区或半山区。水利工程管理单位在群山环抱之中，周围山高林密，白蚁虫源较丰富，白蚁侵入房屋营巢为害的几率较高，不仅旧房屋必须做好白蚁灭治工作，新建房屋也必须做好白蚁预防工作。

二、白蚁为害新建房屋的情况

在广东，从城市到边远的乡村，房屋受白蚁为害都较严重，新建的房屋也不例外。作者等曾于1992年7月1日至1999年10月20日跟踪调查中山大学南校区康乐园1984—1999年所建的办公楼、教学楼、学生宿舍和教工住宅三种类型60栋房屋的白蚁为害情况，结果如下。

1. 白蚁种类

有台湾乳白蚁、黄翅大白蚁和广州散白蚁 *Reticulitermes guangzhouensis* Ping，其中黄翅大白蚁仅2例，均发现在图书馆一楼消防柱木箱和一楼一门框；广州散白蚁仅3例，均于一楼门框和杂物间发现有翅成虫。台湾乳白蚁是最主要的为害种类。

2. 为害情况

（1）1984—1994年间新建的16栋办公楼都发现白蚁为害，少则发生1例，多则发生17例。

（2）1987年落成的研究生宿舍楼，为12层楼房，250个房间中调查了229间，先后发现白蚁为害有198间，占86.46%，从首层到12楼，每楼层都有白蚁为害，轻者占75%，重者占94.74%。为害部位先在卫生间门框、阳台门框、气窗框立足，然后向室

内蔓延，为害书柜、衣柜、床底存放物品、床板等。蚁源主要来自有翅成虫飞入室内营巢为害。

（3）蒲园区41栋新建教工住宅和2栋招待所中有38栋先后受到不同程度的白蚁为害。1992年7月1日至1999年10月20日共记录白蚁蚁患238例，来自地下入侵的89例，占37.39%；有翅成虫飞入室内营巢为害的141例，占59.24%；通过各类管道或墙壁缝隙入侵室内的8例，占3.36%。

（4）新建的房屋自建成后交付使用至首次发现白蚁为害的时间长短不一，短者1年多，长者9年。

（5）有5栋室内蚁源来自室外邻近在树心树头营巢的白蚁。

第二节 新建房屋白蚁预防的措施

一、新建房屋设计中的防白蚁措施

新建房屋应在设计中就要有预防白蚁入侵为害的措施。

（1）房屋建筑设计时，对木构件应从设计上采取通风防潮措施。

（2）做好室内外的排水设计，保持地面干燥。

（3）地下室和1~3层，宜减少使用木构件。

（4）卫生间、厨房、水管等近水源的部位，宜采用砖结构，避免使用木构件。

（5）底层楼梯下部不宜作封闭使用。

（6）屋顶绿化工程应在屋顶防水保护层上铺上阻根防水层，并选用具有抗白蚁性能的树种。

（7）无地下室的建筑物首层所有的木柱、木楼梯、木门框等木构件均不应直接接触土壤，地面应做防水处理。

（8）电缆沟内的支架不得使用木、塑料等易被白蚁蛀食的材料。

二、造就不适宜白蚁孳生的环境

新建房屋时，一方面要做好防止白蚁入侵的措施，截断白蚁入侵途径，拒白蚁于室外；另一方面要造就不适宜白蚁孳生的室内外环境，措施如下。

（1）在新建房屋楼宇时，自设计起就要结合所在地段的蚁情和地质条件情况，因地制宜地做好防止白蚁入侵的工作。

（2）在新建楼宇基础施工阶段，要清除建房场地土壤中的树头、树枝、木材、杂草等含植物纤维的物质及其他建筑废弃物。

（3）在土建施工时，要及时将施工现场残留的模板、碎木块、木屑、刨花等清理干净，不埋入土中。

（4）在室内装修时，尽可能选用抗白蚁性能较好的木材，通常木材硬度和密度越大，其抗白蚁性能越好，比较潮湿的场所，如洗手间、厨房的门框可用铝合金或塑料产品。

（5）室外绿化带宜选择较抗白蚁的树种，造就不适宜白蚁孳生的室外环境。

三、建立阻止白蚁入屋的屏障

在新建房屋楼宇时，要树立建立物理屏障为主，化学屏障为辅的预防白蚁的指导思想，从房屋的设计、土建、室内装修乃至室外时园林绿化造就不适宜白蚁孳生的环境。

1. 建立物理屏障

物理屏障是以物理的方法建造阻止白蚁入侵为害的隔离层。在新建房屋时，在土建施工中做好这个环节，保证工程质量，不留空洞缝隙，其实质是建立防白蚁入侵的物理屏障，使白蚁入侵无门，可达到长期预防效果。根据笔者等多年的跟踪调查，室内白蚁为害蚁源37%左右是由室外蔓延进来的，主要通过地下或墙体基部的孔隙和各类管道进入室内。在土建时，首层和地下室地面和墙体施工，不留空隙，使白蚁入屋无门；各类管道外的空隙进出口和变形缝等部位空隙采取相应防白蚁措施，建立良好的预防白蚁入侵的物理屏障，这种防白蚁效果既无污染，也不用增加费用，且工程防蚁的效果最为理想。

2. 建立化学屏障

化学屏障是借以使用化学药物的方法造就阻止白蚁进入室内为害的保护层。化学屏障的有效时限因药物而异，目前还没有高效、低毒、污染小、残效期长的较理想药物。随着科学的发展、时代的进步，人们将会对化学屏障的理论与实践不断更新认识。

笔者认为，在新建房屋预防白蚁入侵工程中过分强调建立化学屏障，是不适宜的。原因有：①无论什么化学药物对环境、对人体都是有害的；②长期以来，被认为较理想的预防白蚁的化学药物氯丹已于2009年5月17日在我国禁止使用，目前所用的药物残效期短、防白蚁效果不理想；③现代房屋建筑以钢筋混凝土结构为多，这类房屋比砖木结构防白蚁入侵性能好得多。

第三节　新建房屋白蚁预防的药物处理技术

广东省建设厅2000年10月1日发布，2001年1月1日施行的《新建房屋白蚁预防技术规程（广东省标准）》，已实施10年，有些条文已不适宜现代形势要求，新的规程至今仍未问世。

目前，广东施行的新建房屋白蚁预防技术措施为：土壤的药物处理、房屋主体药物处理、木构件药物处理。所实施的技术要点大致如下。

一、土壤药物处理

新建房屋地基周围的土壤，应根据土壤的性质和建筑物的类型，选用化学药物、喷洒药液、建立化学屏障。化学屏障包括水平化学屏障和垂直化学屏障。

1. 土壤化学屏障设置的技术要求

垂直化学屏障：施药深度≥0.3 m，施用药液量为25～30 L/m^3。

水平化学屏障：施药深度≥0.05 m，施用药液量为3～5 L/m^2。

2. 设置水平化学屏障的技术操作要点

(1) 房屋排水沟位置禁止设置土壤化学屏障，以防止污染环境。

(2) 垂直化学屏障和水平化学屏障应在地坪回填之后进行，药液被土层完全吸收后才能进行地面工程施工，不得在药液未完全渗透之前浇筑混凝土垫层或底板。

(3) 露天区域在大雨前后不得进行药物处理。设置完成的土壤化学屏障，应在药液完全渗透之后尽快安排地面工程施工，或采取措施防止雨水和建筑施工用水的冲刷和浸泡。

(4) 土壤化学屏障设置应选用大流量低压力的设备顺风喷洒，使雾滴较大以减少漂浮。施工面积不大时可使用容器直接淋灌。

(5) 土壤化学屏障设置应一次完成，不能一次完成的，应依照土壤施工进度分次进行处理，每次施药处理必须和上一次施工位置相衔接，以保证整个土壤化学屏障的完整性和连续性。

(6) 垂直化学屏障应保持首尾衔接，水平化学屏障也应与垂直化学屏障相互衔接，防止白蚁通过屏障空隙进入房屋。

(7) 地面工程已完成的房屋，可紧贴基础墙钻孔灌药，孔的直径≤10 mm，孔距≤1 m，每孔灌注药液 2 ~ 3 L，处理完毕后填塞孔道复原。

二、房屋主体药物处理

1. 房屋主体药物处理范围

(1) 砌体墙、地下室及首层砌体墙的两侧自地面计 0.8 ~ 1 m，2 ~ 30 层外墙内侧及内墙两侧自地面计 0.4 ~ 0.5 m。

(2) 管道竖井、电梯井，3 层以下各层的管井内壁。

(3) 门窗预留洞口。

(4) 伸缩缝、沉降缝，3 层以下的伸缩缝、沉降缝两侧及底部。

(5) 管道出入口，管道周边≥0.3 m 宽、≥0.3 m 厚的土壤。

(6) 电缆沟，底部及两侧≥0.3 m 厚的土壤。

2. 药物处理技术操作要点

(1) 砌体墙的防白蚁处理应在墙体砌筑完成并基本干透后才能进行，药液喷洒应均匀，药液使用量和使用浓度可根据现场情况进行调整。

(2) 除管道竖井和电梯井外，石材或混凝土的表面不必施用防蚁药物。

(3) 沉降缝内难以清理的杂物，应灌注药液进行处理。

三、木构件药物处理

新建房屋需要作白蚁预防处理的木构件有：木门框，贴墙面及贴地端；木窗框，贴墙周边；木吊顶，吊顶的木枋；木壁柜，贴墙及贴地面；木地板，贴地面；木墙裙，贴墙面；木柱基部，贴地端 1 m 以下部分。

木构件的药物处理可根据木构件的特征、特性选用药物，以喷洒法、涂刷法或浸渍法施工。

四、新建房屋白蚁预防的药物

1. 新建房屋白蚁预防工程所用药物的要求

（1）在农药登记证中的防治对象应包含白蚁。

（2）须送专业检测机构检测合格后方可使用。

（3）使用浓度和使用量应按照农药登记证的规定使用。

2. 药物管理

（1）药物应按《危险化学品安全管理条例》的规定管理。

（2）药物必须储存在专用的仓库内，专人管理，并有健全的出入登记制度。

（3）药物专用仓库必须配备通风、防火、防爆、防洪、报警等安全设施。

（4）药物运输时严禁人药混载，装卸时应当轻放，严禁撞击、拖拉和倾倒，以防药物泄漏，危害人、畜安全，造成环境污染。

3. 施药安全防护措施

（1）房屋白蚁预防施药现场须设立警示标志，非专业施工人员不得在化学药物处理区域内逗留。

（2）施药人员必须经过专业技术培训，熟悉施工器械的使用，熟悉药物的安全使用规定。

（3）凡皮肤病患者、有禁忌症的人员以及“三期”（即经期、孕期、哺乳期）妇女不得从事配药和施药工作。

（4）施工人员在进行化学药物施工时，必须穿长袖棉质工作服，戴安全帽、防毒口罩、防护眼镜、防护手套和防护鞋。

（5）严禁在施药现场和施药期间吸烟和进食。

（6）在室内进行药物喷洒时，须保持通风良好。

（7）定期检查施药器械和所有密封套垫及断流阀，保持器械密封性能良好；不得用施药质量低劣或性能不稳定的器械，以免施药过程中发生药物渗漏；不得把施工器械挪作他用，以免污染其他物品或发生中毒事故。

（8）施药人员每次连续作业不得超过 2 小时，每天接触药物时间不得超过 5 小时。

（9）操作完毕后须及时用肥皂清洗手、脸等外露部位，并及时更换工作服。

（10）施药结束后，应及时清洗器械；药物空瓶或装盛过药物的容器应妥善处理，不得随意丢弃或挪作他用；配制好而暂时未用的药液应妥善运回仓库保管，不得在现场随意处置。

（11）施药处理完毕后，应向本新建房屋有关专业施工单位说明安全注意事项，避免药物中毒事故发生。

（12）发生人员药物中毒时，须立即采取急救措施，并携带药物标签送医院诊治。

新建房屋白蚁预防技术乃是一项新技术，要实现科学化、规范化，还需不断进行探索研究。

参考文献

1 安徽省滁县行署水利局工管科. 安徽滁县地区水利工程白蚁防治概况. 白蚁科技，1984，1（3）：10～11

2 包为民，陈振耀. 几种防蚁剂的环境化学行为——白蚁研究. 广州：广东经济出版社，1999. 83～87

3 卞德祥. 堤坝白蚁地面指示物寻找方法. 江苏水电科技，1993（4）：46～47

4 长江修防处白蚁研究组. 土栖白蚁生物学及其防治研究介绍. 昆虫知识，1960，6（6）：157～171

5 蔡邦华. 对于李始美同志防治白蚁报告的体会. 昆虫知识，1958，4（3）：105～106

6 蔡邦华，陈宁生. 中国经济昆虫志·第八册·等翅目·白蚁. 北京：科学出版社，1964

7 蔡邦华，陈宁生. 黑翅土白蚁的蚁巢结构及其发展. 昆虫学报，1965，14（1）：53～71

8 蔡邦华，陈宁生. 长江大堤上黑翅土白蚁的地表活动及其巢位的关系. 昆虫学报，1965，14（3）：128～139

9 蔡邦华，黄复生. 中国白蚁. 北京：科学出版社，1980

10 陈镈尧. 土栖白蚁巢的指示目标——鸡㙡菌. 昆虫知识，1980，17（4）：173～174

11 陈镈尧. 土栖白蚁. 合肥：安徽科学技术出版社，1981

12 陈镈尧，方银龙，张院生，程颖. 土栖白蚁对多种食料的嗜食性试验. 白蚁科技，1985，（4）：19～22

13 陈镈尧. 黄翅大白蚁种群自然演替中并巢合群性研究. 昆虫知识，1988，25（6）：356～359

14 陈镈尧，张之华，陈政. 囟土白蚁蚁后体形与巢内群体发育及数量的关系. 昆虫学报，1988，31（1）：26～31

15 陈镈尧，陈越，王文华，施凤英. 囟土白蚁内部器官解剖研究. 白蚁科技，1989，6（1）：14～17

16 陈镈尧，朱光宇. 黄翅大白蚁生物学特性和防治方法研究. 白蚁科学，1991，8（1）：1～13

17 陈镈尧，杨润卿，邵士英. 囟土白蚁蚁后卵巢管数量、卵巢体积与蚁群中各蚁型数量的相关性. 昆虫学报，1992，35（4）：438～442

18 陈镈尧，等. 黄翅大白蚁蚁后卵巢长度、体积、卵巢管数相关性研究. 白蚁科技，1994，11（2）：9～12

19 陈金富. 靖江市人工挖掘蚁巢的经验介绍. 江苏水利科技，1993，（4）：36～37

20 陈驹. 硫酰氟防治散白蚁应用技术试验. 白蚁科技，1985，2（1）：16～19

21 陈丽玲，蒙启枝. 广州新建筑物白蚁为害特点分析——白蚁研究. 广州：广东人民出版社，1997. 156～161

22 陈树盛. 论浙江省堤坝土栖白蚁的综合防治. 农田水利与小水电，1990，（3）：23～31

23 陈树盛. 浅谈新建房屋的白蚁预防. 住宅科技，1987，（3）：39～40（25）

24 陈宛如，杨焕明，宋跃. 白蚁巢内生态环境与真菌优势种类. 杭州大学学报，1986，13（1）：69～74

25 陈宛如，李振唐，史美中，倪建勇. 真菌中药乌灵参的生物学特性研究. 现代应用药学，1988，

5（1）：10～13
26 陈宛如，李振唐，史美中，陈华永，叶选怡．鸡纵菌的小白球菌阶段培养初探．杭州大学学报，1989，16（1）：72～76
27 陈宛如，李振唐，史美中．白蚁菌圃上小白球菌和炭角菌的生态关系初报．杭州大学学报，1990，17（2）：201～207
28 陈振耀，包为民，梁铬球，何国锋，贾凤龙，谢委才．几种特殊环境的白蚁防治技术研究//白蚁研究．广州：广东经济出版社，1999．80～82
29 程召北，姚达长．应用直流电法探测堤坝隐患．广东水电科技，1986，（2）：49～53
30 戴祥光．黄翅大白蚁生活习性的研究．林业科学，1987，23（4）：498～502
31 戴祥光．稚谈利用土白蚁鲜活迹象物投放毒饵诱杀剂的方法．白蚁科技，1991，8（3）23～24
32 戴自荣，罗均泽．家白蚁食性的初步观察．昆虫知识，1980，17（2）：74～76
33 戴自荣．介绍预防白蚁的新药剂——毒死蜱．白蚁科技，1984，1（7～8）：12～14
34 戴自荣．灭蚁灵与环境污染．国外科技，1984，（8）：33～34
35 戴自荣，黄珍友．木本楝科植物抗白蚁作用的初步观察．白蚁科技，1986，3（4）：4～7
36 戴自荣，李桂祥．中国白蚁的生态与防治措施．中国昆虫学会研讨会论文摘要集，1990：79
37 戴自荣，李桂祥，黄珍友，夏传国，周晨曦．钼、钨诱饵剂防治白蚁的药效试验——白蚁研究．广州．广东人民出版社，1997．33～39
38 戴自荣，陈振耀主编．白蚁防治教程．2版．广州：中山大学出版社，2004
39 董丹，苏晓红，邢连喜．白蚁品级分化的调节机制研究进展．城市害虫防治，2007，（1）：4～8
40 董兆梁．等翅目补充型生殖蚁的多态生物学特性探讨．白蚁科技，1991，8（2）：24～27
41 董兆梁，李参．几种奇形怪状的白蚁．昆虫知识，1992，29（4）：255～256
42 杜桐源，罗钧泽，汤敏玲，陈梅英．黑翅土白蚁的跟踪信息素．昆虫学报，1982，25（2）172～177
43 方剑英．应用对泥被泥线投饵诱杀白蚁技术成果．广东水电科技，1990，（3）：31～34（37）
44 方剑英．应用水利白蚁防治新技术小结．水利白蚁防治，1992，（2）：22～24
45 广东省建设厅．新建房屋白蚁预防技术规程（广东省标准，2001年1月施行）．
46 广东省茂名市水利电力局．茂名市堤坝白蚁防治工作会议纪要．水利工程管理技术，1987（8月刊）：46～47
47 广东省水利电力厅工管处，广东省堤坝白蚁防治技术指导小组．“堤坝白蚁防治技术研究及应用”技术成果报告．广东水利系统白蚁防治技术资料汇编（1985—1990）：1～20
48 广东省水利电力厅工管处．推广防治堤坝白蚁新方案．广东水电科技，1987，（1）：7～9
49 广东省水利电力厅．全省防治堤坝白蚁工作座谈会纪要．广东水电科技，1985（3）：8～10
50 广东省水利电力厅工程管理处，广东省堤坝白蚁防治技术指导小组．广东省防治堤坝白蚁技术措施．广东水电科技，1989，（1）：23～25（8）
51 广东省堤坝白蚁防治技术小组．堤坝白蚁防治有关技术问题评述．水利工程管理技术，1987，（8月刊）：53～57
52 广东省堤坝白蚁防治技术指导小组．堤坝蚁患漏水的判断及抢护．水利工程管理技术，1989，（6）：22～23
53 广东省水利电力厅工管处，广东省堤坝白蚁防治技术指导小组．1988年全省防治堤坝白蚁工作会议纪要．广东水电科技，1989，（1）：26（18）
54 广东省水利电力厅工管处，广东省堤坝白蚁防治技术指导小组．采用新技术把堤坝白蚁防治工作推向规范化．水利工程管理技术，1990，（5）：28～31

55 广东省水电厅白蚁防治中心站办公室．以防为主加快建设无蚁害堤坝步伐．水利工程管理技术，1992，(5)：20～21
56 广东省水电厅工管处．广东省堤坝白蚁防治工作近况及计划．水利白蚁防治，1992，(2)：12～14
57 广东省东深供水管理局．水库堤坝白蚁的防治研究．昆虫学报，1976，19（1）：18～24
58 广东省昆虫研究所白蚁研究室．堤坝白蚁．广州：广东省科学技术出版社，1977
59 广东省昆虫研究所白蚁研究室．家白蚁分群生物学的初步研究．动物学研究，1982，3（2）：185～192
60 广西柳州市水利电力局．广东“堤坝白蚁防治新技术”在我市推广应用的效果．广东水电科技，1993，(4)：41
61 韩美贞，严峰．白蚁跟踪激素及其类似物的活性比较试验初报．昆虫学报，1980，23（3）：250～264
62 何绍昌．贵州鸡纵菌的分类研究．真菌学报，1988，4（2）：103～108
63 贺传生，王跃明．我地区土栖白蚁的分飞观察．白蚁科技，1986，3（1）：28～30
64 湖北省水利厅堤防处．湖北省堤坝白蚁防治情况摘登．水利白蚁防治，1993，(1、2)：7～8
65 胡庆剑，郭建强．浙江省德清县对河口水库土坝白蚁危害调查与防治效果．白蚁科技，1990，7（2)：22～25
66 胡健．毒网帷幕法防治堤坝白蚁的设想方案．白蚁科技，1988，5（3）：22～24
67 胡耀钧．广东堤坝白蚁防治新技术推广示范点通过最终验收．广东水电科技，1994，(3)：46
68 胡耀钧．水利部推广新技术项目验收会在湛江市召开．广东水电科技，1996，(1)：48
69 花县水利电力局．堤坝白蚁防治新技术措施．水利工程管理技术，1990，(5)：34～35
70 黄博廉，张立容．黄胸散白蚁的分飞．商业养护技术，1985，(1)：7～10
71 黄复生，朱世模，李桂祥．大陆漂移与白蚁的系统发育．动物学研究，1987，8（1)：55～59
72 黄复生，李桂祥，朱世模．白蚁的外部形态和分类系统．动物学研究，1988，9（3）：301～307
73 黄复生，李桂祥，朱世模．中国白蚁分类与生物学．西安：天则出版社，1989
74 黄复生．白蚁与检疫//北京昆虫学会首届植物检疫学会讨论会论文集．1993．56～60
75 黄复生，朱世模，严正明，何秀松，李桂祥，高道蓉．中国动物志，昆虫纲·第十七卷·等翅目．北京：科学出版社，2000
76 黄静玲，肖维良．广东省新建房屋白蚁预防技术规程（草案）——白蚁研究．广州：广东经济出版社，1999．1～16
77 黄立端．黑翅土白蚁初期群体与食性的关系．白蚁科技，1987，4（3）：20～23
78 黄亮文，张翰文．温、湿度对家白蚁初建群体的影响．昆虫学报，1980，23（1）：32～36
79 黄亮文，陈丽玲．食物因子对家白蚁初建群体的影响．昆虫学报，1981，24（2）：147～151
80 黄亮文，陈丽玲．家白蚁的饲养方法．昆虫知识，1982，19（1）：32～34
81 黄亮文，陈丽玲．实验室幼龄群体中培养家白蚁短翅补充型．昆虫学报，1983，25（3）：350～351
82 黄亮文，陈丽玲．从家白蚁实验群体中培养出有翅繁殖蚁．昆虫学报，1983，26（4）：463～464
83 黄亮文，陈丽玲．家白蚁的生物学和群体发育．昆虫学报，1984，27（1）：64～69
84 黄亮文．家白蚁群体数增长的生殖生理特点．昆虫学报，1987，30（4）：393～395
85 黄亮文．家白蚁群体数量变动与群体年龄的关系．白蚁科技，1988，5（3）：10
86 黄亮文．台湾家白蚁群体兴旺的年限．白蚁科技，1992，9（3）：8
87 黄亮文．家白蚁的品级分化．白蚁科技，1993，10（2）：8～10

88 黄亮文. 家白蚁初建群体的生态学及生物系特性研究. 白蚁科技，1994，11（3）：1～8
89 黄为良，饶绮珍，黄立端，陆丽美. 白蚁初期群体的形成及其行为的观察，昆虫学报，1984，27（3）：355～358
90 黄为良，饶绮珍，陆丽美. 两种白蚁初建群体产卵、孵化及蜕皮行为的“社会性”表现. 动物学研究，1985，6（4）：109～112
91 黄熙盛，蒋家文. 土栖白蚁的防治. 白蚁科技，1987，4（1）：28～30
92 黄珍友，戴自荣. 截头堆砂白蚁若蚁虫态变化的初步观察. 昆虫天敌，1989，11（4）：196～198
93 黄珍友，戴自荣. 截头堆砂白蚁补充型的形成及生物学初探. 白蚁科技，1990，7（1）：25～27
94 黄珍友，戴自荣. 截头堆砂白蚁有翅成虫配对后初建群体的生物学观察. 白蚁科技，1991，8（1）：14～16
95 黄珍友，戴自荣，谢杏扬，夏传国，张瑞麟. 截头堆砂白蚁原始繁殖蚁有关的生物学特性. 白蚁科技，1992，11（3）：13～15
96 黄珍友，戴自荣，谢杏扬，夏传国，杨瑞海，张瑞麟. 温度对截头堆砂白蚁补充型形成及繁殖的影响. 昆虫天敌，1994，16（3）：148～150
97 黄珍友，戴自荣，谢杏扬，夏传国，杨瑞海，张瑞麟. 湿度对截头堆砂白蚁补充型形成及繁殖的影响. 白蚁科技，1995，12（2）：1～4
98 黄珍友，戴自荣，谢杏扬，夏传国，杨瑞海，张瑞麟. 温湿度对截头堆砂白蚁生存与发展的关系. 白蚁科技，1996，12（2）：4～8
99 黄珍友，戴自荣，何复梅，谢杏扬，夏传国，钱兴. 截头堆砂白蚁补充型繁殖蚁形成的生物学特性及其在群体中的作用. 白蚁科技，1997，19（4）：165～168
100 黄珍友，戴自荣，钟俊鸿，钱兴，刘炳荣，夏传国，黄海涛，夏风. 截头堆砂白蚁原始繁殖蚁行为特点研究. 昆虫天敌，2003，25（4）：169～174
101 黄珍友，戴自荣，钟俊鸿，钱兴，刘炳荣，夏传国，黄海涛，夏风. 截头堆砂白蚁的分飞期研究. 昆虫知识，2004，41（3）：236～240
102 黄珍友，戴自荣，钟俊鸿，钱兴，刘炳荣，夏传国，黄海涛，夏风，杨瑞海，张瑞麟. 温度、湿度、气压对截头堆砂白蚁原始繁殖蚁分飞的影响. 昆虫天敌，2004，26（3）：126～131
103 黄珍友，钱兴，钟俊鸿，戴自荣，刘炳荣，夏传国，黄海涛，夏风，杨瑞海，张瑞麟. 截头堆砂白蚁原始繁殖蚁形成的周期. 昆虫知识，2005，42（5）：528～531
104 黄珍友，钱兴，钟俊鸿，胡剑，夏传国，李志强. 截头堆砂白蚁研究概况. 昆虫学报，2009，52（3）：319～326
105 江超平. 白蚁跟踪信息素的配制应用初探. 白蚁科技，1997，14（3）：1～5
106 江苏省金坛县海底水库白蚁小组. 危害堤坝白蚁的地面指示物. 白蚁科技，1987，（4）：21～22
107 江西省水科所. 广东“DB型灭蚁诱饵”在我省堤坝白蚁防治中的应用. 水利白蚁防治，1993，（1、2）：6
108 江西永修县林科所. 土栖白蚁的分飞活动与防治措施. 昆虫知识，1977，19（3）：88～89
109 江西永修县林业科学研究所. 毒饵法防治白蚁的试验. 林业科技通讯，1979，（5）：23～25
110 荆州地区长江修防处公安白蚁防治科研所. 湖北长江堤防白蚁防治新技术推广示范点试验总结. 水利白蚁防治，1993，（1、2）：9～11
111 赖宗明. 土坝蚁患漏水的治理. 广东水电科技，1985，（3）：23～24
112 赖宗明，姚达长，李国亮. 对硫磷深层毒土防治堤坝白蚁的试验. 水利工程管理技术，1986（6）：52～54
113 李栋，赵元. 黑翅土白蚁分群孔与主巢方位的关系. 昆虫学报，1983，26（1）：30～35

114 李栋，石锦祥，姚达长，赖宗明．水库堤坝白蚁的预防初步试验．昆虫知识，1984，21（6）：260～263

115 李栋．白蚁对堤坝的危害．人民珠江，1985，（2）：42～44

116 李栋．土栖白蚁生态及对堤坝的为害．广东水电科技，1985，（3）：16～20

117 李栋，赵元，石锦祥，黄海南，陈中美．白蚁巢系破坏堤坝稳定性的研究．生态学报，1986，6（1）：60～64

118 李栋，赵元，石锦祥．大洋河水库晴天垮坝原因调查．白蚁科技，1986，3（2）：22～25

119 李栋，赵元，石锦祥，姚达长，全启斌．黄翅大白蚁的分群孔图像与巢位的关系研究．动物学研究，1986，7（3）：223～231

120 李栋．巢位指示物在堵洞灌浆防治堤坝蚁患上的应用．水利水电技术，1987，（9）：60～62

121 李栋，石锦祥，陆丽美，陈业华，张鉴发．海南土白蚁的生物学特性．昆虫学报，1988，3（1）：32～36

122 李栋，林善祥，李富强．高州溃堤成灾原因调查报告．白蚁科技，1988，5（1）：22～24

123 李栋．堤坝白蚁．成都：四川科学技术出版社，1989

124 李栋，林善祥，张鉴发，陈业华．海南土白蚁生物学进一步研究．昆虫学报，1989，32（3）：311～316

125 李栋．白蚁的营养动力学．白蚁科技，1989，6（2）：6～13；（3）：23～28

126 李栋，陈业华，全启斌．物理法预防大坝白蚁试验．白蚁科技，1990，7（2）：5～9

127 李栋，陈均贺，张鉴发，黄立端．灌浆固堤怎样寻找黑翅土白蚁的巢位．昆虫学报，1990，32（1）：49～54

128 李栋，黄复生．蚁患致崩堤垮坝的因子研究．白蚁科技，1991，8（2）：18～23

129 李桂祥，戴自荣，李栋．中国白蚁与防治方法．北京：科学出版社，1989

130 李桂祥，黄亮文，戴自荣．家白蚁成虫配对在实验室培养的成熟群体的分飞研究．白蚁科技，1995，12（1）：11～14

131 李桂祥，黄玲友．台湾乳白蚁在实验室培养群体的有翅成虫数量与性比研究——白蚁研究．广州：广东人民出版社，1997．40～49

132 李桂祥译，周晨曦校．高等培菌大白蚁 *Macrotermes subhyalinus* 从群体建立到分飞扩散的观察——白蚁研究．广州：广东经济出版社，1999．160～171

133 李桂祥．中国白蚁及其防治．北京：科学出版社，2002

134 李国亮．因黑翅土白蚁导致穿坝漏水出险的几种防治方法．白蚁科技，1986，3（2）：26～27

135 李国亮，姚达长，沈锦音．蚁患是决堤溃坝的重要因素．水利工程管理技术，1987，（1）：30

136 李国亮，蔡月芳．应用新技术灭蚁，开创我省无蚁害堤坝样板市．白蚁研究，广州：广东经济出版社，1999．151～152

137 李耀华．家白蚁的巢温．昆虫知识，1984，21（4）：170～173

138 李耀华，刘显均．家白蚁分飞活动的若干特点．昆虫学报，1985，3（1）：116～119

139 李耀华．家白蚁分飞期的测报．白蚁科技，1989，6（2）：19～24

140 李耀华．温度对家白蚁的生存和活动影响//19 届国际昆虫大会论文集．1992．256

141 李始美．白蚁的研究和防治方法．昆虫知识，1958，4（3）：101～104

142 李参．白蚁的食客．昆虫知识，1981，18（6）：260～262

143 李参．山林原白蚁栖居地及各品级记述．昆虫学报，1982，25（3）：311～314

144 梁光旺，李国亮．浙江省翁圹垅水库“堤坝白蚁防治技术”示范点工作情况．水利白蚁防治，1992，（2）：25

145 梁光旺.“八五”国家重点新技术推广项目——广东堤坝白蚁防治新技术推广示范实例. 灌区建设与管理，1995，(1)：5 ~ 7
146 梁钜仁，吴锡辉，林志刚. 罗坑水库除治堤坝白蚁经验. 水库工程管理技术，1987，(8 月刊)：73 ~ 74
147 梁志成. 广东省“堤坝白蚁防治技术研究及应用”技术成果鉴定通过. 广东水电科技，1992，(1)：11
148 林璧如，庞朝芬. 自制灭蚁灵毒饵杀灭堤坝白蚁. 水利电力简报，1987，(13)：1 ~ 3
149 林树青. 家白蚁分飞孔与蚁巢关系的探讨. 住宅科技，1986，(7)：35 ~ 38
150 刘丽凌，钟俊鸿. 不同温度对黄肢散白蚁无翅补充型形成的影响. 昆虫天敌，1991，13 (4)：194 ~ 197
151 刘丽凌，钟俊鸿. 家白蚁室内孤儿群体品级分化的研究. 白蚁研究，广州：广东人民出版社，1997，56 ~ 59
152 刘培忠. 全椒县白蚁危害水利工程的调查. 白蚁科技，1987，4 (1)：23
153 刘培忠. 氯丹防治土栖白蚁的初步试验. 白蚁科技，1992，9 (2)：21 ~ 23 (16)
154 刘源智，唐国清，潘演征，陈良德，何永忠. 黑翅土白蚁蚁巢和蚁路长出的真菌指示物. 林业科技通讯，1980，(7)：23 ~ 26
155 刘源智，唐国清，潘演征，陈良德，何永忠. 黑翅土白蚁初期单腔巢群建立的观察. 昆虫学报，1981，24 (4)：361 ~ 366
156 刘源智，唐国清，潘演征，陈良德，何永忠. 黑翅土白蚁的活动和蚁巢发育与温湿关系的观察. 动物学研究，1982，3 (增刊)：219 ~ 228
157 刘源智，唐国清，潘演征，陈良德，何永忠. 黑翅土白蚁生殖级幼蚁龄期划分及幼蚁发育与有翅成虫分飞的观察. 昆虫学报，1985，28 (1)：111 ~ 114
158 刘源智，潘演征，唐国清，左长炳，张熙泽. 无药烟剂对土白蚁的灭杀效果及杀虫机理. 白蚁科技，1987，4 (1)：10 ~ 13
159 刘源智，唐国清，等. 黑翅土白蚁新群体的饲养和其存活十四年的地表活动及蚁巢解剖. 白蚁科技，1995，12 (3)：11 ~ 16
160 源智，江涌，苏祥云，彭心赋，魏翰均，史文鹏，唐国清. 中国白蚁生物学及防治. 成都：成都科技大学出版社，1998
161 刘乾开，朱国念. 新编农药使用手册. 2 版. 上海：上海科学技术出版社，1999
162 柳州市水电局. 堤坝白蚁防治新技术在柳州市已结出硕果. 水利工程管理技术，1993，(5)：43
163 卢川川，钟浩泉. 砂粒屏障预防家白蚁试验——白蚁研究. 广州：广东人民出版社，1997. 18 ~ 24
164 陆辉. 南京地区水库地堤坝土栖白蚁的防治. 白蚁科技，1986，3 (2)：14 ~ 18
165 陆辉，王雷，张苏苏. 毒土防护层在藏龙埝水库大坝白蚁防治中的应用. 江苏水利科技，1993，(4)：51 ~ 52
166 罗耀谋，姚达长，周礼捷，梁钜仁. 灭蚁灌浆是堤坝安全的重要因素. 广东水电科技，1988，(1)：24 ~ 25 (27)
167 罗耀谋. 谨防“千里金堤溃于蚁穴”. 水利白蚁防治，1992，(2)：21
168 马智成. 新房屋白蚁预防的必要性——白蚁研究. 广州：广东人民出版社，1997. 62 ~ 63
169 茂名市水利电力局堤坝白蚁防治领导小组. 堤坝白蚁防治新技术措施应用成果. 水利工程管理技术，1990，(5)：31 ~ 32
170 茂名市水利电力局. 采用对泥被泥线投饵新技术迅速实现无蚁堤坝. 水利白蚁防治，1992，

(2)：15～17
171 梅县地区水灾联合调查组．千里全堤溃于蚁穴．白蚁科技，1987，4（1）：18～20
172 梅向阳，吴维铭．黄翅大白蚁的分飞观察．白蚁科技，1986，3（4）：8～20
173 钮东海，姚达长．堤坝白蚁防治新技术创奇迹——北江大堤抗洪，蚁害不再成险．水利管理技术，1995，(3)：42
174 欧祖荫．领导重视，专群结合，防治白蚁．水利管理技术文选，1986，(4)：19～24
175 潘柏康，姚达长．北江大堤应用治蚁新技术．广东水电科技，1995，(2)：53～54
176 潘柏康．堤坝白蚁分飞距离的观察分析——白蚁研究．广州：广东经济出版社，1999．146～150
177 潘柏康．北江大堤巢位及灌浆资料初步分析——白蚁研究．广州：广东人民出版社，1999．70～79
178 潘柏康，黄顺明．浅谈堤坝白蚁蚁患灌浆——广东省白蚁学会2004年团体会员大会暨学术讨论会论文集．2004．79～95
179 潘演征，唐国清，刘源智．黑翅土白蚁翅芽型兵蚁、白蚁蚁、工蚁和黑胸散白蚁翅芽型兵蚁的发现．昆虫知识，1981，18（6）：259～260
180 潘演征，彭心赋，鲁九林，柴文莉．黑胸网螱在四川盆地分飞期的划分与预测．南京林学院学报，1985，(4)：144～151
181 潘演征，刘源智，唐国清．黑胸散白蚁新群体的建立及发展规律．昆虫学报，1990，33（2）：200～206
182 庞朝芬，徐子宏，姚达长，沈锦音．轻便手摇灌浆机研制成功．水利工程管理技术，1987，(3)：56
183 平正明．植物检疫中的白蚁问题．植物检疫，1991，5（1）：53～59
184 钱炳焕．全国堤坝白蚁防治新技术推广现场会议在柳州市召开．水利工程管理技术，1993，(3)：30
185 钱勇海．四明湖水库大坝蚁源的分析及白蚁防治措施的探讨．城市害虫防治，2005，(1)：46～48
186 钱兴，黄珍友，钟俊鸿，戴自荣，刘炳荣，夏传国，黄海涛，夏风，杨瑞海，张瑞麟．截头堆砂白蚁新群体的形成及发展．昆虫天敌，2005，27（3)：118～125
187 钱兴，黄珍友，钟俊鸿，刘炳荣，夏传国，黄海涛，夏风，杨瑞海．不同树种木材对截头堆砂白蚁初建群体的影响．昆虫天敌，2005，28（4)：170～177
188 邱经良．福建省惠安县乌潭水库大堤白蚁防治情况介绍．水利管理技术文选，1987，(4)：25～29
189 全国白蚁防治中心编．中国白蚁防治专业培训教程．北京：中国物价出版社，2004
190 饶绮珍，陆丽美，冼子元．不同温度对黑翅土白蚁初建巢群的影响．动物学研究，1987，8(3)：229～333
191 饶绮珍，冼子元，陆丽美，李富强．土壤含水量对黑翅土白蚁初建群体的影响．昆虫知识，1989，26（1)：26～30
192 饶绮珍，陈丽玲．地炭菌室内培养观察试验．白蚁科技，1991，8（1)：17～20
193 饶绮珍，李栋．探地雷达探测白蚁巢的研究简况——白蚁研究．广州：广东人民出版社，1997．50～55
194 茹建辉．在全省防治堤坝白蚁工作会议上的讲话．广东水电科技，1989，(1)：19～21
195 茹建辉．水利部堤坝白蚁防治新技术培训班结业上的讲话．水利白蚁防治，1992，(2)：6～8
196 茹建辉．广东省水利白蚁防治新技术的推广．广东水电科技，1996，(1)：62～62
197 申玉海．论水利工程中堤坝白蚁防治总体策略．城市害虫防治，2005，(2)：40～45

198 申玉海. 盱眙县堤坝白蚁的危害和防治现状综述. 城市害虫防治，2006，(1)：36～37
199 沈勋城. 堤坝白蚁的防治，白蚁科技，1985，2（2）：15～17
200 石锦祥，李栋，张鉴发，陈业华. 海南土白蚁的羽化与分飞期观察. 昆虫知识，1982，24（6）：337～343
201 宋晓刚，陈树盛. “白蚁诱饵剂”包装材料筛选试验. 白蚁科技，1991，8（3）：25～28
202 宋晓刚. “白蚁诱饵剂”诱饵的筛选试验. 白蚁科技，1993，10（2）：11～15
203 苏桂萍. 浅谈我县水库土坝白蚁防治. 城市害虫防治，2004，(2)：31～32
204 孙永庆. 白蚁对堤坝的危害及其防治措施. 江苏水利科技，1994，(3)：77～84
205 田伟金，饶绮珍，黎明，庄天勇，张建华，陈丽珍，蒙启枝，李树新，王建发，李栋. 预防白蚁工程必须高度重视环保问题——白蚁研究. 广州：广东经济出版社，1999. 102～106
206 汪一安. 黄翅大白蚁蚁后产卵的初步观察. 森林病虫害通讯，1983，(4)：30～31
207 汪一安. 土栖白蚁诱饵材料的初步筛选. 林业科技通讯，1984，(8)：27～29
208 汪一安. 野外大面积诱杀土栖白蚁试验报告. 南京林学院学报，1985，(1)：52～59
209 汪一安，徐左宇. 我国白蚁诱饵材料的筛选与研究现状. 林业科技通讯，1986，(9)：1～3
210 汪运根. 土栖白蚁的天敌——中国鲮鲤. 林业科技通讯，1982，(2)：26～27
211 王翔. 水利部堤坝白蚁防治新技术培训班结业上的讲话. 水利白蚁防治，1992，(2)：5
212 王翔. 堤坝白蚁的危害与防治对策. 水利管理技术，1994，(5)：35～38
213 王土军. 浅谈堤坝白蚁的综合防治. 城市害虫防治，2004，(4)：25～26
214 王治国，李东升. 黑胸散白蚁分飞规律的研究. 河南省科学院学报，1982，(创刊号)：92～97
215 邬家林. 真菌中药——乌灵参. 成都中医学院学报，1984，(2)：33～35
216 吴锡春. 堤坝白蚁活动查找方法初探. 江苏水利科技，1993，(4)：41～43
217 夏凯龄，何秀松. 中国乳螱属的研究. 昆虫学研究集刊，1986，(6)：157～182
218 兴宁县合水水库管理局. 堤坝白蚁防治新技术成果的应用. 水利工程管理技术，1990，(5)：36
219 肖恒樵. 散白蚁分飞与气象关系. 白蚁科技，1988，5（2）：16～18
220 谢汉祥. 切实加强领导，搞好堤坝白蚁防治工作. 广东水电科技，1989，(1)：14～18
221 谢汉祥，李始美，俞衍升，梁焯楷，张达志. “堤坝白蚁防治技术研究及应用”鉴定意见. 广东水电科技，1992，(1)：12～14（7）
222 谢杏扬，袁舜姜. 堆砂白蚁对几种木材的蛀蚀试验. 白蚁科技，1991，8（1）：27～28
223 谢杏扬. 现代建筑物的白蚁隐患——白蚁研究. 广州：广东人民出版社. 1999. 164～166
224 熊代顶，刘烨. 黑翅土白蚁主巢体内多生殖类品级现象的判别. 白蚁科技，1987，4（4）：13～15
225 徐光余. 鸡纵菌生长与气象关系的初步探讨. 安徽林业科技，1988，(1)：38～39
226 严双顶，滕兴安. 治理危害水库土坝的白蚁工作体会点滴. 白蚁科技，1987，4（3）：31（29）
227 严双顶. 浅谈六合县黑翅土白蚁对堤坝的危害与防治. 白蚁科技，1991，8（1）：32～33
228 严双顶. 水库蚁巢解剖情况初析. 江苏水利科技，1993，(4)：39～40
229 颜紫斌. 应用新技术建设无蚁害堤坝. 水利白蚁防治，1993，(1、2)：26～27
230 杨成根. 安庆长江大堤蚁害抽样调查情况汇报. 白蚁科技，1985，2（4）：24～25
231 杨岚，彭燕章，冼耀华，郑作新，王子玉. 云南西部的主要食虫鸟. 动物学研究，1984，5（1）：57～66
232 杨兆芬. 白蚁品级分化成因的研究进展. 白蚁科技，1986，3（3）：1～8
233 姚达长. 采用粗砂砾粗填料作外壳的复式土坝对预防蚁患探讨. 水利水电技术，1985，(3)：57～58（22）

234 姚达长．堤坝白蚁理想防治方案的选择．广东水电科技，1985，(总引)：11～15
235 姚达长，梁钜仁，赖宗明．高州水库堤坝灭蚁灌浆经验．水利工程管理技术，1986，(1)：26～28
236 姚达长，方剑英．刍议堤坝白蚁防治技术．水利工程管理技术，1991，(2)：55～56
237 姚达长，张社林，苏耀枢．堤坝白蚁防治新技术的应用——加快建设无蚁害堤坝．广东水电科技，1991，(2)：34～36 (33)
238 姚达长．“八·五”重点推广的科技成果——堤坝白蚁防治技术．水利工程管理技术，1993，(5)：21～27
239 姚达长，黄顺明，梁光旺．“8．5”国家重点新技术推广项目——广东水利白蚁防治科技成果．水利管理技术，1994，(5)：32～34
240 姚达长，梁光旺．水利“堤坝白蚁防治技术研究及应用”项目述评//白蚁研究．广州：广东人民出版社，1997．70～77
241 姚达长，黄顺明，李国亮，梁光旺，赖宗明，方平，方剑英，梁钜仁，张社林，颜荣斌，苏耀枢，潘柏康，周始仔．广东水利白蚁防治及其发展——白蚁研究．广州：广东经济出版社，1999．48～69
242 姚达长．广东水利白蚁防治新技术应用研究及推广．广东水利水电，1999，(3)：16～19
243 姚书冠．福建省堤坝白蚁危害情况与防治技术介绍．水利管理技术文选，1986，(4)：11～19
244 姚书冠．应用“灭蚁灵”毒杀堤坝白蚁．中国水利，1987，(11)：26～27
245 姚书冠．防治堤坝白蚁是水利工程管理一项经常工作．水利科技，1990，(1)：28～31
246 姚书冠．堤坝白蚁的危害与防治．福建昆虫通讯，1993，(3)：25～27
247 尹世才．山林原白蚁的初步研究．林业科学，1982，18 (1)：58～63
248 余敬存．以防为主搞好堤坝白蚁防治．水利白蚁防治，1993，(1、2)：14
249 于维瑾．栖北网螱生活习性的观察．白蚁科技，1987，4 (2)：15～17
250 袁舜姜，李理．家白蚁初期群体数量变动及其生物学观察．白蚁科技，1986，3 (4)：1～3
251 袁舜姜．两种堆砂白蚁生物学研究初报．白蚁科技，1990，7 (2)：1～4
252 袁舜姜．温湿度对截头堆砂白蚁生长发育影响初报．白蚁科技，1990，7 (3)：1～4
253 臧穆．云南鸡纵菌属的分类与分布研究．云南植物研究，1981，3 (3)：367～374
254 臧穆．白蚁巢与真菌．白蚁科技，1986，3 (3)：11～12
255 曾宝新．邗江县江堤白蚁防治工作．江苏水利科技，1993，(4)：38
256 湛江市雷州青年运河管理局．使用灭蚁灵毒饵灭治土栖白蚁的体会．广东水电科技，1985，(3)：21～22
257 湛若云．广东省“堤坝白蚁防治技术研究及应用”成果通过部级鉴定．水利工程管理技术，1992，(1)：21
258 张健华，李文健，万俊松，王智．白蚁生物防治的研究进展．城市害虫防治，2004，(3)：7～10
259 张国琛．“干湿反应”定巢位——白蚁研究．广州：广东人民出版社，1997．70～71
260 张时妙，莫建初．白蚁和共生菌的协同进化．城市害虫防治，2005，(4)：10～15
261 张一宾，张怿．农药．北京：中国物资出版社，1997
262 张锁洪．土栖白蚁死亡巢的指示目标——炭角菌的生长过程观察．白蚁科技，1988，5 (4)：19～22
263 张贞华，郦培尧．黑翅土白蚁巢外天敌的调查．昆虫学报，1982，25 (2)：227～230
264 张贞华．黑翅土白蚁和黄翅大白蚁主巢土壤的物理和化学特性研究．杭州大学学报，1987，14

(1)：80~90
265 张贞华，董兆梁．黑翅土白蚁及其菌圃的9种金属元素组成分析．科学通报，1991，7（6）：340~342
266 张贞华，董兆梁．黑翅土白蚁及其菌圃的糖、脂肪、蛋白质、维生素、氨基酸分析．科学通报，1993，9（1）：41~43
267 张宗福．黑翅土白蚁巢定位的研究．昆虫学报，1978，21（3）：348~352
268 张正富，阮业兴．鸡纵菌一新种——大果鸡纵菌．真菌学报，1986，5（1）：10~13
269 章书录．白蚁防治与土坝灌浆．白蚁科技，1986，3（2）：18~26
270 赵元．家白蚁的补充型繁殖蚁观察．昆虫知识，1976，13（5）：155
271 赵元．从莫阳江垮坝成灾看防治堤坝白蚁的重要性．白蚁科技，1984，1（5）：6~7
272 浙江省宁海县白蚁防治站．杨梅岭水库主坝除险加固设置毒土防蚁层总结．白蚁科技，1985，2（4）：33
273 赵呈裕，李虹，郑雪莲，杨抚华．鸡纵菌的液体深层培养和菌丝体化学成分分析．中国食用菌，1988，(5)：12~13
274 赵星三．进一步证实李始美防治白蚁的科学技术成就．昆虫知识，1958，4（4）：151~154
275 钟登庆．白蚁“品级分化”的研究状况．白蚁科技，1985，2（2）：7~8
276 钟登庆，陈均贺，麦舜姜，刘丽凌，倪周扬，谢杏扬，戴自荣．硫酰氟（SO2F2）熏杀黑翅土白蚁．动物学研究，1988，8（3）：262
277 钟登庆，陈振耀．黑翅土白蚁危害水利土建工程的研究．中山大学学报：自然科学版，1997，36（增刊）：138~142
278 钟登庆，黄顺明，姚达长．堤坝白蚁防治方法比较研究．华南农业大学学报，1998，19（4）：41~44
279 钟俊鸿，李丽英，戴自荣，刘丽凌．抗生素对家白蚁的毒效试验//19届国际昆虫学大会论文集．1992．247
280 钟俊鸿，刘丽凌，周晨曦．常用木材防腐剂——白蚁研究．广州：广东人民出版社，1997．133~148
281 钟俊鸿，刘丽凌，周晨曦．常用木材防腐处理的方法——白蚁研究．广州：广东人民出版社，1997．149~155
282 周长江．在堤坝白蚁防治新技术培训班结业大会上的发言．水利白蚁防治，1992，(2)：9~11
283 周群．堤坝白蚁药杀方法探讨．白蚁科技，1987，4（4）：16~21
284 周群．氯丹土浆液灌注堤后对水质的影响．白蚁科技，1990，7（1）：29~32
285 周尧．中国早期昆虫学研究史．北京：科学出版社，1975
286 周运平．水利工程白蚁危害治理措施浅析．城市害虫防治，2006，(1)：36~37
287 邹树文．古代文献白蚁的危害状况及其防治措施．昆虫知识，1963，7（3）：110~115
288 邹树文．中国昆虫学史．北京：科学出版社，1981
289 朱世模，杨兵，黄复生．白蚁研究与进展概述．昆虫学报，1983，26（1）：30~35
290 Aanen, D. K. & Eggleton, P. “Fungus - growing termites originated in African rain forest”. *Current Biology*, 2005, 15 (9): 851 - 855
291 Ahmad , M. “The phylogeny of termite genera based on imagoworker mandibles”. *Bull. Amer. Mus. Nat. Hist.* , 1950. Vol. 95: 37 - 86
292 Ahmad, M. “Key to the Indomalayan termites.” *Biologia* (*Pakistan*). 1958, (1): 33 - 118
293 Akhtar, M. S. “Zoogeography of the termites of Pakistan”. *Pakistan J. Zool*, 1975, 6 (1 et 2): 85 -

104
294 Akhtar, M. S. "Taxonomy and zoogeography of the termites of Bangladesh". *Bull. Depart. Zool*, *Univ. Panjap*, Lahore, Articl, 1975, 7: 1-200
295 Banks, N. et Snyder, T. E. "A revision of the neartic termites with notes on biology and geographic distribution". *U. S. Nat. Mus. Bull.*, 1920, 108: 1-228
296 Collins N M. "Two hundred years of termitology." *Antenna.* 1980, 4: 42-48
297 Crosland M. "Taxonomic Splitters in China". *Isoptera Newsletter*, 1995, 5 (1): 1
298 Culliney, T. W. & Grace, J. K. "Prospects for the biological control of subterranean termites (Isoptera: Rhinotermitidae), with special reference to Coptotermes formosanus". *Bulletin of Entomological Research*, 2000, 90 (1): 9-21
299 Edward R, Mill, A. E. "Termites in building their biology and controd Published Rentokil Limited". Great Britain, 1986, 1-261
300 Emerson, A. E. and Krishns, K. "The termite family Serritermitidae (Isoptera)". *Amer. Mus. Nov.*, 1975, 2750: 1-31
301 Gay, F. J. "A world review of introduced species of termites". CSIRO, Australia. 1967
302 Gay, F. J. "The Insects of Australia (15. Isoptera)". Canberra: Melbourne university press, 1970, pp. 275-293
303 Han, S. H, Chirstian B. "From colong foundation to dispersal flight in a higher fungus - growing termite, *Macrotermes Subhyalinus*". *Sociobiology*, 1992, 20 (3): 219-231
304 Hendee, E. C. "The role of Fungi in the diet of termites". *Science*, 1934, Vol. 80, n. 2075, p. 316
305 Hickin, N. E. "Termites: a World problem". Rentokil Library. 232pp. 1971
306 Jones S. C. et al. "Isoptera Sex Rations". *Phylogenetic Trend*, *Sociology*, 1988, 14 (1): 89-121
307 Kard, Bradford M. "Premise termiticide field results". *Pest Control*: 1998, Vol. 66 (4): 64-65, 105
308 King, E. G. & Spink, W. T. "Laboratory studies on the biology of the Formosasb subterranean termite with primary emphasis on young coloby development". *Ann. Entomol. Soc. Am.* 1974, 67: 953-958
309 King, E. G. & Spink, W. T. "Development of incipiebt Formosan subterranean termite colonise in the field". *Ann. Entomol. Soc. Am.* 1975, 68: 355-358
310 Krishna, K. and Weesner, F. M. "Biology of termites". Vol. 1 et Vol. 2. Academic press New York and London. 1969—1970
311 Myles, T. G. "Development and evaluation of a transmissible coating for control of subterranean termites". *Sociobiology*, 1996, 28 (3): 373-450
312 Roonwal, M. L. "Termite Life and Termite Control in Tropical South Asia". Scientific Publishers Jodhpur. 1979
313 Sands, W. A. "A revision of the termite subfamily Nasutitermitinae (Isoptera, Termitidae) form the Ethipoian region". *Bull. Brit. Mus. Nat. Hist.*, 1965. 4: 1-172
314 Snyder, T. E. "Catalog of the termites (Isoptera) of the world". *Smit. Misc. Coll.*, 1949, Washington, Vol. 112

附录一

国家水利部及广东省水利（水电）厅有关堤坝白蚁防治的重点文件目录

（资料来源于：广东省水利厅工管处《水利白蚁防治重点文件汇编》，1998 年 8 月）

一、政策规定、技术标准

1 粤水电管字〔1981〕011 号 关于堤坝白蚁防治工作和经费开支来源问题的通知

2 粤水电管字〔1985〕035 号 关于印发《全省防治堤坝白蚁工作座谈会纪要》的通知

3 粤水电管字〔1985〕64 号 关于抓好今秋明夏防治堤坝白蚁工作的通知

4 粤水电管字〔1987〕64 号 转发水电部《关于重视堤坝工程防治蚁害的通知》

5 粤水人劳字〔1987〕171 号 关于聘任或任命防治堤坝白蚁人员技术职务的意见

6 粤水电管字〔1988〕104 号 转发水利部水管司关于做好堤坝工程白蚁防治工作有关问题的通知

7 粤水电管字〔1988〕128 号 关于转发《全省堤坝白蚁防治工作会议纪要》的通知

8 （89）粤水电管处字 9 号 关于接触防治堤坝白蚁药物补助问题的意见

9 粤水电管字〔1990〕28 号 关于做好当前堤坝白蚁防治工作的意见

10 粤水电管字〔1993〕109 号 关于印发水利白蚁中心站 1993 年年中工作会议纪要通知

11 粤水电管字〔1993〕119 号 印发《广东省水利工程无蚁害堤坝标准试行规定》的通知

12 粤水电管字〔1995〕140 号 关于切实做好水利水电工程白蚁防治工作的通知

13 粤水管字〔1996〕122 号 转发水利部水管司关于进一步加强堤坝白蚁防治，确保工程防洪安全的通知

二、项目计划、立项实施结果

1 粤水电管字〔1978〕030 号 关于 1979 年电测堤坝白蚁巢计划的通知

2 （83）粤水电管处字 033 号 关于八四年度防治堤坝白蚁试验安排的通知

3 水利部（88）水管综字第 46 号 关于拨给 1988 年技改、试验研究经费的函

4 水利部管河〔1991〕24 号 关于对“堤坝白蚁防治技术研究及应用”技术成果进行鉴定的复函

5 粤水电管字〔1991〕7 号 关于北江大堤无蚁害堤治理计划的批复

附一：《广东水电科技》1992 年第 1 期 11 ~ 14 页成果鉴定情况及意见

附二：1991 年 10 月厅工管处印发的技术成果报告第 3 部分新技术措施“三环节 8 程序”

6 部水科教〔1994〕143 号 关于印发水利部科学技术进步奖奖励公报的通知

7 部科教项〔1994〕125 号 关于推荐 1994 年度国家科学技术奖励项目的通知

8 粤水管字〔1996〕103 号 关于我省首批水利工程无蚁害堤坝达标验收安排的通知

三、成果交流推广及表彰

1 粤水电管字〔1990〕72 号 转发水利部关于印发南方省（区）堤坝白蚁防治经验交流会纪要的通知

2 粤水电管字〔1990〕120 号 关于表彰全省堤坝白蚁防治先进集体和先进工作者的决定

3 部科技推〔1992〕3 号 关于发送堤坝白蚁防治技术推广工作会议纪要通知

4 部管河〔1993〕18 号 关于印发堤坝白蚁防治新技术推广现场会纪要的通知

5 省科院、中科院、动物研究所、大日本除虫菊株式会社、省厅关于召开中日“野外防治白蚁诱饵剂技术交流会”的邀请函

6 粤水管〔1997〕75 号 关于学习肇庆市切实做好水利水电工程无蚁害达标工作的通知

四、组织管理、上岗培训

1 粤水电管字〔1979〕013 号 关于举办电测白蚁、堤坝暗裂学习班的通知

2 （85）粤水电管处字 017 号 关于成立省防治堤坝白蚁技术指导小组的通知

3 粤水电管字〔1992〕10 号 关于成立广东省水利电力厅水利白蚁防治中心站的通知

4 粤水科教字〔1996〕6 号 关于第 3 ~ 5 期水利白蚁防治专业大专证书班招生报名工作的通知

5 粤水科〔1997〕6 号 关于举办白蚁防治新技术高级研讨班的通知

6 粤水管〔1997〕74 号 关于调整我省水利白蚁防治中心站组成人员的通知

7 粤水管〔1997〕106 号 关于印发《广东省水利白蚁防治专业人员和管理人员岗位培训考试发证实施办法》（试行）的通知

8 粤水管〔1998〕19 号 关于实施《广东省水利白蚁防治专业人员和管理人员岗位培训考试发证实施办法》（试行）的通知

附录二

广东水利（水电）系统堤坝白蚁防治研究获国家、部、省级科技成果及先进集体、个人奖励项目

（资料来源于：广东省水利厅工管处《广东省水利白蚁防治及其发展》，1998 年 2 月）

奖励项目	获奖单位或个人	年份	授奖单位	奖项名称
1. 堤坝白蚁防治研究	省水利电力局、省昆虫研究所	1978	全国科学大会	科技成果奖
2. 应用黑翅土白蚁分群孔图象判断巢位技术的研究	省昆虫研究所生态室、省水利电力厅工管处、清远水电局、新会县万亩水库李栋、赵元、石锦祥、姚达长	1984	广东省科委	科技成果四等奖
3. 农村科技工作	姚达长	1986	广东省人民政府	先进工作者
4. 防治水利堤坝白蚁	姚达长	1986	广东省人事局	立功升级奖
5. 堤坝白蚁防治技术的应用	省水电厅工管处、湛江市青年运河管理局、茂名市鉴江流域管理局、清远市水电局、梅县水电局、新会县万亩水库、陆丰县水电局、潮阳县水电局、湛江市水电局。姚达长、庞朝芬、周长江、梁钜仁、赖宗明、李国亮、徐子宏、方剑英、张社林、颜荣斌、梁光旺、林璧如	1991	广东省农业技术推广奖评委会	农业技术推广奖一等奖
6. 堤坝白蚁防治技术研究及应用	省水电厅工管处、雷州青年运河管理局、鉴江流域工程管理局、清远市水电局、梅县水电局。姚达长、庞朝芬、周长江、梁钜仁、赖宗明、李国亮、徐子宏、方剑英、张社林	1993	水利部	科学技术进步奖二等奖

续上表

奖励项目	获奖单位或个人	年份	授奖单位	奖项名称
7. 堤坝白蚁防治新技术的推广应用	梅县水电局、李国亮、刘礼陶、陈锦昌、温炽昌	1993	广东省农业技术推广奖评委会	农业技术推广奖二等奖
8. 水利堤坝白蚁防治新技术应用研究及推广	省水电厅工管处、湛江市雷州青年运河管理局、茂名市鉴江流域工程管理局、梅县水电局、陆丰县水电局；姚达长、梁光旺、周长江、梁钜仁、李国亮	1995	国家科学技术委员会	科学技术进步奖三等奖
9. 堤坝白蚁防治技术在北江大堤的推广应用	省水利厅北江大堤管理局、三水市北江大堤西南管理所、黄塘管理所、南海市北江大堤南海管理所、三水市北江大堤芦苞管理所、清远市北江大堤石角管理所、三水市北江大堤大塘管理所、省水利厅白蚁防治中心站。潘国康、陈祖恩、李泽仪、卢素仪、林径松、黎振堂、陈永超、吴志华、钱有明、姚达长、罗少峰、赖宗明、黄学贤、李锦泉、董炽华、杜玉兴、陈小春、何伟基、叶庆强、卢干芬	1997	广东省农业技术推广评奖委员会	农业技术推广奖一等奖

附录三

自 1997 年以来广东省水利系统所举办的堤坝白蚁防治岗位培训班

（资料来源于：广东省水利厅工管处姚达长高级工程师等提供）

举办单位	日　期	学员人数	附　注
肇庆市水利局	1997 年 9 月	50	
东莞市水利局	1998 年 3 月	37	
江门市水利局	1998 年 4 月 7～13 日	40	
清远市水利局	1998 年 4 月 21～26 日	29	
汕头市水利局	1998 年 5 月 4～11 日	45	其中汕头市 38 人，揭阳市 7 人
湛江市水利局	1998 年 5 月 4～16 日	48	
阳江市水利局	1998 年 5 月 25～31 日	40	
肇庆市云浮市水利局	1998 年 9 月 1～7 日	54	两市合办，其中肇庆市 31 人，云浮市 23 人
广州市水利局	1998 年 9 月 15～21 日	44	其中广州市 40 人，北江大堤 4 人
深圳市水利局	1998 年 12 月 8～12 日	30	
韶关市水利局	1999 年 5 月 5～11 日	38	
深圳市水利局	1999 年 8 月	34	属短训班，未考试
清远市水利局	2001 年 4 月	31	其中清远市 29 人，飞来峡 2 人
韶关市水利局	2001 年 6 月 30 日～7 月 6 日	46	
茂名市水利局	2002 年 5 月 13～19 日	52	
惠州市水利局	2002 年 6 月 4～9 日	54	其中惠州市 50 人，深圳市梅林水库 4 人
顺德市（区）水利局	2002 年 9 月 4～6 日	25	
东莞市水利局	2002 年 10 月 17～23 日	54	其中东莞市 52 人，肇庆市 2 人
广州市水利局	2002 年 11 月 28～29 日	32	
云浮市水利局	2002 年 11 月 10～16 日	71	
梅州市水利局	2002 年 11 月 19～25 日	61	
湛江市水利局	2002 年 12 月 1～6 日	57	

续上表

举办单位	日 期	学员人数	附 注
佛山市水利局	2004 年 4 月 18 ~ 24 日	76	
珠海市水利局	2004 年 12 月 27 ~ 31 日	44	
深圳市水利局	2005 年 10 月 18 ~ 22 日	40	
佛山市水利局	2006 年 4 月 16 ~ 22 日	88	
韶关市水利局	2006 年 5 月 28 日 ~ 6 月 4 日	46	
深圳市水务局	2006 年 12 月 6 ~ 9 日	40	
省水利厅	2007 年 4 月 23 ~ 27 日	94	全省第一期大中型水库管理单位行政负责人培训班，有堤坝白蚁防治内容
省水利厅	2007 年 12 月 19 ~ 23 日	99	全省第二期大中型水库管理单位行政负责人培训班，有堤坝白蚁防治内容
省水利厅	2007 年 12 月 26 ~ 30 日	107	全省第三期大中型水库管理单位行政责任人培训班，有堤坝白蚁防治内容
省水利厅	2009 年 1 月 6 ~ 9 日	61	广东水利行业白蚁防治高级工技能培训班
韶关市水利局	2009 年 4 月 13 ~ 17 日	56	其中韶关 50 人，佛山市高明区 6 人
北江大堤	2009 年 5 月 20 日	28	堤坝白蚁防治培训班（专题讲座）
省水利厅	2009 年 9 月 23 ~ 25 日	262	全省大中型水库管理单位技术责任人培训班，有堤坝白蚁防治内容
深圳市水务局	2009 年 12 月 11 日	40	堤坝白蚁防治培训班（专题讲座）
佛山水利局	2010 年 11 月 21 ~ 27 日	61	堤坝白蚁防治培训班

图版Ⅰ　水利堤坝白蚁主要种类的生殖品级

1. 黑翅土白蚁的有翅成虫（自然状态）；
2. 黑翅土白蚁的有翅成虫（展翅标本）；
3. 黄翅大白蚁的有翅成虫（自然状态）；
4. 黄翅大白蚁的有翅成虫（展翅标本）；
5. 黑翅土白蚁的蚁王与蚁后（梁光旺提供）；
6. 黄翅大白蚁的蚁王与蚁后；
7. 分飞时聚集在一起的黄翅大白蚁有翅成虫。

本版照片除署名外为梁铬球提供。

1 2
3 4
5 6
7

图版Ⅱ　水利堤坝白蚁主要种类及两种土栖白蚁的外露特征（1）

1～2. 黑翅土白蚁的分飞孔；
3. 黄翅大白蚁的分飞孔（伦华文提供）；
4. 黄翅大白蚁的分飞孔群；
5. 黄翅大白蚁的巢隆出地面成小土堆（深圳大学杜鹃山）；
6. 云南土白蚁*Odontotermes yunnanensis*的山形土垅巢（仿李桂祥）；
7. 海南锯白蚁*Microcerotermes marilimbus*的塔形土垅巢（仿李桂祥）。

8	9
10	11
12	13

图版Ⅱ　水利堤坝白蚁主要种类及两种土栖白蚁的外露特征（2）

8. 黑翅土白蚁在橄榄树干上修筑的泥被；
9. 黄翅大白蚁在银桦树上修筑泥线；
10. 在蚁源区的泥线；
11. 在蚁源区的泥被；
12. 鸡纵菌；
13. 鸡纵菌群。

本版照片除署名外为陈振耀、梁光旺提供。

图版Ⅲ 水利堤坝白蚁防治技术，“三环节8程序”（一）：灭蚁环节（1）

1～4. 找，查找白蚁在堤坝营巢为害所出现的分飞孔、泥被泥线、鸡枞菌等外露特征，找到蚁巢；

5|6
7|8

图版Ⅲ 水利堤坝白蚁防治技术，“三环节8程序”（一）：灭蚁环节（2）

5. 标，标记找到的外露特征分飞孔或鸡㙡菌的密集中心点，以及泥被泥线的位置，以便投放药物；

6～8. 杀，对分飞孔、泥被泥线投放药物（诱饵条、桉树皮诱杀片），灭杀堤坝白蚁群体。

本版照片除1～4、7由梁光旺提供外，其余选自《广东堤坝白蚁防治》（画册）。

图版Ⅳ　水利堤坝白蚁防治技术，“三环节8程序”（二）：对巢灌浆环节（1）

1～2. 找，灭杀白蚁后，定期查找死巢指示物炭棒菌；

3～5. 标，标记炭棒菌密集中心点，多为死巢位置；

6. 灌，造孔；

7 8
9 10
11 12

图版Ⅳ　水利堤坝白蚁防治技术，“三环节8程序”（二）：对巢灌浆环节（2）

7～12.灌，灌浆充填死巢穴系统。

本版照片除4～5、7～8、10～12由梁光旺提供外，其余选自《广东堤坝白蚁防治》（画册）。

图版Ⅴ　水利堤坝白蚁防治技术，“三环节8程序”（三）：诱杀蚁源预防环节

1～2. 找，每年定期检查堤坝体，防止产生幼龄巢，查找堤坝体外400m范围内蚁源孳生地，防止蚁源区的有翅成虫飞入堤坝；

3～8. 杀（防），在查找蚁源区时，找到白蚁即行施药灭杀。

本版照片除1由梁光旺提供外，其余选自《堤坝白蚁防治》（画册）。

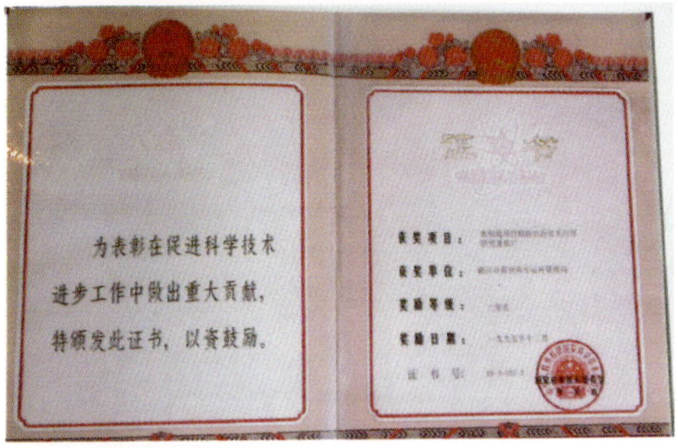

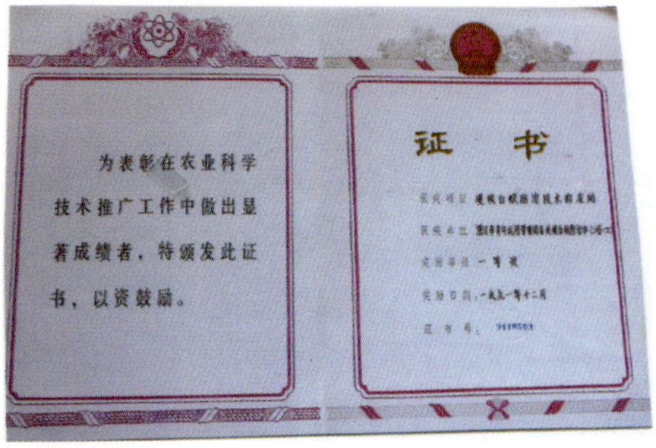

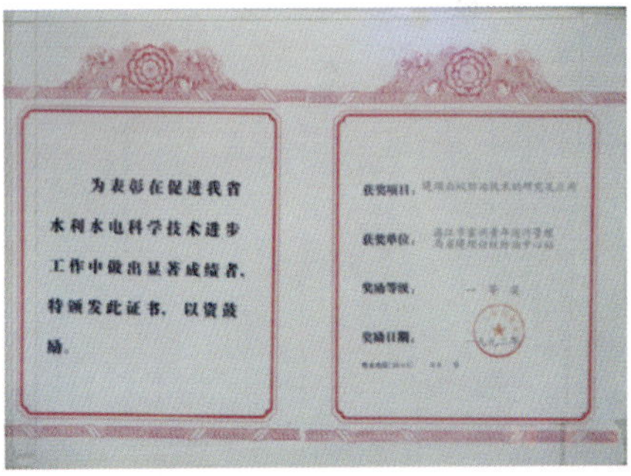

1
2
3|4
5|6

图版Ⅵ　对水利“堤坝白蚁防治技术研究及应用”的评价

1. 国家水利部委托广东省水电厅主持召开的“堤坝白蚁防治技术研究及应用”技术成果鉴定会；
2. 出席“堤坝白蚁防治技术研究及应用”技术成果鉴定会的领导与专家；
3～6. “堤坝白蚁防治技术研究及应用”获各种级别科技进步奖的证书。

本版照片由梁光旺提供。

1/2/3

图版Ⅶ　水利堤坝白蚁防治工作会议（1）

1. 广东省水利白蚁防治工作会议与会者；
2. 广东省水利厅白蚁防治中心站工作会议与会者；
3. 广东省水利白蚁防治工作会议与会者；

4
5 6
7 8

图版Ⅶ　水利堤坝白蚁防治工作会议（2）

4. 广东省水利白蚁防治工作会议与会者；
5. 广东省水利白蚁防治工作会议；
6. 王建成处长在省水利厅白蚁防治工作会议上讲话；
7. 堤坝白蚁防治技术推广工作会议；
8. 广东省堤坝白蚁防治技术指导小组全体成员在鹤地水库。

本版照片由梁光旺提供。

1
2
3

图版Ⅷ　培养水利堤坝白蚁防治技术人才（1）

1. 1992年我国南方14省（区）水利白蚁防治技术培训班领导及部分学员；
2. 1998年湛江市水利白蚁防治岗位培训班；
3. 2004年佛山市第一期水利白蚁防治岗位培训班；

4	5
6	7
8	9

图版Ⅷ　培养水利堤坝白蚁防治技术人才（2）

4. 肇庆市水利白蚁防治人员上岗培训班，姚达长高级工程师在授课；
5. 1995年钟登庆副教授与姚达长高级工程师在北江大堤指导“水利白蚁防治专业大专班”学员进行现场教学实习；
6. 姚达长高级工程师于2010年11月在佛山市第三期堤坝白蚁防治培训班授课；
7. 2006年陈振耀教授在水利白蚁防治培训班授课；
8. 钟俊鸿研究员在水利白蚁防治培训班现场授课；
9. 姚达长高级工程师指导水利堤坝白蚁防治培训班现场实习。

本版照片由梁光旺、苏忠辉、潘柏康等提供。

图版Ⅸ　水利堤坝白蚁防治专家现场考察

1. 李始美研究员等水利白蚁防治专家于1992年11月在深圳水库考察；
2. 李始美研究员与陈振耀教授于1996年11月在鹤地水库考察；
3. 王建成处长与卢川川教授、姚达长高级工程师于1996年11月在鹤地水库考察；

4. 姚达长、陈振耀与水利白蚁防治技术人员在北江大堤蚁源区调查；
5. 戴自荣研究员、钟登庆副教授、潘柏康和姚达长高级工程师于1994年4月在北江大堤考察；
6. 卢川川与姚达长在水利白蚁防治现场；
7. 陈振耀、姚达长与钟登庆在东莞市水库堤坝考察。

本版照片由梁光旺、潘柏康、陈振耀、周始仔等提供。

图版X　表彰水利堤坝白蚁防治有功技术人员

1. 1990年出席广东省堤坝白蚁防治表彰会的领导及受奖者；

2～3. 在全省堤坝白蚁防治表彰会上获奖者代表领奖；

4. 出席表彰会的广东省水电厅工管处领导周长江同志讲话；

5. 广东省水利厅“堤坝白蚁防治技术研究及应用”获国家科技进步三等奖颁奖暨中心站1996年年会；

6. 广东省水利厅“堤坝白蚁防治技术研究及应用”的研究人员；

7. 广东省水利厅“堤坝白蚁防治技术及应用”获1995年国家科技进步三等奖的主要获奖者。

本版照片由梁光旺提供。

图版XI “无蚁害”堤坝达标验收

1～2. 1996年广东省首批水利工程无蚁害堤坝达标验收；

3～4. 达标验收时专家现场调查考察；

5. 李始美、卢川川、陈振耀于1996年11月在鹤地水库达标验收时合影；

6. 姚达长与陈振耀于1996年11月在高州水库达标验收时合影；

7. 东莞市五宗水库于2000年8月达标验收时领导与专家及有关工程技术人员合影。

本版照片由梁光旺、陈振耀提供。

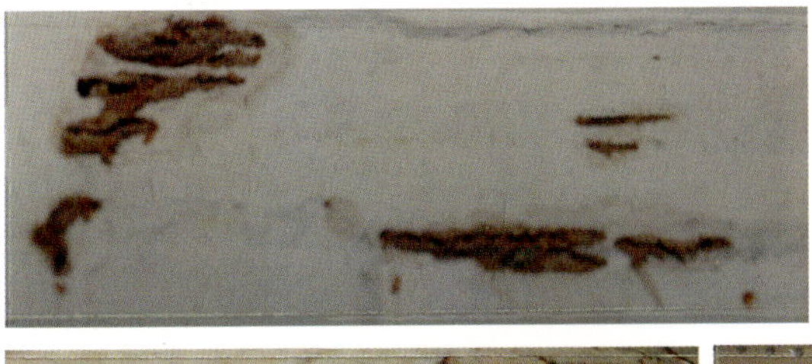

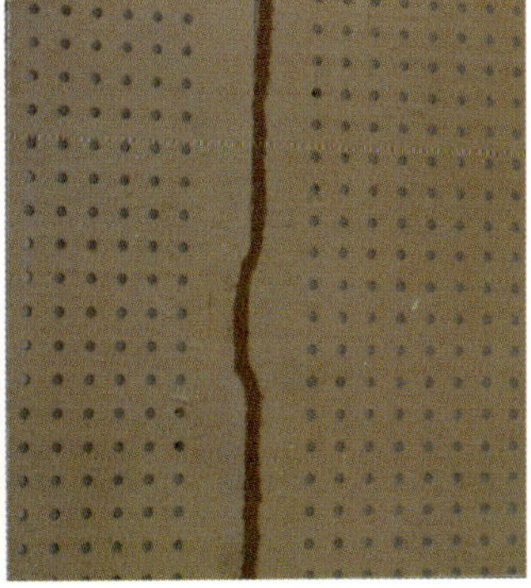

图版XII　台湾乳白蚁的巢及外露特征

1. 在室内天花板夹层中的巢；
2. 在大叶桉树中的树头巢；
3. 主巢内的“王宫”；
4. 在门框营巢为害的排泄物；
5. 在室内的分飞孔；
6. 在树干上的分飞孔；
7. 在室内的蚁路；
8. 在树干上的蚁路。

本版照片由陈振耀提供。